高职高专"十四五"规划教材

电子产品制作项目式教程

Electronic Product Production Tutorial Based on Project Teaching

赵新亚　张诗淋　冯　丽　吴佩珊　编著

扫一扫查看全书数字资源

北　京
冶 金 工 业 出 版 社
2023

内 容 提 要

本书以超外差收音机产品的设计及制作为主线，设计了 8 个项目，包括项目 1 电子元器件的识别与测试、项目 2 晶体管及场效应晶体管放大电路的连接与测试、项目 3 集成运算放大器与负反馈放大电路的连接与测试、项目 4 集成运放基本应用电路的连接与测试、项目 5 功率放大电路及其应用、项目 6 正弦波振荡电路的设计与制作、项目 7 超外差收音机的设计与装调、项目 8 直流稳压电源的设计与装调。

本书数字资源丰富，配有微课视频，读者可扫描书中的二维码进行观看、学习。

本书可作为高职高专院校、普通高校大专部、成教学院、职工大学的电子信息、自动化相关专业的教学用书，也可作为电子工程技术人员的培训教材和参考书。

图书在版编目(CIP)数据

电子产品制作项目式教程/赵新亚等编著. —北京：冶金工业出版社，2023. 1

高职高专“十四五”规划教材

ISBN 978-7-5024-9363-9

Ⅰ. ①电…　Ⅱ. ①赵…　Ⅲ. ①电子产品—制作—高等职业教育—教材
Ⅳ. ①TN0

中国国家版本馆 CIP 数据核字（2023）第 025273 号

电子产品制作项目式教程

出版发行 冶金工业出版社　**电　话** (010)64027926
地　址 北京市东城区嵩祝院北巷 39 号　**邮　编** 100009
网　址 www. mip1953. com　**电子信箱** service@ mip1953. com

责任编辑 王　颖　美术编辑 彭子赫　版式设计 郑小利
责任校对 梁江凤　责任印制 禹　蕊
北京印刷集团有限责任公司印刷
2023 年 1 月第 1 版，2023 年 1 月第 1 次印刷
787mm×1092mm　1/16；14. 5 印张；349 千字；221 页
定价 49. 90 元

投稿电话　(010)64027932　投稿信箱　tougao@ cnmip. com. cn
营销中心电话　(010)64044283
冶金工业出版社天猫旗舰店　yjgycbs. tmall. com
（本书如有印装质量问题，本社营销中心负责退换）

前言

“电子产品制作”是电子信息、自动化专业必修的一门职业核心课程，是通过讲授电子产品常用元器件的认识与检测，电子产品的设计，电子产品的焊接、调试与检验等内容，使学生掌握电子产品工艺与制作的基本流程、电子产品调试与检验的基本过程和方法，培养学生从事电子技术类工作的核心职业能力，为今后从事电子技术相关工作打下基础。

按照《职业教育提质培优行动计划》中关于加强职业教育教材建设的要求，同时落实“1+X”证书制度，提高人才培养质量，课程组成员所在院校为“1+X”证书“集成电路开发与测试”试点院校，课程开发选取与米其林沈阳轮胎有限公司共同完成，课程开发的第一步是与企业工程师共同分析确定岗位职业能力与工作过程，课程组老师通过如下形式与企业共同开发课程：

（1）走访企业，深入企业进行岗位职业能力与工作过程的调查；

（2）与企业电子产品生产线人员共商课程大纲，共同建立起能贴近和满足实际应用能力需求的训练体系；

（3）回访毕业生，与在企业一线从事电子产品研发与生产管理的毕业生进行交流，听取毕业生对本课程建设的反馈意见，以他们的亲身经历和切身体会帮助编者审视以往“电子产品制作”课程建设体系中存在的问题，并对教学情境的构建提出修改意见。

通过与企业的深入交流，确立了以面向电子产品研发与生产岗位、针对实际工作过程中完成各项工作任务应具备的职业能力，从系统化的学习情境设计入手，以超外差收音机产品的设计及制作为主线，将产品中涉及的基本电子元器件及基本电路设计成 8 个项目，每个项目均以产品案例引入，按照知识链接、项目实现、项目小结及练习题的思路设计，坚持知识来源于实践，实践中得到感性认识，经过反复实践上升到理性认识，并应用到实践中的原则合理设计学习情境，注重对学生分析问题、解决问题能力的培养，从完成某一“项目”开始，通过引导学生完成“项目”，从而实现课程目标。

本书在编写中力求突出三个特点：一是必备知识以理论够用为度，力求内容简洁、精练、重点突出；二是相关训练使理论与实际应用紧密联系，由浅入深、循序渐进地进行技能训练；三是项目实现以学生为主体，从工程观点培养学生的工程思维和分析解决实际工程问题等职业能力，进一步提高学生的知识运用能力。本书各个项目均以产品案例引入，按照知识链接、项目实现、小结及练习题的思路设计，练习题以丰富题型复习并考核多方面的知识点与技能点，包括填空题、选择题、判断题和分析计算题，教师可以根据需要选择不同题型，也方便教师设计考试试题。

本书配有微课视频，读者可扫描书中二维码进行观看、学习。

本书由沈阳职业技术学院赵新亚、张诗淋、冯丽、吴佩珊共同编著，其中，项目1和项目2由张诗淋编写，项目3~项目5由赵新亚编写，项目7由冯丽编写，项目6和项目8由吴佩珊编写，米其林沈阳轮胎有限公司工程师王岩全程参与本书的项目设计工作，并为本书提供了技术指导及宝贵的修改意见，在此深表感谢！全书由赵新亚统稿。

编写本书时，编者查阅、参考或引用了有关文献资料，获得了很多启发，在此向文献作者表示诚挚的感谢！

由于编者水平所限，书中不妥之处，恳请广大读者批评指正。

编 者

2022年10月

目 录

项目1　电子元器件的识别与测试

自收音机诞生以来，它便以覆盖范围广、信号稳定、保真度好、受干扰小等优势方便地传播公众信息，无论在生活、工作中，甚至在军事上，它都是人们获取信息不可缺少的工具，特别是在环境简陋、条件受制约的接收情况下，比如偏远地区、断电灾害等突发事件后。如果我们能以收音机的制作过程为项目，在学习了电子产品制作相关知识与技能的同时，也能亲自动手完成其组装与调试，是不是很有意义？

1.1　知 识 目 标

（1）了解半导体的基本知识，理解 PN 结的单向导电性。
（2）掌握二极管的电路符号和特性。
（3）掌握晶体管的种类、作用与标识方法。
（4）掌握晶体管的主要参数及用途。
（5）熟练使用测量仪器检测二极管及晶体管。

1.2　技 能 目 标

（1）能使用目视法识别常见二极管的种类，并正确指出二极管的名称。
（2）能正确识读二极管上标识的型号，了解该二极管的作用和用途。
（3）熟练使用万用表对各种二极管进行正确测量，并对其质量做出评价。
（4）能使用目视法识别常见晶体管的种类，能正确指出各种晶体管的名称。
（5）能正确识读晶体管上标识的型号，了解该晶体管的作用和用途。
（6）熟练使用万用表对各种晶体管进行正确测量，并对其质量做出评价。

1.3　初识半导体器件

半导体器件是导电性介于良导电体与绝缘体之间，利用半导体材料的特殊电特性来完成特定功能的电子器件，常用的有二极管和晶体管。

二极管是最早诞生的半导体器件之一，其广泛应用于常见的收音机电路、家用电器产品或工业控制电路中。特别是发光二极管，各种电子产品的指示灯、光纤通信用光源、各种仪表的指示器以及照明都离不开它，例如：液晶电视、电脑显示屏及手机等的显示屏，汽车以及大型机械设备中的方向灯、照明灯，还有就是繁华的商业区域会用发光二极管替代霓虹灯实现的城市照明。常用二极管的外形如图 1-1 所示。

二极管还可以应用于家用电器的供电电路。家庭中使用的液晶电视机、DVD 机、功

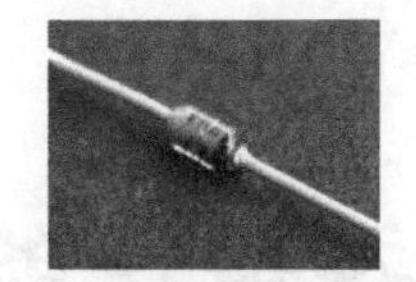

图 1-1　常用二极管的外形图

率放大器等家用电器，表面上看使用的都是市网供给的 220V 的正弦交流电，但实质上，在这些家用电器的内部都使用了二极管，将交流电转变成直流电，供给电子电路使用。就连大家使用的手机充电器也离不开二极管。学习完二极管的相关知识后，就会发现二极管的更多用途，它广泛应用于我们的生活中。

晶体管是 20 世纪 40 年代发展起来的新型电子器件，它含有两个 PN 结，但绝对不是两个二极管的组合，而是通过特殊的工艺将三块 P 型和 N 型半导体结合在一起形成了两个 PN 结。它是一种控制电流的半导体器件，可以把微弱的信号放大成幅度值较大的电信号，也用作无触点开关。常用晶体管外形如图 1-2 所示。

图 1-2　常用晶体管的外形图

晶体管离我们的日常生活并不远，家里的音响和功率放大器，其主要器件就是晶体管，起到放大电信号的作用；还有楼道里的触摸开关、部分光敏开关，其中也会应用到晶体管，起到开关作用；还有手机、手机充电器、电视等，基本的家电里都会用到晶体管。

1.4　案 例 引 入

案例 1-1　七管超外差调幅收音机的指示灯如图 1-3 所示。

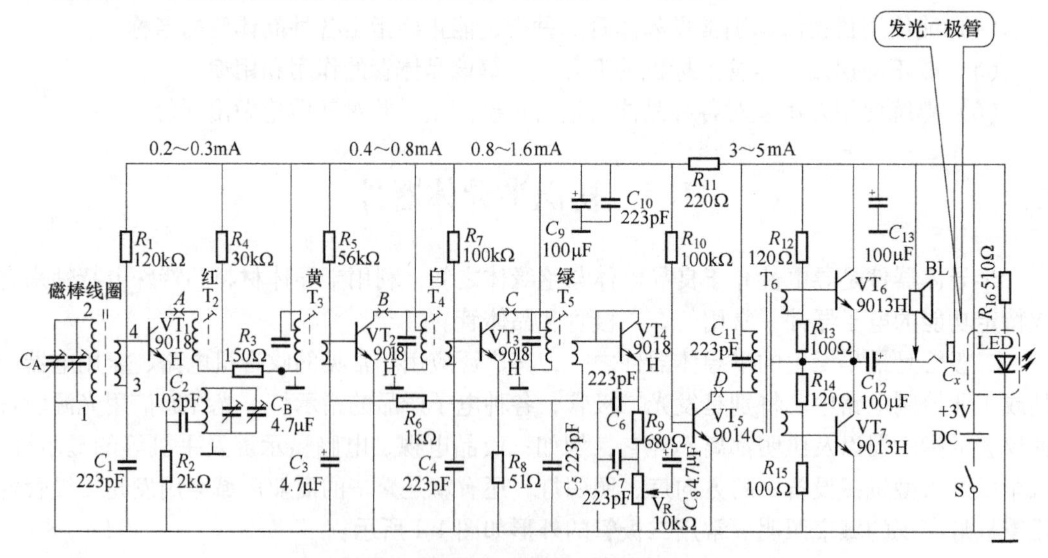

图 1-3　七管超外差调幅收音机的指示灯

案例 1-2 七管超外差调幅收音机的晶体管如图 1-4 所示。

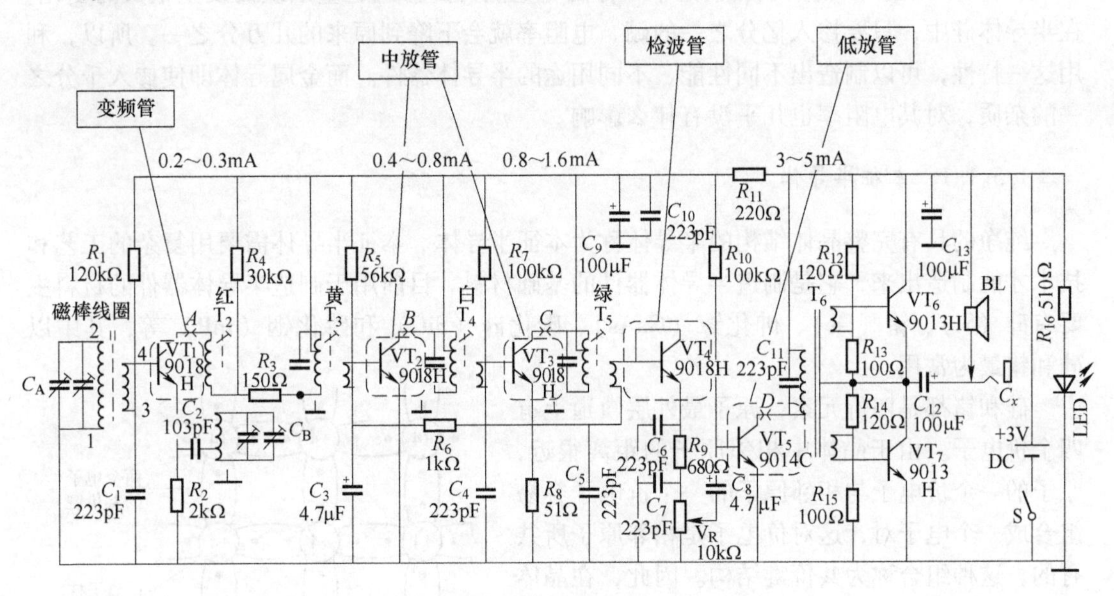

图 1-4 七管超外差调幅收音机的晶体管

1.5 知识链接

1.5.1 半导体与 PN 结

在自然界中存在着许多不同的物质，根据其导电性能的不同大体可分为导体、绝缘体和半导体三大类。通常将很容易导电、电阻率小于 $10^{-5}\Omega \cdot cm$ 物质，称为导体，例如铜、铝、银等金属材料；将很难导电、电阻率大于 $10^{10}\Omega \cdot cm$ 的物质，称为绝缘体，例如塑料、橡胶、陶瓷等材料；将导电能力介于导体和绝缘体之间、电阻率在 $10^{-5} \sim 10^{9}\Omega \cdot cm$ 范围内的物质，称为半导体。常用的半导体材料是硅（Si）和锗（Ge）。

用半导体材料制作电子元器件，不是因为它的导电能力介于导体和绝缘体之间，而是由于其导电能力会随着温度的变化、光照或掺入杂质的多少发生显著的变化，这就是半导体不同于导体的特殊性质。

（1）热敏性。所谓热敏性就是半导体的导电能力随着温度的升高而迅速增加。半导体的电阻率对温度的变化十分敏感。例如纯净的锗从 20℃ 升高到 30℃ 时，它的电阻率几乎减小为原来的 1/2。而一般的金属导体的电阻率则变化较小，比如铜，当温度升高 10℃ 时，它的电阻率几乎不变。

（2）光敏性。半导体的导电能力随光照的变化有显著改变的特性称为光敏性。一种硫化镉薄膜，在暗处其电阻为几十兆欧，受光照后，电阻可以下降到几十千欧，只有原来的 1%。自动控制中用的光电二极管和光敏电阻，就是利用光敏特性制成的。而金属导体在光照下或在暗处其电阻率一般没有什么变化。

(3) 杂敏性。所谓杂敏性就是半导体的导电能力因掺入适量杂质而发生很大的变化。在半导体硅中，只要掺入亿分之一的硼，电阻率就会下降到原来的几万分之一。所以，利用这一特性，可以制造出不同性能、不同用途的半导体器件。而金属导体即使掺入千分之一的杂质，对其电阻率也几乎没有什么影响。

1.5.1.1 本征半导体

纯净的具有完整晶体结构的半导体称为本征半导体。本征半导体需要用复杂的工艺和技术才能制造出来，它是制造半导体器件的基础材料。目前用于制造半导体器件的材料主要有硅（Si）、锗（Ge）、砷化镓（GaAs）、碳化硅（SiC）和磷化铟（InP）等，其中以硅和锗最为常用。

硅和锗都是四价元素，原子最外层轨道上有四个价电子。由于晶体中相邻原子的距离很近，原子的一个价电子与相邻原子的一个价电子容易组合成一个电子对，这对价电子是相邻原子所共有的，这种组合称为共价键结构。因此，在晶体中，一个原子的四个价电子就会分别与其周围的四个原子组成共价键，如图 1-5 所示。

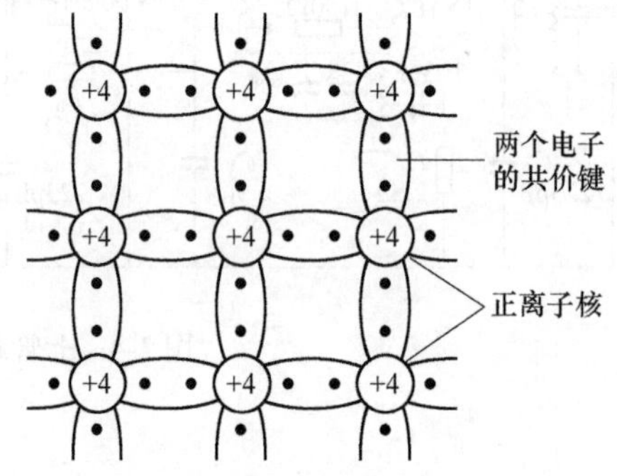

图 1-5 硅或锗晶体共价键结构

A 本征半导体中的两种载流子——电子和空穴

在热力学温度（-273.16℃）且没有其他外部能量作用时，价电子被共价键紧紧束缚着，使得半导体中没有可以自由移动的带电粒子。我们知道，物质导电是通过带电粒子的定向运动实现的，运载电荷的粒子称为载流子。此时，晶体中没有载流子，导电能力如同绝缘体。

当温度升高或受光照时，由于半导体共价键中的价电子并不像绝缘体中束缚得那样紧，价电子从外界获得一定能量，少数价电子会挣脱共价键的束缚，成为自由电子，这种现象称为本征激发。价电子脱离共价键束缚成为自由电子的同时在原来共价键的相应位置上留下一个空位，这个空位称为空穴，如图 1-6 所示。显然，自由电子和空穴是成对出现的，所以称它们为电子空穴对。在本征半导体中，电子与空穴的数量总是相等的。

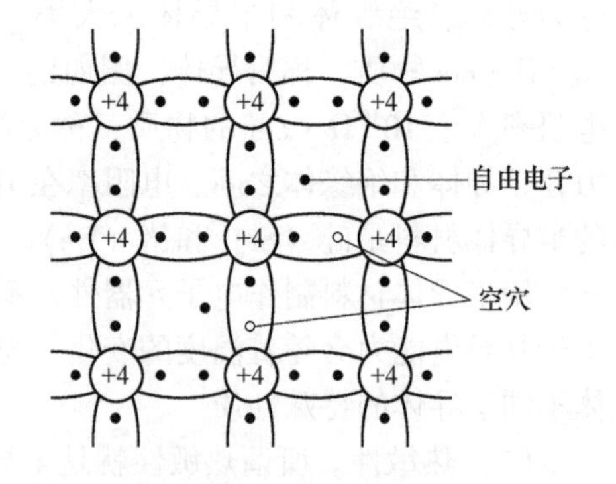

图 1-6 本征半导体中的自由电子和空穴

由此可见，本征半导体中存在两种载流子：自由电子和空穴。自由电子带负电荷，空穴带正电荷，它们都对形成电流做出了贡献。本征半导体在外电场的作用下，两种载流子的运动方向相反，而形成的电流方向相同。因此，半导体中的总电流是自由电子电流和空穴电流之和。

B 本征半导体的热敏特性和光敏特性

实验发现，当温度升高或光照增强时，本征半导体的激发现象变得激烈，产生的自由电子—空穴对增多，温度越高或光照越强，本征半导体内的载流子数目越多，导电性能越强，这就是本征半导体的热敏特性和光敏特性。利用这种特性就可以做成各种热敏元件和光敏元件，在自动控制系统中有广泛的应用。

C 本征半导体的掺杂特性

室温下，本征半导体的导电能力极差，掺入少量的其他元素后，其导电能力大大增强，这就是半导体的掺杂特性。掺入其他元素后的本征半导体称为杂质半导体。杂质半导体有P型半导体和N型半导体两大类。

1.5.1.2 杂质半导体

A N型半导体

扫一扫查看视频

在本征半导体中掺入少量磷（或其他五价元素），则磷原子将取代某些位置上的四价硅原子，形成N型半导体，如图1-7（a）所示。磷原子有五个价电子，其中四个价电子与相邻的硅原子形成共价键，多余的一个价电子很容易挣脱磷原子的束缚而成为自由电子，磷原子失去一个价电子成为不能移动的正离子。由于磷元素杂质可以提供自由电子，故称为施主杂质。掺入的磷原子数量虽然很少，但产生的自由电子数量远远大于本征激发时产生的空穴数量，因此N型半导体中，自由电子的浓度大于空穴的浓度，自由电子为多数载流子，简称多子；本征激发产生的少量空穴为少数载流子，简称少子；但整个N型半导体是呈现电中性的。N型半导体在外界电场作用下，电子电流远大于空穴电流，因此N型半导体是以电子导电为主的半导体，所以它又称为电子型半导体。

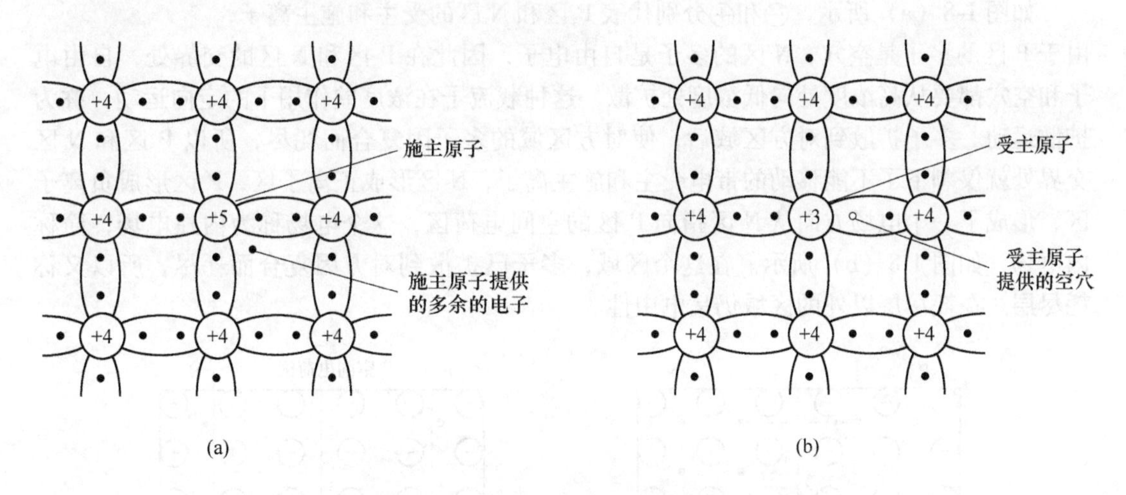

图1-7 杂质半导体的晶体结构

（a）N型半导体的晶体结构；（b）P型半导体的晶体结构

B P型半导体

在本征半导体中掺入少量硼（或其他三价元素），则硼原子将取代某些位置上的四价硅原子，形成P型半导体，如图1-7（b）所示。硼原子有三个价电子，在与相邻的硅原子形成共价键时，将因缺少一个价电子而形成一个空穴，这个空穴容易吸引邻近共价键上的价电子来填补，使得硼原子得到一个价电子成为不能移动的负离子。所以掺入一个硼原子就相当于掺入了一个能接受电子的空穴，故称三价元素硼为受主杂质，此时杂质半导体中的空穴浓度约等于掺杂浓度，远远大于本征激发所产生的自由电子的浓度。在P型半导体中，空穴为多子，自由电子为少子，但整个P型半导体是呈现电中性的。P型半导体在外界电场作用下，空穴电流远大于电子电流。P型半导体是以空穴导电为主的半导体，所以它又称为空穴型半导体。

综上所述，多子是由掺杂产生，多子数量取决于掺杂浓度，杂质半导体主要靠多子导电。少子是本征激发产生，因此少子数量对温度非常敏感，所以在高温下，半导体器件少子数目增多，器件的稳定性因此而受到影响。

总之，掺入少量的杂质可以使晶体中的自由电子或空穴的数量增多，大大提高了半导体的导电能力。也就是说，通过改变掺入杂质的浓度可以控制半导体的导电能力。

1.5.1.3　PN 结

单纯的一块P型半导体或N型半导体，只能作为一个电阻元件来使用，但是如果把P型半导体和N型半导体通过一定的制作工艺结合起来就可以形成PN结，PN结是构成半导体二极管、半导体晶体管、晶闸管、集成电路等众多半导体器件的基础。

在一块完整的本征硅（或锗）片上，用不同的掺杂工艺使其一边形成N型半导体，另一边形成P型半导体，在二者的交界处就会形成一个具有特殊性质的薄层，这个特殊的薄层就是PN结。

扫一扫查看视频

A　多子的扩散运动建立内电场

如图1-8（a）所示，㊀和㊉分别代表P区和N区的受主和施主离子，由于P区的多子是空穴，N区的多子是自由电子，因此在P区和N区的交界处，自由电子和空穴都要从高浓度处向低浓度处扩散，这种载流子在浓度差作用下的定向运动，称为扩散运动。多子扩散到对方区域后，使对方区域的多子因复合而耗尽，所以P区和N区交界处就仅剩下了不能移动的带电受主和施主离子，N区形成正离子区，P区形成负离子区，形成了一个电场方向从N区指向P区的空间电荷区，这个电场称为内建电场，简称内电场，如图1-8（b）所示。在这个区域，多子已扩散到对方因复合而耗尽，所以又称耗尽层。在耗尽层以外的区域仍呈电中性。

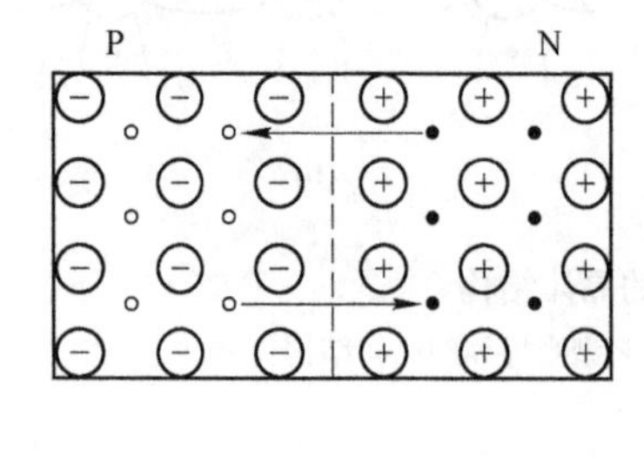

(a)

P　空间电荷区　N

内电场

(b)

图1-8　内电场的形成

（a）多子的扩散运动；（b）空间电荷区

B 内电场阻碍多子扩散，帮助少子漂移运动，形成平衡 PN 结

内电场的建立对多子的扩散起了一个阻碍的作用，使多子扩散运动逐渐减弱。同时内电场对 P 区和 N 区的少子会产生电场力的作用。这种少数载流子在电场力作用下的定向移动，称为漂移运动。随着内电场由无到有，从弱到强的建立，少子的漂移运动也从无到有并逐渐增强。随着扩散运动的逐渐减弱，漂移运动的逐渐增强，最后形成一种动态平衡，这样空间电荷区的厚度，内电场的大小都不再发生变化，这个空间电荷区就称为 PN 结，其厚度为几至几十微米。

C PN 结的单向导电性

PN 结无外加电压时，多子的扩散运动与少子的漂移运动处于动态平衡状态，此时，PN 结内无宏观电流。

如果在 PN 结两端外加电压，原有的动态平衡被破坏，此时，扩散电流不再等于漂移电流，因而 PN 结将会有电流通过。当外加电压的极性不同时，PN 结表现出截然不同的导电特性，即 PN 结的单向导电性。

（1）PN 结外加正电压时处于导通状态。PN 结外加正向电压（称为正向偏置），即 P 区接电源的正极，N 区接电源的负极，如图 1-9（a）所示。这时，外电场方向与内电场方向相反，内电场被削弱，扩散增强，漂移几乎减弱，因此空间电荷区变窄。PN 结中形成了以扩散电流为主的正向电流 I_F。因为多子数量较多，所以 I_F 较大，此时，PN 结呈现出一个很小的电阻，PN 结处于正向导通状态。

（2）PN 结外加反向电压时处于截止状态。PN 结外加反向电压（称为反向偏置），即 N 区接电源的正极，P 区接电源的负极，如图 1-9（b）所示。这时，外电场方向与内电场方向一致，内电场增强，使多子扩散减弱，少子的漂移运动增强，空间电荷区变宽。此时，少子漂移运动构成了反向电流 I_R。由于少子在一定温度下浓度很低，故反向电流 I_R 很小，只有微安级，PN 结呈现出高电阻特性。由于少子是本征激发产生的，其浓度几乎只与温度有关，因此当外加反向电压大于一定值后，反向电流 I_R 就不会再随反向电压的增加而增大了。可见，PN 结在反向偏置时基本不导电，处于反向截止状态。

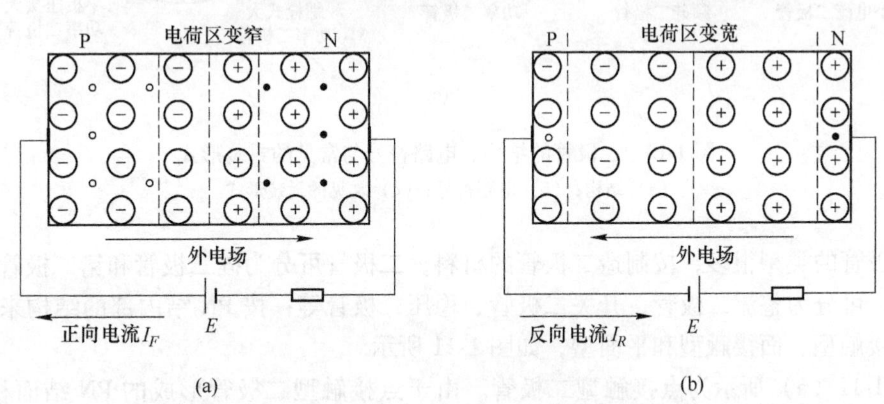

图 1-9 PN 结外加电压

（a）外加正向电压；（b）外加反向电压

综上所述，PN 结正向偏置时，处于导通状态，正向电阻很低，有较大正向电流 I_F 通

过；PN结反向偏置时，处于截止状态，反向电阻很高，反向电流 I_R 很小，这就是PN结的单向导电性。

1.5.2 半导体二极管及其应用

1.5.2.1 半导体二极管

A 二极管的结构与符号

在一个PN结的两端加上电极引线，外边用金属（或玻璃、塑料）管壳封装起来，就构成了二极管。由P区引出的电极，称为正极（或阳极），由N区引出的电极，称为负极（或阴极），二极管的结构如图1-10（a）所示，图1-10（b）所示为二极管的电路符号，图中箭头指向为正向导通电流方向，图1-10（c）所示为二极管常见的封装形式。

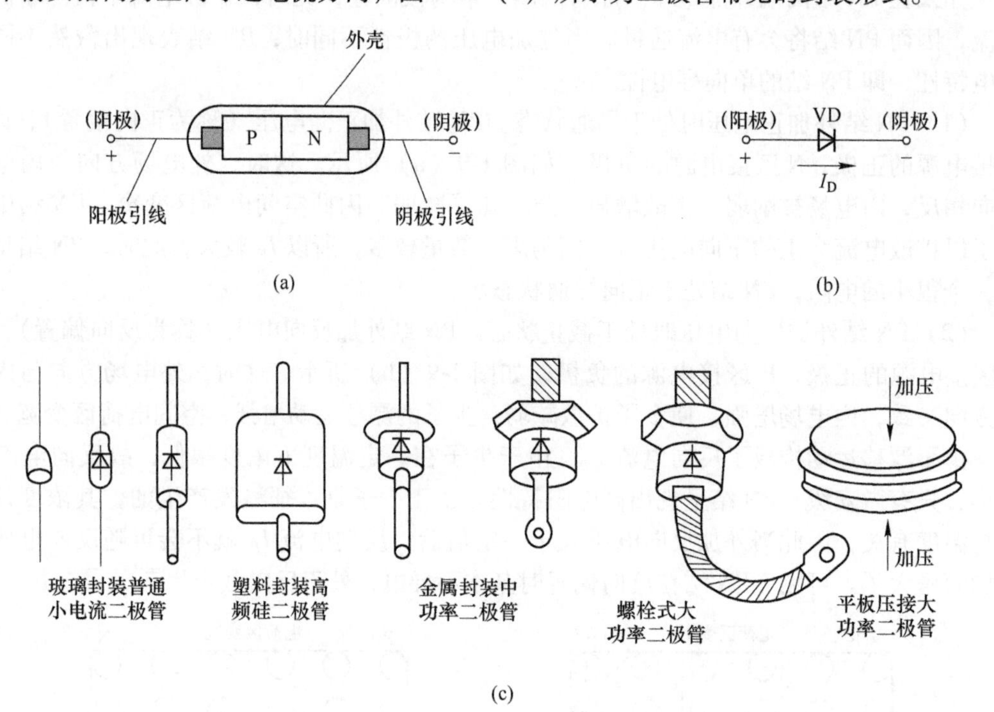

图1-10 二极管的结构、电路符号与常见的封装形式
（a）结构；（b）电路符号；（c）常见的封装形式

二极管的类型很多，按制造二极管的材料，二极管可分为硅二极管和锗二极管；按用途来分，可分为整流二极管、开关二极管、稳压二极管等；按PN结内部的结构来分，可分为点接触型、面接触型和平面型，如图1-11所示。

图1-11（a）所示为点接触型二极管。由于点接触型二极管形成的PN结面积很小，所以其结电容也很小，但不能承受高的反向电压和大的电流。这种类型的管子适用于做高频检波和脉冲数字电路里的开关元件，也可用来作小电流整流。例如2AP1是点接触型锗二极管，最大整流电流为16mA，最高工作频率为150MHz。

图1-11（b）所示为面接触型，也称为面结型二极管。由于面接触型二极管的PN结

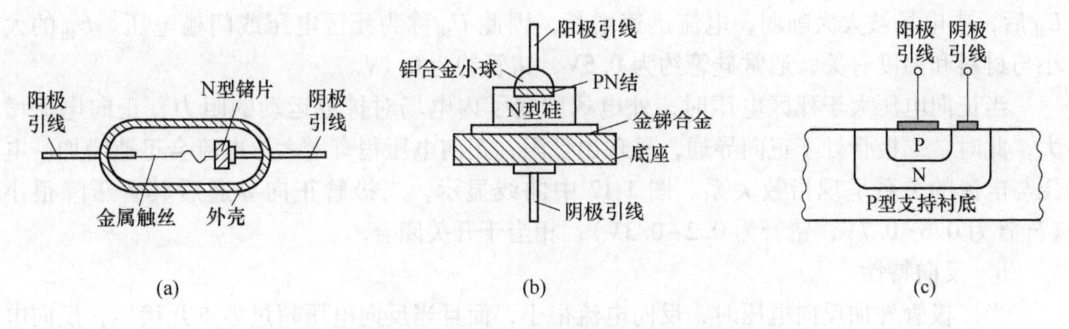

图 1-11 二极管的几种常见结构
（a）点接触型；（b）面接触型；（c）平面型

面积大，可承受较大的正向电流，但结电容也大，因此这类器件不宜用于高频电路中，常用于低频整流。例如 2CP1 为面接触型硅二极管，最大整流电流为 400mA，最高工作频率只有 3kHz。

图 1-11（c）所示为平面型二极管。平面型二极管是在半导体单晶片（主要是 N 型硅单晶片）上，扩散 P 型杂质，利用硅片表面氧化膜的屏蔽作用，在 N 型硅单晶片上仅选择性地扩散一部分而形成的 PN 结。平面型二极管可根据窗口的大小选择结面积的大小。当结面积大时，可以通过较大的电流，适用于大功率整流；当结面积较小时，PN 结电容也较小，适用于在脉冲数字电路中作开关管。

B 二极管的伏安特性

二极管的核心是 PN 结，它的特性就是 PN 结的单向导电特性。常用伏安特性曲线来形象地描述二极管的单向导电性。所谓伏安特性曲线，就是指加到二极管两端的电压与流过二极管的电流的关系曲线，其伏安特性曲线如图 1-12 所示。二极管的伏安特性曲线可分为正向特性和反向特性两部分。

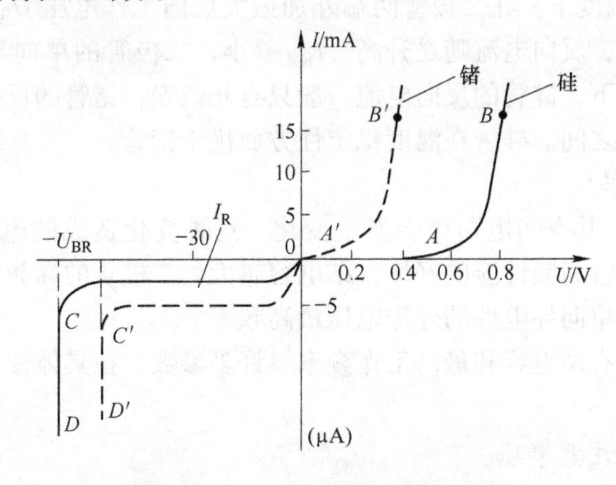

图 1-12 二极管的伏安特性曲线

扫一扫查看视频

a 正向特性

当外加正向电压很小时，外电场较小，由于外电场还不能克服 PN 结内电场对多数载流子的扩散运动的阻碍，故这时的正向电流很小，几乎为零。当正向电压超过一定数值

U_{th}后，内电场被大大削弱，电流迅速增长，因此 U_{th}称为死区电压或门槛电压。U_{th}的大小与材料和温度有关，通常硅管约为0.5V，锗管约为0.1V。

当正向电压大于死区电压时，外电场削弱了内电场对扩散运动的阻力，正向电流增大，此时，二极管处于正向导通，呈现出低阻，正向电压稍有增大，电流会迅速增加，电压与电流的关系呈现指数关系。图1-12中曲线显示，二极管正向导通后其管压降很小（硅管为0.6~0.7V，锗管为0.2~0.3V），相当于开关闭合。

b　反向特性

当二极管外加反向电压时，反向电流很小，而且当反向电压超过零点几伏后，反向电流不再随反向电压增加而增大，而是维持在一个稳定值 I_S，即为反向饱和电流。温度升高时，反向饱和电流将随之急剧增大。如果反向电压继续升高，当超过 U_{BR} 以后，反向电流将急剧增大，这种现象称为二极管反向击穿，U_{BR} 称为反向击穿电压。普通二极管被击穿以后，一般就不再具有单向导电性。

C　二极管的主要参数

二极管的参数定量描述了二极管的性能指标，是选择器件的重要参考依据。二极管的主要参数有以下几个。

a　最大整流电流 I_F

它指二极管在一定温度下长期工作时，允许通过的最大正向平均电流，由PN结的面积、散热条件和半导体材料来决定。在选用二极管时，应注意其通过的实际工作电流不要超过此值，并要满足其散热条件，否则会烧坏二极管。

b　最大反向工作电压 U_{RM}

它是二极管工作时，允许外加的最大反向电压。超过此值时，二极管有可能因反向击穿而损坏。一般将最大反向工作电压 U_{RM}定为反向击穿电压 U_{BR}的一半。

c　最大反向电流 I_{RM}

I_{RM}是指在规定温度下，在二极管两端外加最大反向工作电压 U_{RM}时通过二极管的反向电流值。温度升高，反向电流随之升高。I_{RM}越小，二极管的单向导电性就越好，受温度影响越小。在常温下，硅管的反向电流一般只有几微安；锗管的反向电流较大，一般在几十微安至几百微安之间。硅管在温度稳定性方面优于锗管。

d　最高工作频率 f_M

PN结加电压后，其空间电荷区会发生变化，这种变化造成的电容效应称为结电容。这个参数反映了二极管高频性能的好坏，结电容越大，二极管的高频单向导电性越差。f_M就是二极管仍能保持单向导电性的外加电压最高频率。

此外，二极管还有结电容和最高工作频率等许多参数，在具体使用时，要查阅相关的半导体器件手册。

D　二极管使用注意事项

半导体二极管在使用时应注意以下事项。

（1）在电路中应按注明的极性进行连接。

（2）根据需要正确地选择型号。同一型号的整流二极管方可串联、并联使用。在串联或并联使用时，应视实际情况决定是否需要加入均衡（串联均压、并联均流）装置（或电阻）。

(3) 引出线的焊接或弯曲处，离管壳距离不得小于10mm。为防止因焊接时过热而损坏，要使用小于60W的电烙铁，焊接时间不应超过2~3s，并在管壳与焊接点之间保证有良好的散热。

(4) 应避免靠近发热元件，并保证散热良好。工作在高频或脉冲电路的二极管引线，要尽量短，不能用长引线或把引线弯成圈来达到散热目的。

(5) 切勿超过手册中规定的最大允许电流和电压值。

(6) 二极管的替换。硅管与锗管不能互相代用。替换上去的二极管其最高反向工作电压及最大整流电流不应小于被替换管。根据工作特点，还应考虑其他特性，如截止频率、结电容、开关速度等。

1.5.2.2 二极管的应用

扫一扫查看视频

二极管的应用范围广泛，主要是利用它的单向导电性，常用于限幅、钳位、隔离等，也可在脉冲与数字电路中作为开关元件等。在分析含二极管的电路时，一般可将二极管视为理想元件，即当二极管正向导通时，认为其正向电阻为零，二极管上的压降为零。

A 二极管的钳位与隔离作用

当二极管正向导通时，正向压降很小，可以忽略不计，所以可以强制使其阳极电位与阴极电位基本相等，这种作用称为二极管的钳位作用。当二极管加反向电压时，二极管截止，相当于断路，阳极和阴极被隔离，称为二极管的隔离作用。

【例1-1】 电路如图1-13所示，试分别计算如下两种情况时，输出端O的电位。

(1) 输入端A的电位为$U_A=3V$，B的电位为$U_B=3V$；

(2) 输入端A的电位为$U_A=0V$，B的电位为$U_B=3V$。

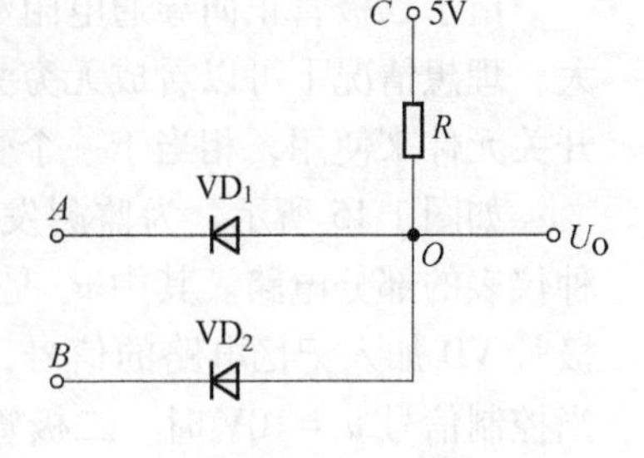

图1-13 例1-1图

解： (1) 当$U_A=3V$，$U_B=3V$时，VD_1、VD_2均导通，则

$$U_O \approx 3V$$

(2) 当$U_A=0V$，$U_B=3V$时，因为A端的电位比B端电位低，所以VD_1优先导通，则

$$U_O \approx 0$$

当VD_1导通后，VD_2因承受反向电压而截止。

在例1-1(1) 中，VD_1、VD_2均起钳位作用，把输出端O的电位钳制在3V；在例1-1(2) 中，VD_1起钳位作用，把输出端O的电位钳制在0V，VD_2起隔离作用，把输入端B和输出端O隔离开。

B 二极管的限幅作用

在电子电路中，为了降低信号的幅度以满足电路工作的需要，或者为了保护某些器件不受大的信号电压作用而损坏，往往利用二极管的导通和截止限制信号的幅度，这就是所谓的限幅。

【例1-2】 在图1-14 (a) 所示电路中，交流输入电压$u_i=10\sin\omega t$ V，试画出输出电

压 u_o 的波形。

解： 在图 1-14（a）所示的限幅电路中，交流输入电压 u_i 和直流电压 E_1 都对二极管 VD 起作用。在假设 VD 为理想二极管时，有如下限幅过程发生：当输入电压 $u_i>5V$ 时，VD 导通，$u_o=5V$；当 $u_i \leqslant 5V$ 时，VD 截止，$u_o=u_i$，输出波形如图 1-14（b）所示。利用这个简单的限幅电路可以把输出电压 u_o 的幅度限制在 5V 以下。把电路稍加变化，还可以得到各种不同的限幅应用。

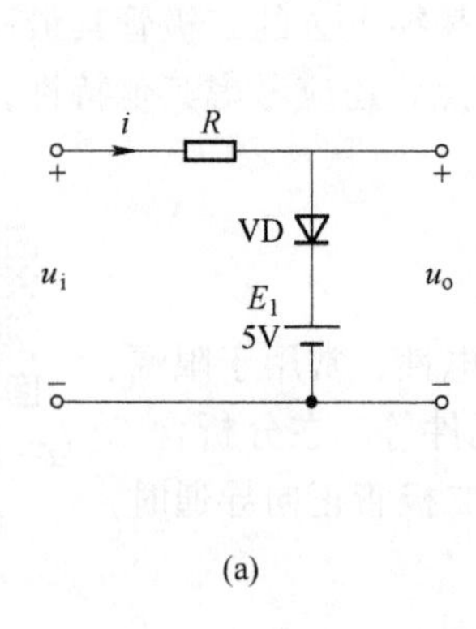

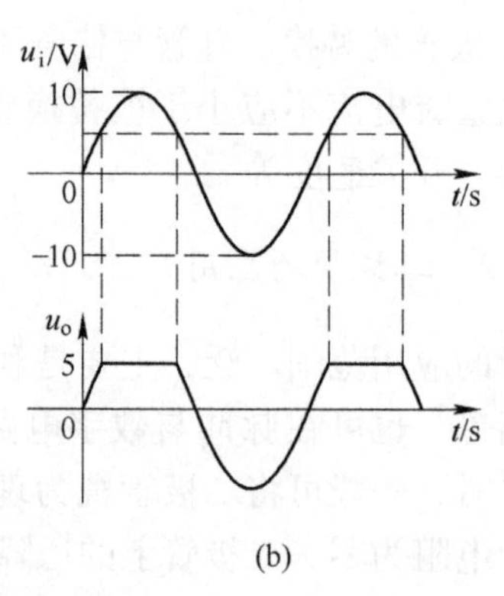

图 1-14　二极管的限幅应用
（a）限幅电路；（b）输入与输出波形

C　二极管的开关作用

由于二极管正向导通电阻小，理想情况下可以看成零，相当开关接通；而反向电阻很大，理想情况下可以看成无穷大，相当开关断开。在数字电路中经常将半导体二极管作为开关元件来使用，相当于一个受外加偏置电压控制的无触点开关。

如图 1-15 所示，为监测发电机组工作的某种仪表的部分电路。其中 u_s 是需要定期通过二极管 VD 加入记忆电路的信号，u_i 为控制信号。当控制信号 $u_i=10V$ 时，二极管 VD 的阴极电位被抬高，二极管截止，相当于"开关断开"，u_s 不能通过 VD；当 $u_i=0V$ 时，二极管 VD 正偏导通，u_s 可以通过 VD 加入记忆电路。此时二极管相当于"开关闭合"情况。这样，二极管 VD 就在信号 u_i 的控制下，实现了接通或关断 u_s 信号的作用。

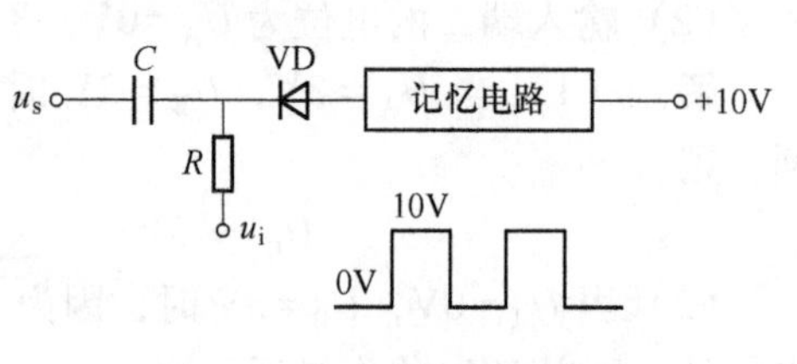

图 1-15　二极管的开关作用

1.5.2.3　特殊二极管介绍

A　稳压二极管

稳压二极管是一种特殊的硅二极管，由于它在电路中与适当数值的电阻配合后能起稳定电压的作用，简称为稳压管。稳压管的伏安特性曲线与普通二极管的类似，如图 1-16（a）所示，其差异是稳压管的反向特性曲线比较陡。如图 1-16（b）所示为稳压管的符号。稳压管正常工作于反向击穿区，且在外加反向电压撤除后，稳压管又恢复正常，即它的反向击穿是可逆的。从反向特性曲线上可以看出，当加在稳压管上的反向电压增加到U_Z时，反向电流剧增，稳压管反向击穿。因此当稳压管工作在反向击穿区时，即使反向电流的变化量ΔI_Z较大，稳压管两端相应的电压变化量ΔU_Z却很小，这就说明稳压管具有稳压特性。如果稳压管的反向电流超过允许值，则它将会因过热而损坏。所以，与稳压管配合的电阻要适当，才能起稳压作用。

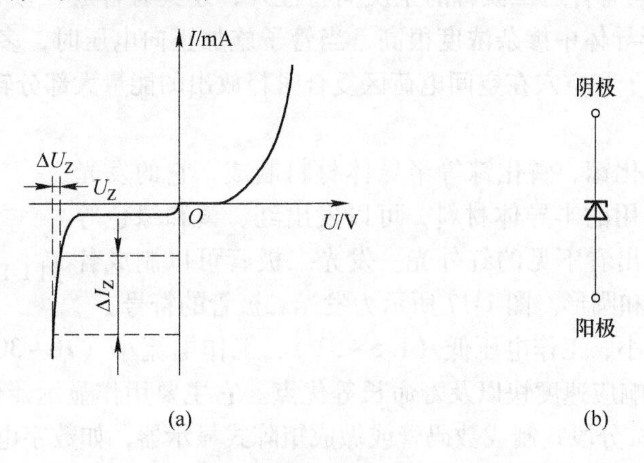

图 1-16 稳压管的伏安特性曲线与电路符号

（a）伏安特性曲线；（b）电路符号

稳压管的主要参数。

（1）稳定电压U_Z。U_Z就是稳压管正常工作时的反向击穿电压，由于制造工艺方面和其他的原因，稳压值也有一定的分散性。同一型号的稳压管稳压值可能略有不同。手册给出的都是在一定条件（工作电流、温度）下的数值。例如，2CW18 稳压管的稳压值为 10~12V。

（2）稳定电流I_Z。I_Z是指稳压管工作在稳定电压时的参考电流。当流过稳压管的电流低于I_Z，稳压效果变坏，甚至根本不稳压。正常工作时，流过稳压管的电流必须大于I_Z。所以I_Z是稳压管正常工作所需的最小电流，故将I_Z记作I_{Zmin}。

（3）最大稳定电流I_{Zmax}。I_{Zmax}是指稳压管所允许通过的最大反向电流。流过稳压管的电流一旦超过I_{Zmax}，可能会发生热击穿而损坏。

（4）最大耗散功率P_{ZM}。P_{ZM}是指稳压管的 PN 结不至于由于结温过高而损坏的最大功率。P_{ZM}等于稳压管的稳定电压U_Z与最大稳定电流I_{Zmax}的乘积。

（5）动态电阻r_Z。r_Z是稳压管在正常工作区（即反向击穿区）时，端电压的变化量与相应的电流变化量的比值，即$\Delta U_Z/\Delta I_Z$。动态电阻是反映稳压管稳压性能好坏的重要参数，r_Z越小，电流变化时U_Z的变化越小，稳压管的稳压特性越好。r_Z的值通常是在几欧到几十欧之间。

（6）电压温度系数α。α表示当稳压管的电流保持不变时，环境温度每变化 1℃所引起的稳定电压变化的百分比，即：

$$\alpha = \frac{\Delta U}{\Delta T} \times 100\% \qquad (1\text{-}1)$$

一般来说，U_Z值小于4V 的稳压管，α为负值；U_Z值大于7V 的稳压管，α为正值；而

U_Z 值在6V左右的稳压管，温度系数很小。因此，选用6V左右的稳压管可得到较好的温度稳定性。

B　发光二极管

发光二极管简称为LED，是一种直接将电能转化为光能的器件，它的基本结构是一个PN结，它除了具有普通二极管的正反向特性外，还具有普通二极管没有的发光能力。通常制成LED的半导体中掺杂浓度很高，当管子施加正向电压时，多数载流子的扩散运动加强，大量的电子和空穴在空间电荷区复合时释放出的能量大部分转换为光能，从而使LED发光。

LED常采用砷化镓、磷化镓等半导体材料制成，它的发光颜色主要取决于所用的半导体材料，可以发出红、黄和绿色等可见光，也可以发出看不见的红外光。发光二极管可以制成各种形状，如长方形和圆形。图1-17所示为发光二极管的符号。

图1-17　发光二极管的符号

LED具有体积小、工作电压低（1.5~3V）、工作电流小（10~30mA）、发光均匀稳定且亮度比较高、响应速度快以及寿命长等优点。它主要用作显示器件，除单个使用外，还可用多个PN结按分段式制成数码管或做成矩阵式显示器，如数字电路中用来显示0~9数字的七段数码管；LED的另一个重要用途是将电信号变为光信号，通过光缆传输，然后用光电二极管接收，再现电传号，这种光电传输系统，常应用于光纤通信和自动控制系统中。目前还生产出一种闪烁发光二极管，闪烁频率低，只有几赫，很容易引起人们的警觉，可广泛用作光报警电路。

使用LED的注意事项：

（1）必须正向偏置。

（2）一定要串联限流电阻。发光二极管是电流型器件，根据型号不同，其工作电流一般为1~30mA，其导通电压一般在1.7V以上，因此一节1.5V的电池不能点亮发光二极管，所以往往在其两端接上3V电源，这样虽然能够使其发光，但是容易损坏，所以在实际应用中一定要串接限流电阻。发光二极管的正、反向电阻均比普通二极管大得多，一般万用表的 $R\times1$ 挡至 $R\times1\text{k}$ 挡均不能测试到发光二极管的发光情况，而 $R\times10\text{k}\Omega$ 挡使用15V的电池，能把有的二极管点亮。

C　光敏二极管

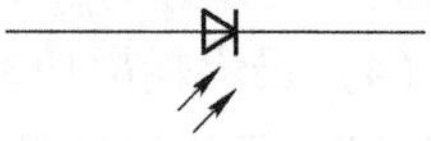

光敏二极管也称为光电二极管，是一种将光信号转换为电信号的特殊二极管，它的符号如图1-18所示。与普通二极管一样，其基本结构也是一个PN结，它的管壳上有一个能射入光线的窗口，窗口上镶着玻璃透镜，光线可通过透镜照射到管芯，为增加受光面积，PN结的面积做得比较大。

图1-18　光敏二极管的符号

正偏时光电二极管的光敏特性不明显，所以，光电二极管在电路中一般处于反向偏置状态。在无光照时，与普通二极管一样，反向电流很小，该电流称为暗电流，此时光电管的反向电阻高达几十兆欧。当有光照时，产生电子-空穴对，统称为光生载流子；在反向电压作用下，光生载流子参与导电，形成比无光照时大得多的反向电流，该反向电流称为光电流，此时光电管的反向电阻下降至几千欧到几十千欧。光电流与光照强度成正比。如果外电路接上负载，便可获得随光照强弱而变化的电信号。

光电二极管一般作为光电检测器件，将光信号转变成电信号，这类器件应用非常广泛。例如，应用于光的测量、光电自动控制、光纤通信的光接收机中等。大面积的光电二极管可用作能源，即光电池。

光电二极管还经常和发光二极管一起组成光电耦合器件。将发光二极管和光电二极管封装在一起的光电耦合器，可以实现电→光→电的传输和转换，比如我们所熟悉的鼠标，就是采用光电耦合器来对鼠标中滚轮的移动进行定位。发光和受光器件也可以不是一体的，甚至距离很远，中间靠光缆连接，图 1-19 是常见的利用光信号来远距离传输电信号的原理示意图。目前的长途电话、手机等远途通信都是采用这种类似的方式来完成的。

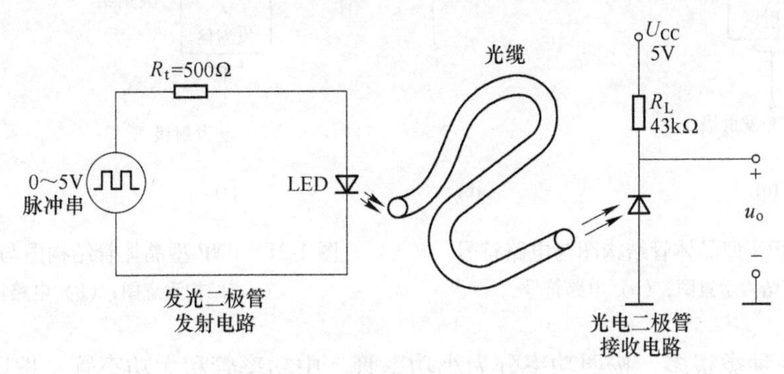

图 1-19 远距离光电传输系统

1.5.3 晶体管及其特性

晶体管是放大电路最基本的器件之一，由于它在工作时半导体中的电子和空穴两种载流子都起作用，因此属于双极型器件，也称为双极结型晶体管（BJT）。

1.5.3.1 晶体管的结构及符号

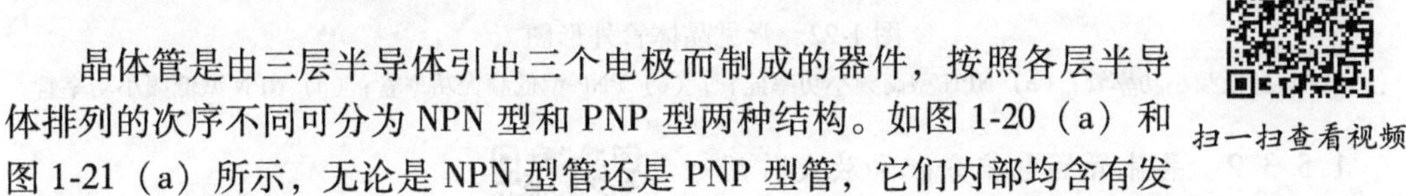

扫一扫查看视频

晶体管是由三层半导体引出三个电极而制成的器件，按照各层半导体排列的次序不同可分为 NPN 型和 PNP 型两种结构。如图 1-20（a）和图 1-21（a）所示，无论是 NPN 型管还是 PNP 型管，它们内部均含有发射区、基区和集电区三个区；从三个区各自引出一个电极，分别称为发射极 e、基极 b 和集电极 c；在三个区的两个交界处形成了两个 PN 结，发射区与基区之间形成的 PN 结称为发射结，集电区与基区之间形成的 PN 结称为集电结，两个 PN 结通过掺杂浓度很低且很薄的基区相连。在晶体管的内部，为了收集发射区发射过来的载流子，集电结的结面积较大，而发射区的掺杂浓度比集电区高得多，因此使用时集电极与发射极不能互换。晶体管的电路符号如图 1-20（b）和图 1-21（b）所示，符号中的箭头方向是晶体管的实际电流方向，箭头方向是由 P 区指向 N 区的（即 PN 结正向偏置时的电流方向）。

注意：NPN 型管的箭头方向是向外的，而 PNP 型管的箭头方向是向内的。

由于晶体管三个区的作用不同，因此晶体管在制作时，每个区的掺杂浓度与面积均不同，其内部结构特点总结如下：

(1) 发射区的掺杂浓度高；

(2) 基区的掺杂浓度低，且做得很薄，一般只有几微米至几十微米；

(3) 集电结的面积比发射结要大得多。

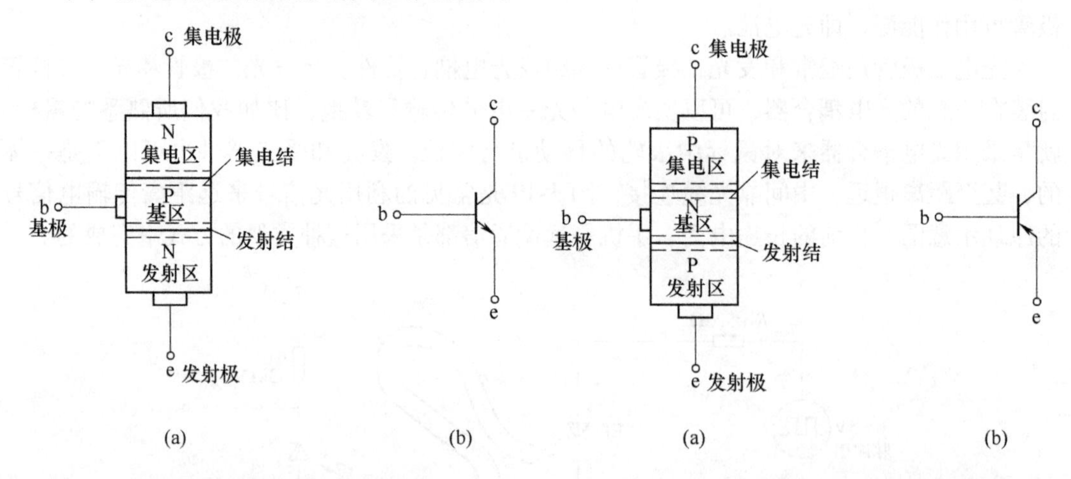

图 1-20　NPN 型晶体管结构图与电路符号
(a) 结构示意图；(b) 电路符号

图 1-21　PNP 型晶体管结构图与电路符号
(a) 结构示意图；(b) 电路符号

晶体管的种类很多，按照功率分为小功率管、中功率管和大功率管；按照频率分为高频管和低频管。几种常见晶体管外形图如图 1-22 所示。

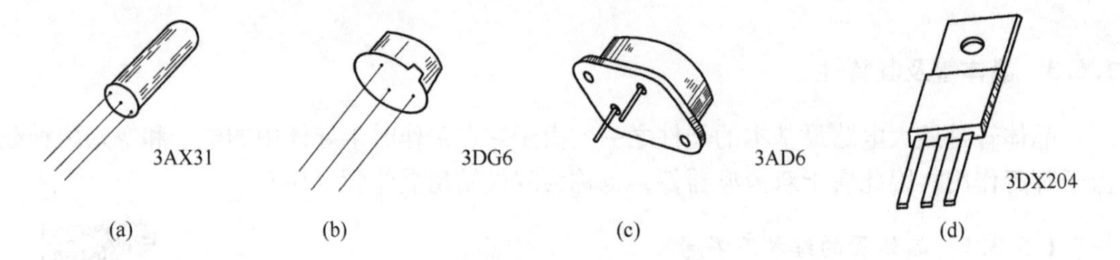

图 1-22　常见晶体管外形图
(a) PNP 型低频小功率管；(b) NPN 型高频小功率硅管；(c) PNP 型低频大功率管；(d) NPN 型低频小功率管

1.5.3.2　晶体管的电流分配和放大作用

扫一扫查看视频

晶体管结构的特点是：含有两个背靠背的 PN 结，发射区掺杂浓度高，基区很薄且掺杂浓度低，集电结面积大等，这些特点是晶体管具有电流放大作用的内部条件。

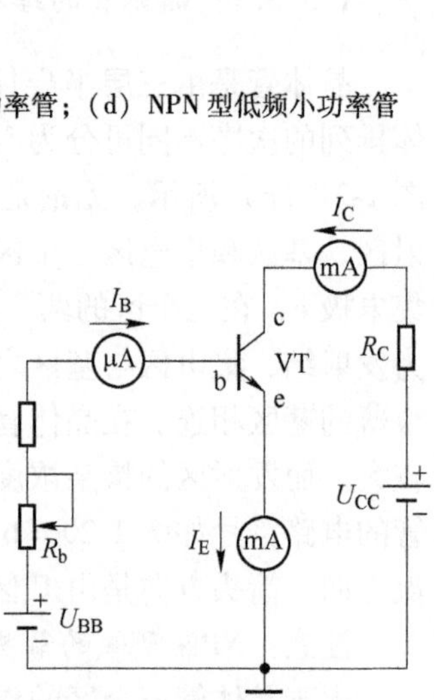

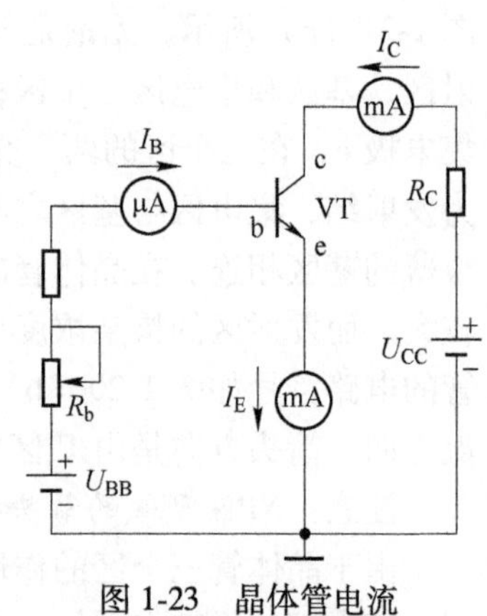

图 1-23　晶体管电流放大的实验电路

为了解晶体管的各个电极电流分配及它们之间的关系，我们先做一个实验。实验电路如图 1-23 所示，图中晶体管的发射极是公共端，因此称这种接法为晶体管的共发射极接法。图中所用晶体管为 NPN 型管，电源 U_{CC} 和 U_{BB} ($U_{CC}>U_{BB}$) 极性必须按照图中所示接法，即保证发射结上加正向电压，集电结上加反向电压，这时晶体管才能起到放大作用。若将晶体管改为 PNP 型管，则电源 U_{CC} 和 U_{BB} 的极性与图 1-23 所示接法相反。

改变可变电阻 R_B，则基极电流 I_B、集电极电流 I_C 和发射极电流 I_E 都发生变化。电流方向如图 1-23 所示。测量结果列于表 1-1 中。

表 1-1 晶体管电流测量数据 （mA）

I_B	0	0.020	0.04	0.06	0.08	0.10
I_C	<0.001	1.823	1.50	2.30	3.10	3.95
I_E	<0.001	1.843	1.54	2.36	3.18	4.05

由此实验及测量结果可得出如下结论。

（1）实验数据中的每一列数据均满足关系。

$$I_E = I_C + I_B \tag{1-2}$$

此结果符合基尔霍夫电流定律，即发射极电流（流出晶体管的电流）等于集电极电流（流入晶体管的电流）与基极电流（流入晶体管的电流）之和。

（2）晶体管的电流放大作用。从实验数据还可以看出：$I_C \gg I_B$，而且当调节电位器 R_B 使 I_B 有微小变化时，会引起 I_C 较大的变化，这表明基极电流（小电流）控制着集电极电流（大电流），这种现象称为晶体管的电流放大作用。

当晶体管外部条件满足时，I_C 与 I_B 的比值基本上保持一定，这个比值用 $\overline{\beta}$ 表示，即：

$$\overline{\beta} = \frac{I_C}{I_B} \tag{1-3}$$

$\overline{\beta}$ 表征晶体管的电流放大能力，称为电流放大系数。

$I_C \approx \overline{\beta} I_B$ 表明晶体管的电流是按比例分配的，若有一个单位的基极电流 I_B，就有 $\overline{\beta}$ 倍的基极电流 I_C。所以 I_C 的大小不但取决于 I_B，而且还远远大于 I_B。因此只要控制基极回路的小电流 I_B，就能实现对集电极回路大电流 I_C（或 I_E）的控制，这就是所谓的晶体管的电流放大作用和电流控制能力。

要使晶体管具有放大作用，除了管子本身的内部结构条件外，还必须保证管子外部使用条件，即发射结正向偏置，集电结反向偏置。NPN 型管，三个电极的电位关系是 $U_C>U_B>U_E$；PNP 型管，则应是 $U_E>U_B>U_C$。由于通过控制基极电流 I_B 的大小，能实现对集电极电流 I_C 的控制，所以常把晶体管称为电流控制器件。

（3）当 $I_B=0$（将基极开路）时，$I_C<0.001\text{mA}$，该电流称为穿透电流，用 I_{CEO} 表示，是指 $I_B=0$ 时，由集电区穿过基区流入发射区的电流。I_{CEO} 不受 I_B 控制。

1.5.3.3 晶体管的特性曲线

晶体管的特性曲线是用来表示晶体管各极电压和电流之间关系的，包括输入特性曲线和输出特性曲线，它反映了晶体管的性能，也是分析放大电路的重要依据。晶体管的伏安特性曲线与电路的接法有关，最常用的是共发射极接法时的输入特性曲线和输出特性曲线。

扫一扫查看视频

A　输入特性曲线

输入特性曲线是指当集电极与发射极之间电压 u_{CE} 为定值时，输入回路中晶体管基极电流 i_B 与基-射电压 u_{BE} 之间的关系曲线，用函数关系式可表示为：

$$i_B = f(u_{BE})\big|_{u_{CE}=常数} \tag{1-4}$$

图1-24（a）所示为某NPN型硅管的输入特性曲线，比较 $u_{CE}=0V$ 和 $u_{CE}=1V$ 的两条曲线，可见 $u_{CE}=1V$ 曲线比 $u_{CE}=0V$ 的曲线向右移动了一段距离，这是由于 $u_{CE}=1V$ 时，集电结加了反向电压，集电结吸引电子的能力加强，使得从发射区扩散到基区的电子更多地进入集电区，从而对应于相同的 u_{BE}，流向基极的电流 I_B 比 $u_{CE}=0V$ 时减小了，曲线就相应地向右移了。但当 $u_{CE}>1V$ 后，曲线右移距离很小，可以近似认为与 $u_{CE}=1V$ 时的曲线重合，图1-24（a）中只画出两条曲线，在实际使用中，u_{CE} 总是大于1V的。

和二极管相似，晶体管的输入特性曲线也存在死区：硅管约为0.5V，锗管约为0.1V，只有发射结外加电压 u_{BE} 大于死区电压时，晶体管才导通，输入回路才有 i_B 电流产生。当发射结正偏导通后，硅管的发射结压降 U_{BE} 约为0.7V，锗管约为0.3V。因此，锗管的输入特性曲线要比硅管的向左移动一段。和二极管一样，分别以0.7V和0.3V作为硅晶体管和锗晶体管的发射结导通压降估计值。

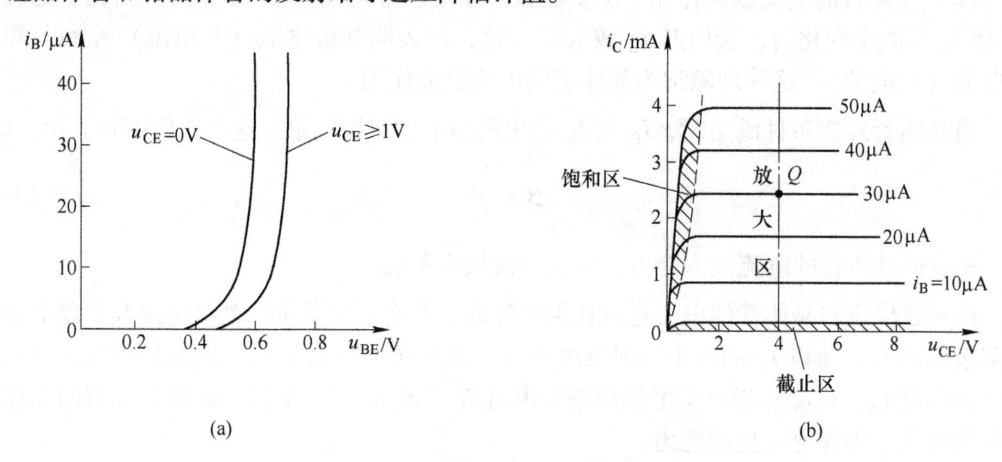

图1-24　晶体管的输入和输出特性曲线

（a）输入特性曲线；（b）输出特性曲线

B　输出特性曲线

输出特性曲线是指在基极电流 i_B 一定时，晶体管的集电极输出回路中，集电极与发射极之间的电压 u_{CE} 和集电极电流 i_C 之间的关系曲线。用函数关系式可表示为：

$$i_C = f(u_{CE})\big|_{i_B=常数} \tag{1-5}$$

图1-24（b）所示为晶体管共射极放大电路的输出特性曲线。

在不同 i_B 下，可得到不同的曲线，所以晶体管的输出特性曲线是一组曲线。由图可见，一组中各条特性曲线的形状基本上是相同的。曲线的起始部分很陡，当 u_{CE} 略有增加时，i_C 增加得很快，这是由于 u_{CE} 很小时，集电结的反向电压很小，对发射区扩散到基区的电子吸引力不够，从而使到达集电区的电子很少，所以 u_{CE} 稍有增大，集电结的电场加强，对基区电子的吸引力就增强，从而 i_C 就会迅速增大。当 $u_{CE}>1V$ 左右以后，曲线变得比较平坦。这是由于 u_{CE}>1V 以后，集电结的电场已足够强，足以把除在基区复合掉以外的几乎所有电子都吸引到集电区形成 i_C，而 i_B 一定时，从发射区扩散到基区的电子数是一定的，因此，此时再增加 u_{CE}，加大对电子的吸引力，到达集电区的电子数也只能略有增加或基本上不增加。若改变基极电流 i_B 的值，就可以得到另外一条输出特性曲线。若 ΔI_B 为一常数，将得到一组间隔基本均匀且比较平坦的曲线族。

按输出特性曲线的不同特点，可将其划分为截止区、放大区和饱和区三个区域。

a 截止区

扫一扫查看视频

习惯上将 $i_B=0$ 以下的区域称为截止区。若要使 $i_B \leqslant 0$，晶体管的发射结就必须在死区以内或反偏，为了使发射结能够可靠截止，通常给晶体管的发射结加反偏电压。所以截止区的特点是发射结与集电结均反偏。

晶体管处于截止区时，$i_B=0$，对应的集电极电流 $i_C \approx i_E = I_{CEO}$，如 I_{CEO}很小，可以认为截止区晶体管的三个电极电流均为0，即三个电极间是开路的，C-E 等效为一个断开的开关。由于截止区各电极电流为零，因此截止区的晶体管是没有放大能力的。

b 放大区

放大区处于曲线近似水平的部分。此时，晶体管的发射结正偏，集电结反偏。在这个区域，当 i_B 一定时，i_C 的值基本上不随 u_{CE} 而变化；当基极电流发生微小的变化量 Δi_B 时，相应的集电极电流将产生较大的变化量 Δi_C，即 $\Delta i_C=\beta\Delta i_B$($\beta$ 为晶体管的电流放大系数)；各曲线间的间隔大小体现了 β 的大小，间隔越大，则 β 值越大。

放大区体现了晶体管基极电流对集电极电流的控制作用，说明晶体管是一种具有电流放大能力的电流控制器件。

c 饱和区

饱和区对应 u_{CE} 较小的区域，此时，集电极处于正向偏置，使得 i_C 不能随 i_B 的增大而成比例地增大，即 i_C 处于“饱和”状态，在饱和区，$i_C \neq \beta i_B$，晶体管的发射结和集电结均处于正向偏置。将此时所对应的 u_{CE} 值称为饱和压降，用 U_{CES} 表示。一般情况下，小功率管的 U_{CES} 小于 0.4V（硅管约为 0.3V，锗管约为 0.1V），大功率管的 U_{CES} 为 1~3V。在理想条件下，$U_{CES} \approx 0$。

晶体管处于饱和区，呈现出集电极电流最大值，并且此时晶体管各电极间的压降均很小，可以近似为零。因此，饱和区的晶体管各电极间可以近似为短路，C、E 间等效为一个闭合的开关。

由上分析可知，晶体管在电路中既可以作为放大器件使用（工作在放大区），又可以作为开关使用（工作在饱和区和截止区）。

1.5.3.4 晶体管的主要参数

晶体管的参数用来表示其性能及适用范围，同时也是设计电路时选用晶体管的依据。常用的主要参数如下。

(1) 电流放大系数。根据工作状态的不同，在直流和交流两种情况下，分别有直流电流放大系数 $\overline{\beta}$ 和交流电流放大系数 β。

1) 共发射极直流电流放大系数 $\overline{\beta}$。在共发射极电路没有交流输入信号的情况（静态）时，$I_C - I_{CEO}$ 与 I_B 的比值称为直流电流放大系数 $\overline{\beta}$ ，即：

$$\overline{\beta} = \frac{I_C - I_{CEO}}{I_B} \approx \frac{I_C}{I_B} \tag{1-6}$$

所以，$\overline{\beta}$ 也可以理解为直流工作情况时，共发射极电路的集电极电流 I_C 与输入直流电流 I_B 的比值。

2）共发射极交流电流放大系数 β 。在共发射极电路有交流输入信号的情况（动态）时，输出集电极电流的变化量与输入基极电流的变化量的比值，即：

$$\beta = \frac{\Delta I_C}{\Delta I_B} \tag{1-7}$$

β 值是衡量晶体管放大能力的重要指标。从输出特性曲线来看，在集电极电流为1mA以上相当大的范围内，小功率管的 β 值都比较大，而且可以认为是基本恒定，一般在几十到二百之间。β 太小，电流放大作用差；β 太大，管子性能往往不稳定。

$\overline{\beta}$ 和 β 的含义是不同的，由于晶体管特性曲线的非线性，工作点不同，$\overline{\beta}$ 和 β 的数值也不相同。但在输入特性曲线近于平行等距且 I_{CBO} 不大的情况下，$\overline{\beta}$ 和 β 的数值较为接近。在工程上，为了简便，一般都认为 $\overline{\beta} = \beta$ ，以后不再区分。

（2）极间反向电流。

1）集电极—基极间反向饱和电流 I_{CBO}。

I_{CBO} 是指在发射极开路时，基极和集电极之间的反向饱和电流。由于 I_{CBO} 是当集电结反偏时集电区和基区的少子定向运动形成的，所以它受温度变化的影响很大。I_{CBO} 的值一般很小，在常温下，小功率硅管的 $I_{CBO} \leqslant 1\mu A$；小功率锗管为 $10\mu A$ 左右。

I_{CBO} 的大小标志集电结质量的好坏，I_{CBO} 越小越好，一般在工作环境温度变化较大的场所都选择硅管。

2）集电极—发射极间的反向电流 I_{CEO}。

I_{CEO} 是指在基极开路时，集电极与发射极之间加一定反向电压，产生的由集电极穿过基区流入发射极的电流，因此又称为穿透电流，它是 I_{CBO} 的（$1+\beta$）倍，即：

$$I_{CEO} = (1 + \beta) I_{CBO} \tag{1-8}$$

I_{CEO} 与 I_{CBO} 同属于少子漂移电流，受温度影响较大。由于 $I_C = \beta I_B + I_{CEO}$，$I_{CEO}$ 对变化量 ΔI_C 的放大作用不做贡献，因此对于 I_{CEO} 的要求，也是越小越好。

一般来说，β 值大的管子，放大倍数大，I_{CEO} 也较大，使放大电路的温度稳定性变差。所以在选管子时，并不是 β 值越大的管子就越好。

（3）极限参数。晶体管正常工作时，管子上的电压和电流是有一定限度的，否则会使晶体管工作不正常，使特性变坏，甚至损坏。因此要规定允许的最高工作电压，流经晶体管的最大工作电流和允许的最大耗散功率等。这些电压、电流和功率值称为晶体管的极限参数。

1）集电极—发射极间的击穿电压 $U_{(BR)CEO}$。

$U_{(BR)CEO}$ 是指当基极开路时，集电极与发射极之间的反向击穿电压。当温度上升时，击穿电压 $U_{(BR)CEO}$ 要下降，在实际使用中，必须满足 $u_{CE} < U_{(BR)CEO}$。

2）发射极—基极反向击穿电压。

它是指集电极开路时，在发射极—基极之间允许施加的最高反向电压，一般为几伏至几十伏电压。

3）集电极最大允许电流 I_{CM}。

当集电极电流超过某一定值时，晶体管的性能变差，甚至会损坏管子，例如 β 值会随着 I_C 的增加而下降。集电极最大允许电流 I_{CM}，就是表示 β 下降到额定值的 1/3~2/3 时的 I_C 值，一般规定在正常工作时，流过晶体管的集电极电流 $i_C<I_{CM}$。

4）集电极最大允许耗散功率 P_{CM}。

参数 P_{CM} 是表示集电结上允许损耗功率的最大值。晶体管消耗的功率 $P_C=U_{CE}I_C$ 转化为热能损耗于管内，并主要表现为温度升高。所以，当晶体管消耗的功率超过 P_{CM} 值时，其发热量将使管子性能变差，甚至烧坏管子。因此，在使用晶体管时，P_C 必须小于 P_{CM} 才能保证管子正常工作。

需要注意的是，晶体管的输入、输出特性和主要参数都与温度有着密切的关系，具体如图 1-25 所示。

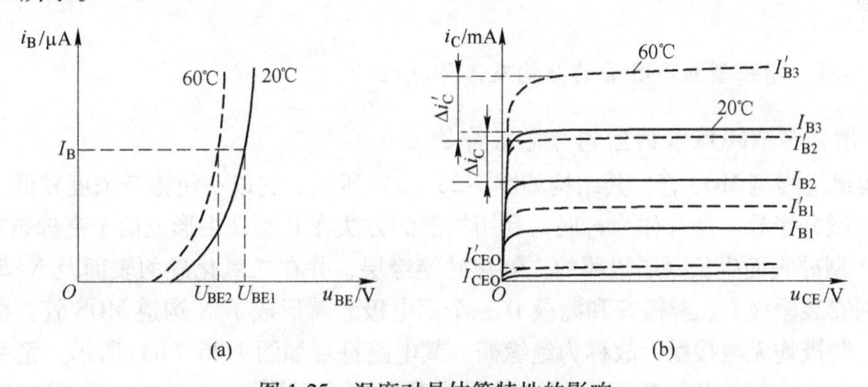

图 1-25　温度对晶体管特性的影响

（a）温度对晶体管输入特性的影响；（b）温度对晶体管输出特性的影响

如图 1-25 所示，温度升高时，晶体管的输入特性曲线将向左移动，在 i_B 相同的条件下，U_{BE} 将减小；同时，由于反向电流 I_{CBO} 及 I_{CEO} 随温度升高而增大，输出特性曲线将向上移动，并且间距增大，使 β 值随之增大；具体为温度每升高增大 1℃，U_{BE} 减小 2~2.5V，β 值增大 0.5%~1%。I_B 和 β 值的增大均使集电极电流增大，这是使用晶体管必须注意的问题。

1.5.3.5　晶体管的选择要点

（1）为保证晶体管工作在安全区并能有效放大，应使工作电流 $I_C<I_{CM}$、$P_C<P_{CM}$、$u_{CE}<U_{(BR)CEO}$，如果在发射结上有反向电压时，特别要注意 E、B 极间的反向电压不能超过 $U_{(BR)CEO}$。使用功率晶体管时，要按要求加装散热片，满足散热条件。

（2）在放大高频信号时，要选用高频管，使高频段 β 值不致下降太多。在开关电路中，应选用开关管，来保证有足够高的开关速度。

（3）因为硅管的反向电流很小，允许的结温也大于锗管，所以在温度变化大的环境中应选用硅管；而要求导通电压低时或电源电压很小时，应选用锗管。

（4）为保证放大电路工作稳定，应选用反向电流小、β 值不太高的晶体管，否则工作可能不稳定。晶体管的型号和主要参数可查阅手册。

1.5.4　场效应晶体管

晶体管是一种电流控制型器件，晶体管放大电路工作时，需要由信号源给晶体管提供一定的输入电流，所以晶体管的输入电阻较低。20 世纪 60 年代初，出现了另一种半导体器件，称为场效应晶体管，它是电压控制型器件，是利用电压改变电场的强弱来控制管子的导电能力，其控制端电流几乎为零，因而具有很高的输入电阻。

因为场效应晶体管工作时基本上只有一种载流子参与导电，所以也称为单极型晶体管，这与上一节介绍的晶体管是不同的。

根据结构的不同，场效应晶体管可分为结型和绝缘栅型两类，其中绝缘栅型应用更为广泛，下面以绝缘栅型场效应晶体管为例加以介绍。

绝缘栅型场效应晶体管是由金属—氧化物—半导体材料制造的，简称为 MOS 管。MOS 管可分为 N 沟道和 P 沟道两种（分别称为 NMOS 管和 PMOS 管），每一种又可分为增强型与耗尽型两种类型。本节将主要以 N 沟道增强型 MOS 管为例，来说明它的结构与工作原理。

1.5.4.1　增强型 NMOS 管的结构及工作原理

A　增强型 NMOS 管的结构与电路符号

N 沟道增强型 MOS 管，其结构如图 1-26（a）所示。它以一块掺杂浓度较低，电阻率较高的 P 型硅半导体薄片作为衬底，利用扩散的方法在 P 型硅中形成两个高掺杂的 N^+ 区。然后在 P 型硅表面生长一层很薄的二氧化硅绝缘层，并在二氧化硅的表面及 N^+ 型区的表面上分别安装栅极 G、源极 S 和漏极 D 三个铝电极，就形成了 N 沟道 MOS 管。由于栅极与源极、漏极均无电接触，故称为绝缘栅。其电路符号如图 1-26（b）所示，箭头方向表示电流由 P（衬底）指向 N（沟道），符号中的断线表示当 $u_{GS}=0$ 时，导电沟道不存在。同样，利用与增强型 NMOS 管对称的结构可以得到增强型 PMOS 管，其电路符号如图 1-26（c）所示。

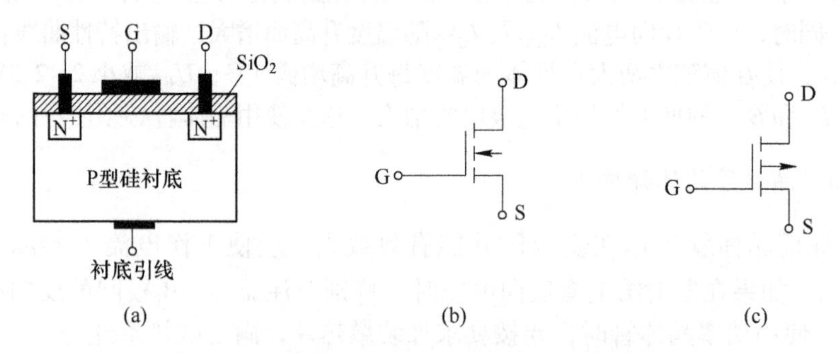

图 1-26　增强型 NMOS 管的结构与电路符号

（a）增强型 NMOS 管的结构；（b）增强型 NMOS 管的电路符号；（c）增强型 PMOS 管的电路符号

B　增强型 NMOS 管的工作原理

如图 1-27（a）所示，当给增强型 NMOS 管加漏源电压 u_{DS} 时，栅源电压 u_{GS} 为零，增强型 NMOS 管相当于在源区（N^+ 型）、衬底（P 型）和漏区（N^+ 型）之间形成了两个背靠背的PN结，所以流过管子的只是一个很小的PN结反向电流，漏极电流几乎为零。

在栅、源之间加上正的栅源电压u_{GS}后，如图1-27（b）所示。由于栅极电位高，因此在栅极与衬底之间产生了一个垂直于半导体表面的由栅极指向P型衬底的电场，在这个电场的作用下，P型衬底中的空穴向下移动，自由电子向衬底表面移动，结果在P型衬底的上表面，自由电子的数目超过了空穴的数目，出现了一个N型的区域，称之为反型层，它将两个N^+区沟通连接在一起，形成了N型的导电沟道，这时在外加u_{DS}的作用下，就会产生漏极电流i_D。当NMOS管形成反型层时的u_{GS}称为开启电压$U_{GS(th)}$。由于G、D方向比G、S方向的电位差小，因此靠近漏极处的导电沟较窄。当u_{GS}继续增加，反型层随之不断加宽。因此，若在上述增强型NMOS管已形成导电沟道的基础上，再在栅、源极之间加上要放大的微弱的信号源电压，则反型层的宽窄就会随着信号源电压的大小而变化，i_D也将随输入信号源电压而变化，从而实现了用信号源电压去控制漏极电流i_D的目的。

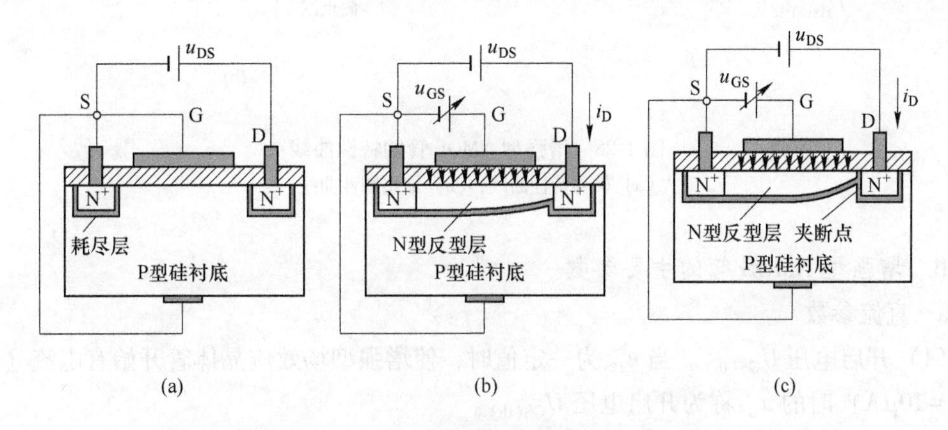

图1-27　增强型NMOS管的电压控制作用

（a）$u_{GS}=0$；（b）$u_{GS}>U_{GS(th)}$；（c）由于u_{DS}增大引起夹断（i_D恒定）

当导电沟道形成以后，若增加u_{DS}，一开始漏极电流i_D随u_{DS}的增加而增加。但当u_{DS}增至一定数值时，G、D方向的电压逐渐下降到小于开启电压，使导电沟道靠近漏极处会被夹断，如图1-27（c）所示。此时若继续增加u_{DS}，夹断点将向源极扩展，其沟道电阻也随之增加，所以漏极电流i_D几乎不随u_{DS}而变化。

1.5.4.2　增强型NMOS管的特性曲线及主要参数

A　增强型NMOS管的特性曲线

a　转移特性曲线

图1-28（a）所示为增强型NMOS管的转移特性曲线。当$u_{GS}<U_{GS(th)}$时，$i_D=0$；当$u_{GS}>U_{GS(th)}$时，开始产生漏极电流，并且随着u_{GS}的增大而增大，因此称之为增强型NMOS管。漏极电流i_D的大小符合下列公式：

$$i_D=K(u_{GS}-U_{GS(th)})^2(u_{GS}\geqslant U_{GS(th)})\tag{1-9}$$

式中，K 为一个常数，可以从管子的转移特性曲线中求出。

b　输出特性曲线

增强型 NMOS 管的输出特性曲线如图 1-28（b）所示。这个管子的开启电压 $U_{GS(th)}$ 为 3V，所以当 u_{GS}>3V 时，才开始产生电流。它的输出特性也分为可变电阻区、放大区、截止区和击穿区。

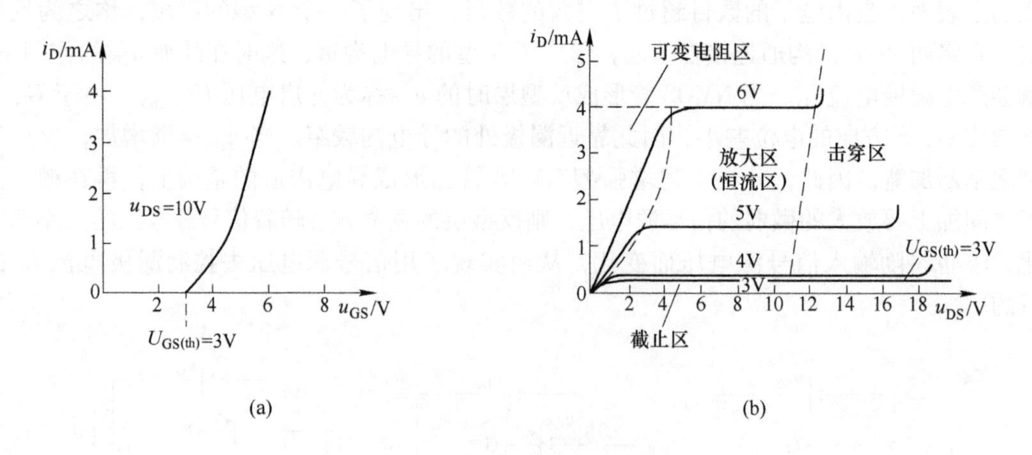

图 1-28　增强型 NMOS 管的特性曲线
（a）转移特性曲线；（b）输出特性曲线

B　增强型 NMOS 管的主要参数

a　直流参数

（1）开启电压 $U_{GS(th)}$。当 u_{DS} 为一定值时，使增强型场效应晶体管开始有电流（一般为 $i_D=10\mu A$）时的 u_{GS} 称为开启电压 $U_{GS(th)}$。

（2）直流输入电阻 R_{GS}。指在漏、源之间短路的条件下，栅、源之间所加电压 U_{GS} 与产生的栅极电流 I_G 之比。由于栅极是绝缘的，因此 MOS 管的直流输入电阻很高，一般大于 $10^{10}\Omega$，最大可达 $10^{16}\Omega$。

b　交流参数

场效应晶体管的交流参数主要是低频跨导 g_m，定义为当 u_{DS} 为某一固定数值时，漏极电流的变化量 ΔI_D 与其对应的栅源电压的变化量 ΔU_{GS} 之比，即：

$$g_m = \left.\frac{\Delta I_D}{\Delta U_{GS}}\right|_{u_{DS}=\text{常数}} \tag{1-10}$$

g_m 表示 u_{GS} 对 i_D 的控制能力，其单位是 μS(μA/V)，是衡量场效应晶体管放大能力的重要参数，相当于晶体管的 β 值。

c　极限参数

场效应晶体管的极限参数主要有漏源击穿电压 $U_{(BR)DS}$、栅源击穿电压 $U_{(BR)GS}$ 和最大漏极耗散功率 P_{DM} 等。

1.6 项目实现

1.6.1 半导体二极管的识别与测试

1.6.1.1 二极管的识别

在二极管的外壳上均印有一些字母、数字和符号，它们是用来表示二极管的型号和正负极的。表示二极管正负极的标记方法有箭头、色点和色环三种。用箭头表示二极管的正负极时，箭头所指方向为二极管的负极；通常标有白色或红色色点的一端是二极管的正极；1N40××系列二极管上大多标有黑色或银色的色环，靠近色环的一端是二极管的负极。常用二极管的正负极识别方法如下：

A 普通直插式二极管

普通直插式二极管如图 1-29（a）所示，在二极管的一侧会有色环，表示负极；另一侧则为正极。

B 直插式发光二极管

直插式发光二极管如图 1-29（b）所示，其极性判断方法如下。

（1）全新的发光二极管引脚正极比负极长。

（2）图中右侧将圆切去了一个弧，作为二极管的极性标识，即切去弧的部分为负极。

（3）图中可以看出发光二极管内部有两块独立的金属区域，面积大的为负极，面积较小的为正极。

C 贴片式发光二极管

贴片式发光二极管如图 1-29（c）所示，其极性判断方法如下。

（1）贴片式发光二极管的背面有箭头标志，箭头方向为正极指向负极。

（2）LED 的封装是透明的，通过外壳可以看到里面接触电极的形状，一般面积大的部分是负极，而与正极的连接，是通过一条金线连接。

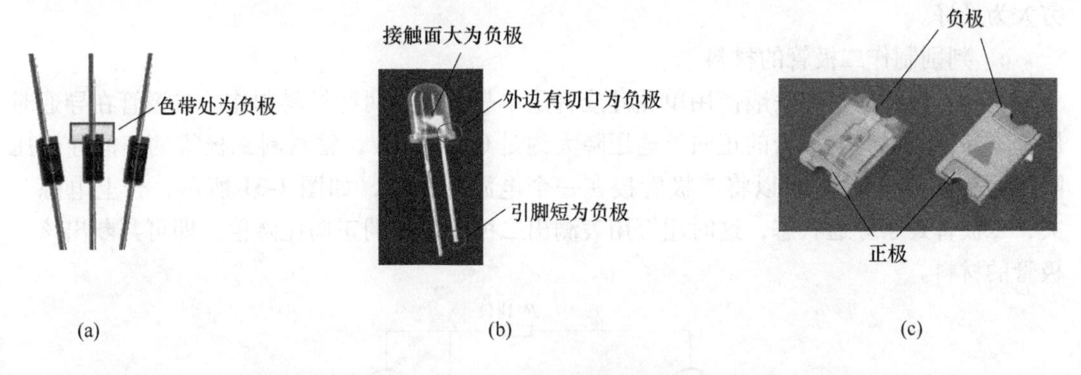

图 1-29 二极管的外形及特征

（a）普通直插式二极管；（b）直插式发光二极管；（c）贴片式发光二极管

1.6.1.2　二极管的测试

实际应用中常用万用表来检测二极管的极性、质量及材料等，经常使用的有指针式和数字式万用表两种。

A　指针式万用表测量方法

用万用表的欧姆挡可以对二极管的正负极、质量和材料进行判别，具体过程如下：

a　判别二极管的极性

将指针式万用表的挡位选在 $R\times1$k 挡，两只表笔分别接二极管的两个电极。若测出的电阻值较小（硅管为几百欧至几千欧，锗管为 100Ω~1kΩ），如图 1-30（a）所示，表示二极管处在正向导通状态，此时黑表笔接的是二极管的正极，红表笔接的则是负极；若测出的电阻值较大（几十千欧至几百千欧），如图 1-30（b）所示，表示二极管为反向截止，此时红表笔接的是二极管的正极，黑表笔为负极。

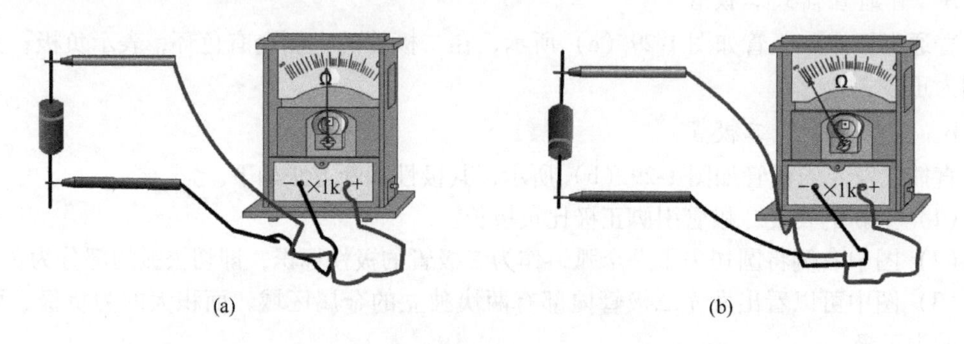

图 1-30　使用指针式万用表测量二极管的极性
（a）二极管正向导通；（b）二极管反向截止

b　判别二极管的好坏

可通过测量正、反向电阻来判断二极管的好坏。一般小功率硅二极管正向电阻为几百千欧至几千千欧，锗管约为 100Ω~1kΩ。二极管的反向电阻均应为 200kΩ 以上，接近无穷大为最好。

c　判别制作二极管的材料

制作二极管的材料一般使用单晶硅或者是单晶锗，这两种材料制作的二极管在导通时压降不同，硅材料二极管的正向导通压降大约是 0.6~0.7V，锗材料二极管的正向导通压降大约是 0.1~0.3V。可以将二极管接在一个电源回路中，如图 1-31 所示，合上电源开关，二极管处于导通状态，这时用万用表测出二极管两端的正向压降值，即可判断出该二极管的材料。

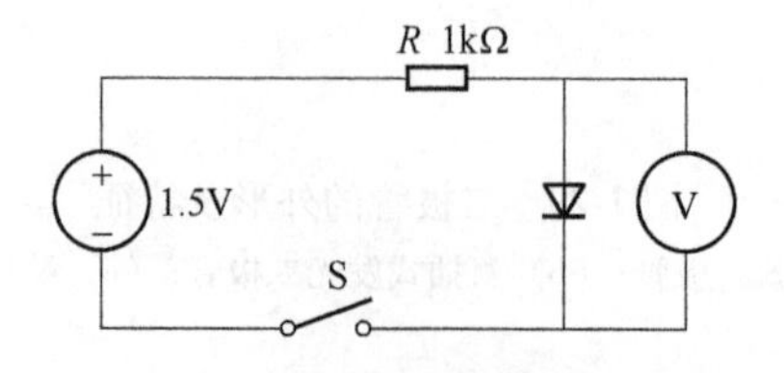

图 1-31　二极管材料判别接线图

B 数字式万用表测量方法

a 判别二极管的极性及好坏

将数字式万用表拨到二极管挡，用两支表笔分别接触二极管的两个电极。若显示值在1V以下，说明管子处于正向导通状态，显示器显示出二极管正向压降的mV值，红表笔接的是二极管的正极，黑表笔接的是二极管的负极，如图1-32（a）所示；若显示溢出符号“1”，说明管子处于反向截止状态，黑表笔接的是二极管的正极，红表笔接的是二极管的负极，如图1-32（b）所示；若显示为0，说明管子已被击穿，如图1-32（c）所示。使用数字式万用表测量二极管的极性时要注意：数字式万用表在二极管挡，红表笔接的是表内电源正极，黑表笔接的是表内电源负极。

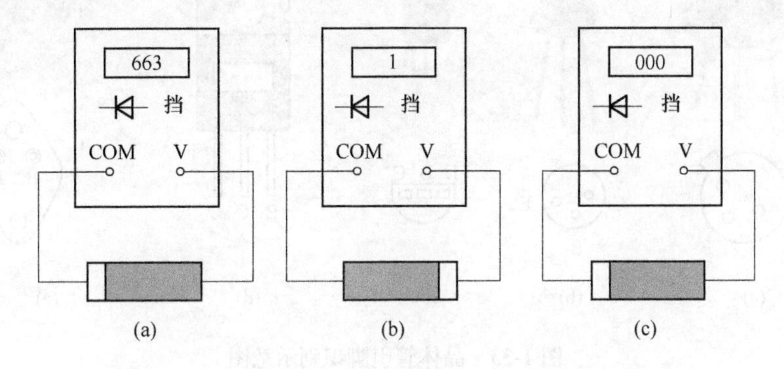

图1-32 使用数字式万用表测量二极管的极性及好坏

（a）二极管正向导通；（b）二极管反向截止；（c）二极管已损坏

b 判别制作二极管的材料

使用数字式万用表可直接测量出二极管的材料，将数字式万用表的挡位选在测量二极管的挡位上，当表的屏幕上有数字显示但不是“1”时，此时表上显示的数值就是二极管的正向导通压降，根据显示的数值即可判断出该二极管的材料。

1.6.1.3 完成二极管的识别与检测

对各种二极管进行实物认识，读出印刷在二极管上的字母和数字，使用万用表对二极管进行测量，记录数据于表1-2中。

表1-2 二极管测量记录表

序号	二极管上的字母和数字	正向电阻值	反向电阻值	万用表挡位	二极管材料	二极管质量判断
1						
2						
3						

1.6.2 晶体管的识别与测试

1.6.2.1 晶体管的识别

根据引脚排列识别使用晶体管，首先要弄清它的引脚极性。目前晶体管种类较多，封装形式不一，引脚也有多种排列方式。图 1-33 所示为常见的晶体管引脚排列，多数金属封装的小功率管的引脚是等腰三角形排列，如图 1-33（a）与（b）所示，其中顶点是基极，逆时针排列分别为发射极、基极和集电极；塑料封装的晶体管引脚多数是一字形排列，其排列方式与极性对应关系分两种，一种是如图 1-33（c）所示，文字面正对自己，让引脚朝下，则由左至右依次为 E、B、C；还有一种是如图 1-33（d）所示，同样文字面正对自己，引脚朝下，则由左至右依次为 B、C、E；大功率晶体管一般直接用金属外壳作集电极，如图 1-33（e）所示。

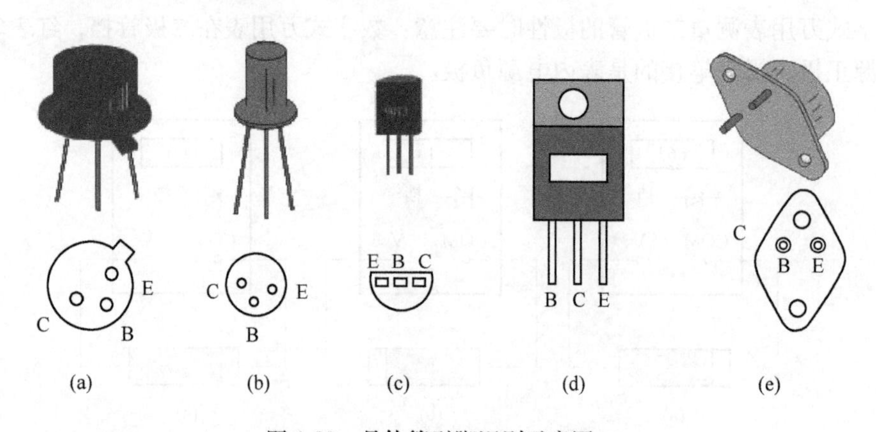

图 1-33　晶体管引脚识别示意图
（a）金属封装小功率管；（b）金属封装小功率管；（c）塑料封装小功率管；
（d）塑料封装小功率管；（e）金属封装大功率管

1.6.2.2　晶体管的测试

A　用指针式万用表检测晶体管的管型

将指针式万用表的红表笔接晶体管的任一脚，黑表笔分别接晶体管的另外两脚，当两次测得的阻值均为很小时，一般为几十欧至十几千欧，则此管为 PNP 型，如图 1-34（a）所示；若将指针式万用表的黑表笔接晶体管的任一脚，红表笔分别接晶体管的另外两脚，当两次测得的阻值均为很小时，则此管为 NPN 型，如图 1-34（b）所示。

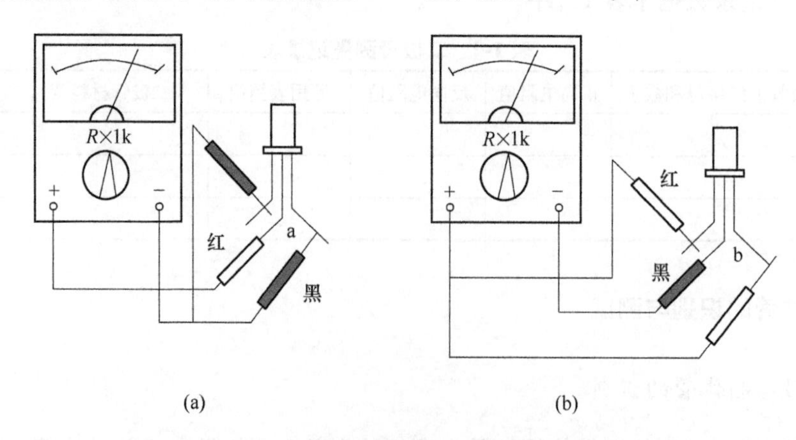

图 1-34　晶体管基极和管型的判断方法
（a）PNP 型管；（b）NPN 型管

B 用指针式万用表判别晶体管的集电极与发射极

对于 PNP 型管：除了基极外，将红表笔和黑表笔分别接晶体管的另外两脚，再将基极与红表笔之间用手捏住（相当于在基极与红表笔之间接了一个 100kΩ 左右的电阻），注意不能直接接触，交换红表笔和黑表笔分别接的另外两脚，测得阻值比较小的一次，红表笔对应的是 PNP 管的集电极，黑表笔对应的是发射极。

对于 NPN 型管：除了基极外，将红表笔和黑表笔分别接晶体管的另外两脚，再将基极与黑表笔之间用手捏住，交换红表笔和黑表笔分别接的另外两脚，测得阻值比较小的一次，黑表笔对应的是 NPN 管的集电极，红表笔对应的是发射极。

C 用指针式万用表判别管的材料

用万用表的 $R\times1k$ 挡，测发射结（EB）和集电结（CB）的正向电阻，硅管在 3~10kΩ，锗管在 500~1000Ω，两个结的反向电阻，硅管一般大于 500kΩ，锗管在 100kΩ 左右。

D 用指针式万用表判别晶体管是高频管还是低频管

用万用表的 $R\times1k$ 挡测量晶体管基极与发射极之间的反向电阻，如在几百千欧以上，然后将表盘拨到 $R\times10k$ 挡，若表针能偏转至满度的一半左右，表明该管为高频管，若阻值变化很小，表明该管是低频管。

测量时表笔的接法：对 NPN 管，黑表笔接发射极，红表笔接基极；对 PNP 管，红表笔接发射极，黑表笔接基极。

E 晶体管电流放大倍数的判别

可以用万用表来测量晶体管的电流放大倍数，一般的万用表上都有专门测量晶体管电流放大倍数的挡位 h_{FE}。将万用表的拨盘拨到 h_{FE} 挡邻近的 ADJ 挡位，将两只表笔短接，调节校零旋钮，使表针指到 300，再将拨盘拨到 h_{FE} 挡位。当晶体管的管型确定后，将晶体管的三个极插到表盘上与“NPN”或“PNP”对应的插孔内，根据指针的读数，就可以知道此晶体管的电流放大倍数了。若 h_{FE}（β）值不正常，如为零或大于 300，则说明此管子已坏。

1.6.2.3 完成晶体管的识别与检测

对各种晶体管进行实物认识与识别，进行晶体管类型与性能检测，记录数据于表 1-3 中。

表 1-3 晶体管测量记录表

序号	晶体管类型	B、E 间电阻	E、B 间电阻	B、C 间电阻	C、B 间电阻	晶体管质量判断
1						
2						
3						

1.7 技能与技巧

指针式万用表除了用于测量电压、电流、电阻、音频电平外，还可以检测元器件的质量。

（1）测喇叭、耳机、动圈式话筒。万用表调至 $R\times1\Omega$ 挡，任一表笔接被测件的一端，另一表笔点触被测件的另一端，被测件正常时会发出清脆响亮的“哒、哒”声。如果不响，则是线圈断了；如果响声小而尖，则是线圈有碰边问题，被测件也不能用。

（2）测稳压二极管。该方法只能测量稳压值小于指针表高压电池电压的稳压管。先将一块指针式万用表调至 $R\times10\text{k}$ 挡，将其黑、红表笔分别接在稳压管的阴极和阳极，稳压管工作在反向击穿状态，再取另一块指针式万用表调至电压挡 V×10V 或 V×50V（根据稳压值）上，将红、黑表笔分别搭接到刚才那块表的黑、红表笔上，这时测出的电压值就基本上是这个稳压管的稳压值。

1.8 小 结

（1）按导电性能来分，可以把物质分为导体、半导体和绝缘体。导电性能介于导体和绝像体之间的物质称为半导体。半导体具有热敏特性、光敏特性和掺杂特性。

（2）纯净（本征）半导体内加入不同的杂质可以形成杂质半导体，分别为 N 型半导体和 P 型半导体，它们是制造各种半导体电子器件的基本材料。P 型半导体和 N 型半导体结合在一起可以形成 PN 结。

（3）半导体二极管由一个 PN 结组成，具有单向导电性。二极管工作时分为正向导通、反向截止和反向击穿三个状态。二极管加正偏电压（必须大于死区电压）时导通，正向电阻很小，理想情况下相当于开关闭合；二极管加反偏电压时截止，反向电流极小，反向电阻很大，理想情况下相当于开关断开；二极管的反偏电压超过击穿电压时将被反向击穿（电击穿），此时其两端电压变化很小，具有稳压作用，但电流太大时，其功率将超过额定功率，二极管会被烧坏（热击穿）。

（4）二极管最主要的两个参数：最大整流电流和最大反向工作电压。

（5）硅稳压二极管工作在反向击穿状态；发光二极管正向导通时可以发光；光敏二极管加反偏电压后，在光照的作用下，会产生较大的反向电流，并随着光的强度变化。

（6）晶体管是由两个 PN 结构成的半导体器件，分为 PNP 型和 NPN 型两类。晶体管有三个电极，三个电极的电流关系为 $I_E=I_C+I_B$。

（7）晶体管正常工作时有三种工作状态，即三个工作区，分别是放大区、饱和区和截止区。当晶体管的发射结正偏、集电结反偏时，晶体管工作在放大区。工作在放大区时，晶体管是一种电流控制器件，$I_C=\beta I_B$，可以通过较小的基极电流去控制较大的集电极电流。当晶体管发射结与集电结均正偏时，晶体管工作在饱和区，$I_C<\beta I_B$，I_C 饱和，其大小由外部电路决定。工作在饱和区时，晶体管集电极与发射极之间的电压很小，相当于开关闭合。当晶体管发射结反偏或发射结电压小于死区电压时，晶体管处于截止区，基极电流为零，集电极和发射极之间的电流也近似为零，相当于开关断开。

练 习 题

1.1 填空题

（1）半导体是导电能力介于____________和____________之间的物质。

（2）利用半导体的____________特性，可制成杂质半导体；利用半导体的____________特性，可制成光敏电阻，利用半导体的____________特性，可制成热敏电阻。

（3）PN 结加正向电压时________，加反向电压时________，这种特性称为 PN 结的________特性。

（4）二极管正向导通的最小电压称为__________电压，使二极管反向电流急剧增大所对应的电压称为__________电压。

（5）二极管最主要的特性是______________，使用时应考虑的两个主要参数是________和______。

（6）常温下，硅二极管的死区电压约为______V，导通后的正向压降约为______V；锗二极管的死区电压约为________V，导通后的正向压降约为________V。

（7）半导体二极管加反向偏置电压时，反向饱和电流越________，二极管性能越好。

（8）理想二极管正向电阻为________，反向电阻为________，这两种状态相当于一个______。

（9）稳压管工作在伏安特性的________区，此时，反向电流有较大变化时，它两端的电压________________。

（10）如图 1-35 所示，$U_{CC}=12V$，二极管均为理想元件，则工作状态 VD_1 为________，VD_2 为________，VD_3 为________。

（11）若要使晶体管工作在放大状态，应使其发射结处于________偏置，而集电结处于________偏置。

（12）晶体管在电路中若用于信号的放大，应使其工作在________状态；若用作开关，应使其工作在________和________状态，并且是一个____触点的控制开关。

（13）晶体管通过基极电流控制输出电流，所以属于________控制器件，其输入电阻______；而场效应晶体管只用信号源电压的电场效应来控制输出电流，所以属于________器件，其输入电阻________。

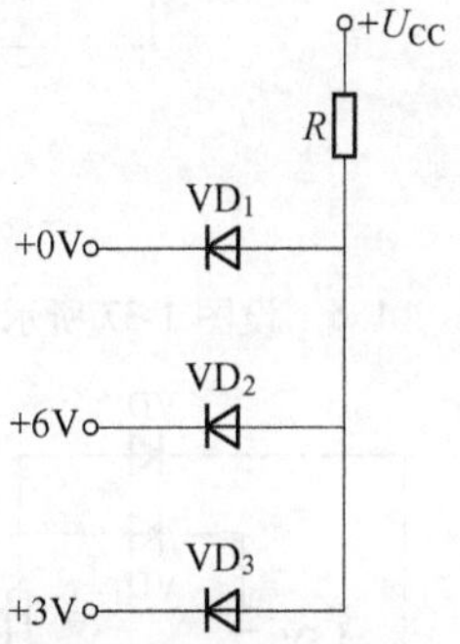

$+U_{CC}$
R
VD_1
+0V
VD_2
+6V
VD_3
+3V

图 1-35 题 1.1（10）图

（14）在晶体管放大电路中，测得 $I_C=3mA$，$I_E=3.03mA$，则 $I_B=$________，$\beta=$________。

（15）晶体管放大电路中，三个电极的电位分别为 $U_1=-4V$，$U_2=-1.2V$，$U_3=-1.5V$，则晶体管的类型是____，材料是____；电极 1 为____极，电极 2 为____极，电极 3 是____极。

1.2 判断题

（1）硅二极管的正向电压在 0.7V 的基础上增加 10%，它的电流增加 10%。（ ）

（2）PN 结正向偏置时 P 区的电位低于 N 区的电位。（ ）

（3）当温度为 20℃时，二极管的导通电压为 0.7V，若其他参数不变，当温度升高到 40℃时，二极管的导通电压将大于 0.7V。（ ）

（4）当温度升高时，二极管的反向饱和电流将减小。（ ）

（5）指针式万用表的两表笔分别接触一个整流二极管的两端，当测得的电阻值较小时，红表笔所接触的是阳极。（ ）

（6）晶体管由两个 PN 结构成，二极管包含有一个 PN 结，因此可以用两个二极管反向串接来构成晶体管。（ ）

（7）晶体管三个电极上的电流总能满足 $I_E=I_C+I_B$ 的关系。（ ）

（8）晶体管集电极和基极上的电流总能满足 $I_C = \beta I_B$ 的关系。（　　）

（9）NPN 型和 PNP 型晶体管的区别是结构不同，且工作原理也不同。（　　）

（10）场效应晶体管与晶体管一样，都具有放大及开关作用。（　　）

1.3　晶体管具有放大作用的内部和外部条件各是什么？

1.4　工作在放大区的某晶体管，当 I_B 从 20μA 增大到 40μA 时，I_C 从 1mA 变为 2mA，那么它的 β 约为多少呢？

1.5　设二极管 VD 的正向压降可忽略不计，反向击穿电压为 25V，反向电流为 0.1mA，分别求出图 1-36所示各电路的电流。

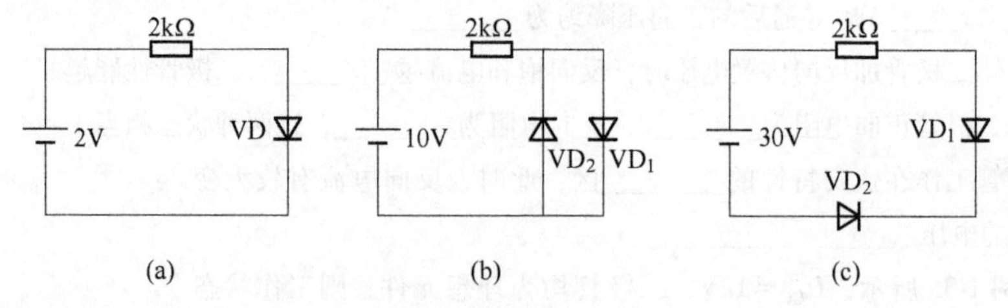

图 1-36　题 1.5 图

1.6　设图 1-37 所示二极管为理想二极管，试判断各二极管的工作状态，并计算输出电压 u_o。

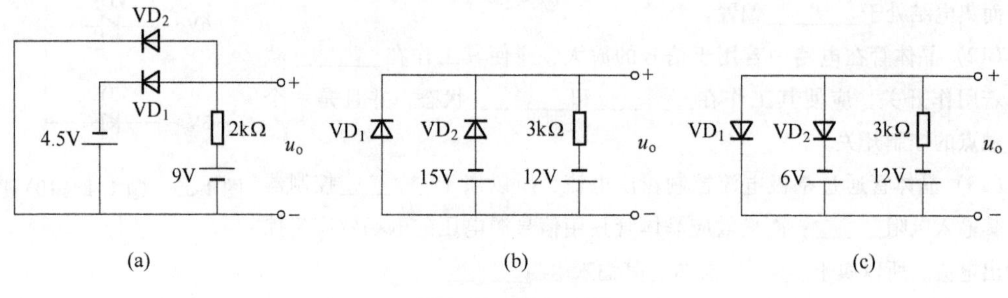

图 1-37　题 1.6 图

1.7　图 1-38 所示电路中，设 VS_1 和 VS_2 的稳定电压分别为 5V 和 10V，正向压降均为 0.7V，试求各电路的输出电压 U_o。

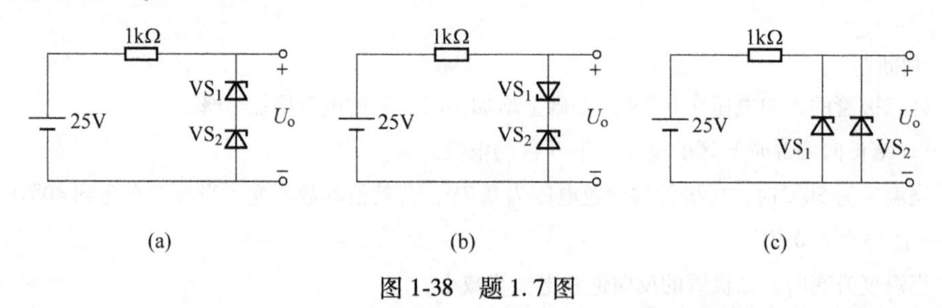

图 1-38　题 1.7 图

1.8　电路如图 1-39 所示，设二极管的导通压降为 0.7V，试判断二极管的工作状态并求出输出电压 U_o。

1.9　电路如图 1-40 所示，设 $E = 6V$，$u_i = 12\sin\omega t V$，VD 为理想二极管，试画出各电路的输出电压 u_{o1}、u_{o2}及 u_{o3}的波形。

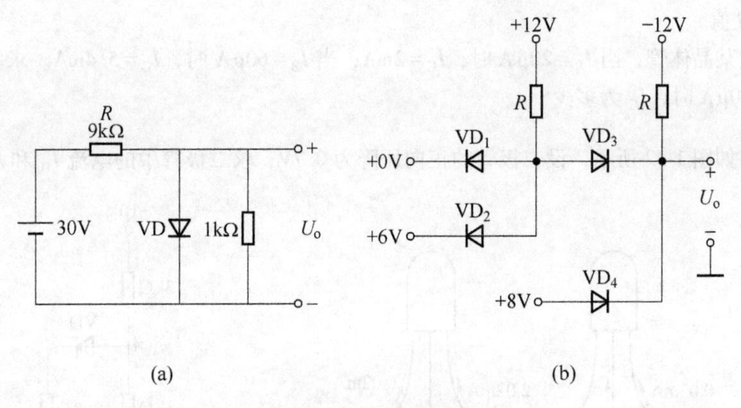

图 1-39 题 1.8 图

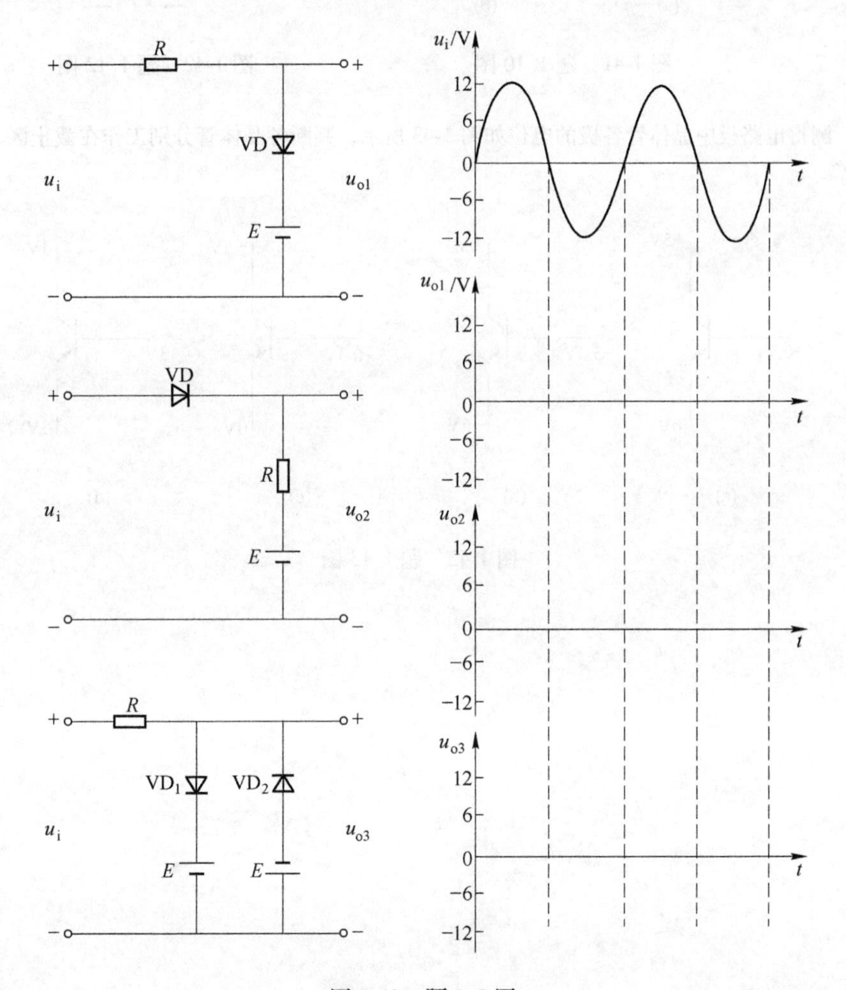

图 1-40 题 1.9 图

1.10 测得放大电路中两晶体管某两个电极的电流如图 1-41 所示，试求：

(1) 另一个电极的电流的大小，并标出其方向；

(2) 判断是 NPN 型管还是 PNP 型管；

(3) 标出 E、B、C 三个电极；

（4）估算β值。

1.11　测量某晶体管，当$I_B=20\mu A$时，$I_C=2mA$；当$I_B=60\mu A$时，$I_C=5.4mA$。求其电流放大系数β，并求当$I_B=40\mu A$时，I_C为多少？

1.12　电路如图1-42所示，设二极管的正向压降为0.7V，求二极管中的电流I_D和A点的电位U_A。

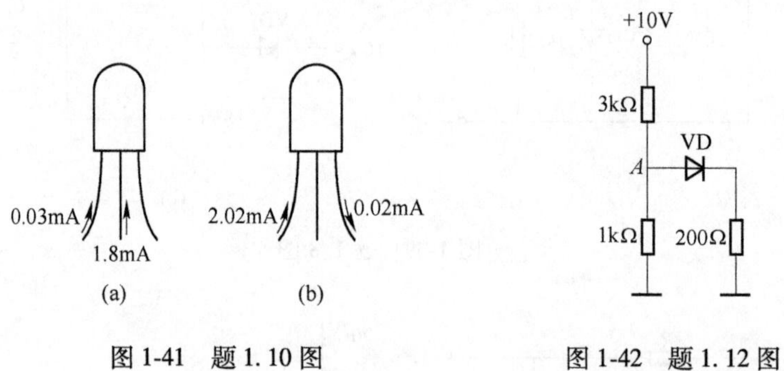

图1-41　题1.10图　　　　图1-42　题1.12图

1.13　测得电路板中晶体管各极的电位如图1-43所示，判断各晶体管分别工作在截止区、饱和区还是放大区？

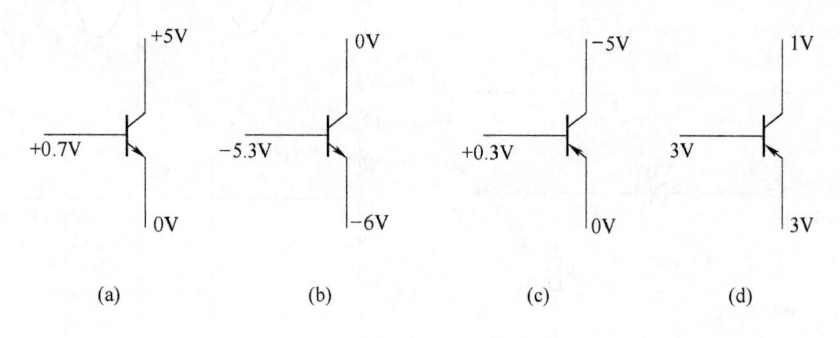

图1-43　题1.13图

项目 2 晶体管及场效应晶体管放大电路的连接与测试

2.1 知识目标

（1）认识共发射极和共集电极放大器电路，明确各组成元件的作用。

（2）能绘制放大器直流通路图，会估算静态工作点，判断晶体管的工作状态。

（3）能绘制放大器交流通路图，会画微变等效电路图，能用微变等效电路法分析放大器的动态特性（电压放大倍数、输入电阻和输出电阻）。

（4）依据共发射极和共集电极放大器的电路性能，分析多级放大器的性能。

（5）能计算多级放大器的电压放大倍数、输入电阻和输出电阻，能选择合适的级间耦合方式。

（6）了解放大器的频率特性和通频带的概念。

2.2 技能目标

（1）能正确连接放大电路，能识别和检测所用元件，正确使用仪器仪表（信号源、示波器、万用表）。

（2）具有分析放大电路性能、排除电路故障的能力。

（3）能够对放大电路进行参数调试。

（4）根据输出信号波形形状确定电路静态工作点的状态，能调试出合适的静态工作点。

2.3 初识放大器

扫一扫查看视频

放大电路在生活中的应用十分广泛。例如收音机、电视机、扩音器、助听器等。图 2-1 是一种常见的扩音器，它是如何实现扩音功能的呢？首先我们说话的声音通过话筒变成微弱的电信号，电信号经扩音器放大（电压放大和功率放大）后，输出足够大功率的电信号，这个电信号驱动扬声器重放声音，扬声器再把放大后的电信号还原成较强的声音信号，这样就实现了扩音的功能。我们将具有放大作用的电路或设备称为放大电路或放大器，如果我们打开扩音机，就会发现它实际上就是一个放大电路。

放大器若要实现放大信号的功能，就必须需要一个信号源，另外它还需要一个负载来接受传递信号，在扩音器中，通常使用的负载有扬声器、耳机等，这些负载将电信号转变为声音信号放大出来。信号源、放大器、负载信号传递示意图如图 2-2 所示。

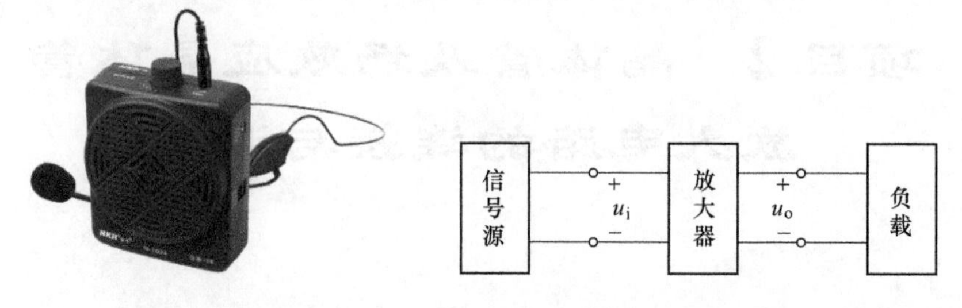

图 2-1　扩音器　　图 2-2　信号源、放大器、负载信号传递示意图

2.4　案 例 引 入

案例 2-1　七管超外差调幅收音机的放大电路如图 2-3 所示。

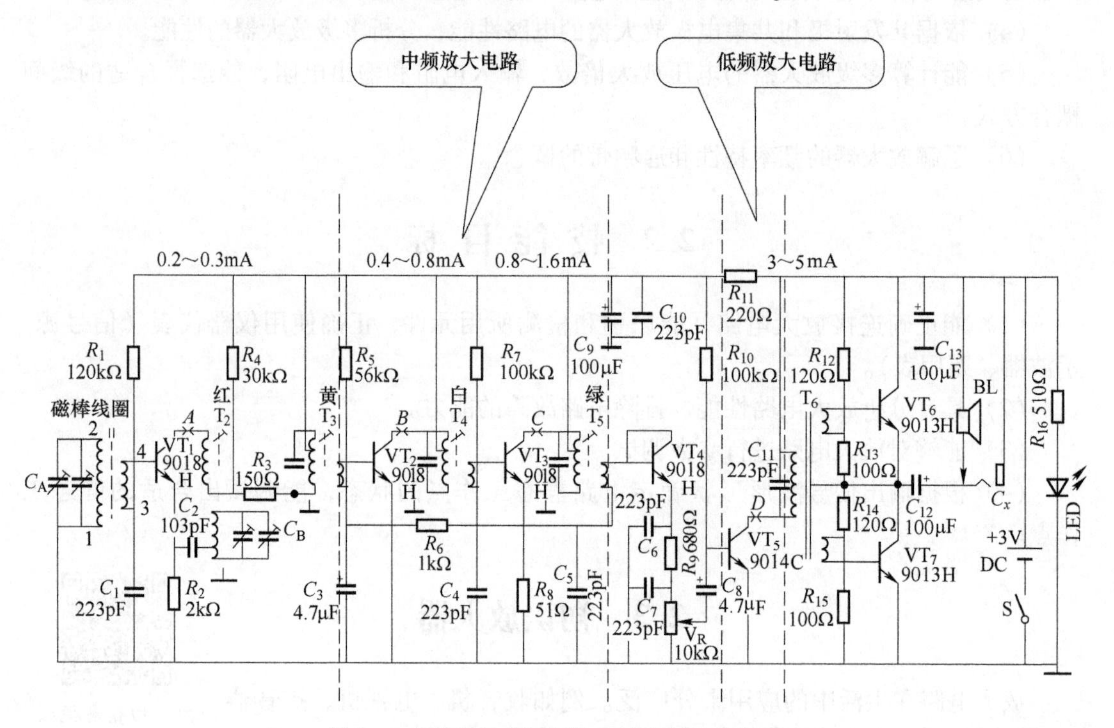

图 2-3　七管超外差调幅收音机中的放大电路

2.5　知 识 链 接

2.5.1　共发射极放大电路

由于晶体管有三个电极，它在放大电路中可有三种连接方式（或称三种组态），即共发射极、共基极和共集电极连接，如图 2-4 所示。以发射极为输入回路和输出回路的公共

端时，即为共发射极连接，如图 2-4（a）所示，其余类推。无论是哪种连接方式，要使晶体管有放大作用，都必须保证发射结正偏，集电结反偏。

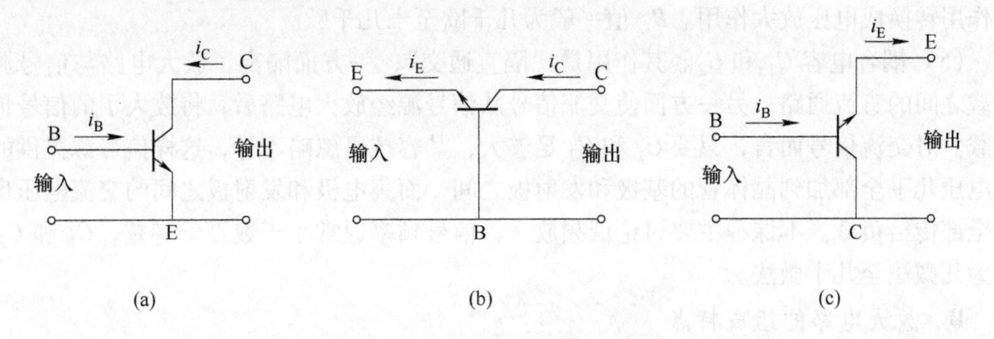

图 2-4 单相半波整流电路及波形图

（a）共发射极；（b）共基极；（c）共集电极

2.5.1.1 放大电路的组成

扫一扫查看视频

图 2-5 是最简单的共发射极放大电路示意图。输入端接待放大的交流信号源，输入电压为 u_i，输出端接负载电阻 R_L，输出电压为 u_o。

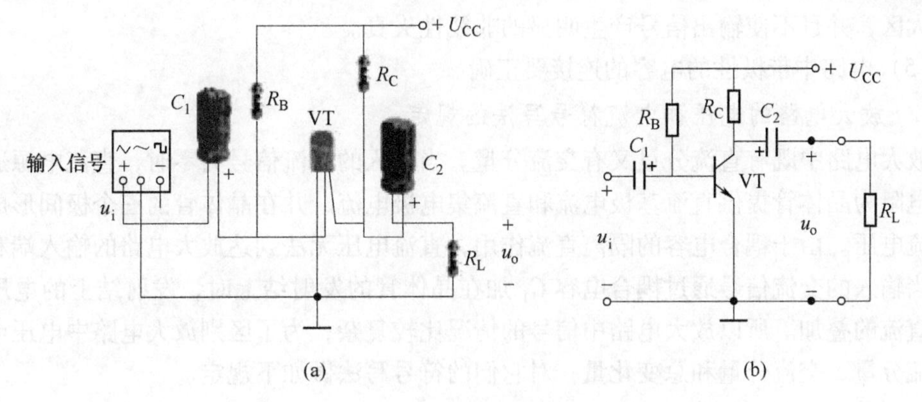

图 2-5 共发射极放大电路

（a）实物图；（b）原理电路

在图 2-5 中，符号“⊥”表示电路的参考零电位，又称公共参考端，它是电路中各点电压的公共端点。电路中各点的电位，实际上就是该点与公共端点之间的电压。“⊥”的符号俗称“接地”，但实际上并不一定需要直接接大地。

A 各元器件的作用

（1）晶体管 VT，它是放大电路中的核心器件，利用它的电流放大能力来实现信号放大。

（2）直流电源 U_{CC}，其作用有两个：一是为放大电路提供能源；二是保证发射结正偏和集电结反偏，使晶体管起放大作用。U_{CC}的数值一般为几伏至十几伏。

（3）基极偏置电阻 R_B，U_{CC}通过 R_B 向发射结提供正偏电压，并使晶体管获得合适的

静态基极偏置电流 I_{BQ}。R_B 值一般为几十千欧至几百千欧。

（4）集电极电阻负载 R_C，U_{CC}通过 R_C 为集电结提供反偏电压，并将晶体管的电流放大作用转换成电压放大作用。R_C 值一般为几千欧至十几千欧。

（5）耦合电容 C_1 和 C_2。其作用是"隔直通交"，一方面隔离了放大电路与信号源和负载之间的直流通路；另一方面使交流信号从信号源经放大电路后，将放大了的信号传给负载。对交流信号而言，只要 C_1 和 C_2 足够大，其容抗可忽略不计，这样信号源提供的交流电压几乎全部加到晶体管的基极和发射极之间，而集电极和发射极之间的交流电压也几乎全部传给负载。本课程主要讨论低频放大，信号频率通常小于数百千赫兹，C_1 和 C_2 通常为几微法至几十微法。

B 放大电路的组成特点

（1）直流电源的极性必须与放大器件的类型配合（在图 2-5 中，若晶体管为 PNP 型，则直流电源极性与图中相反）；直流电阻的设置要与电源相配合，以确保放大器件工作于放大区。

（2）外输入信号应能有效地加到放大器件的输入端，使输入端的电流或电压随输入信号成比例变化。

（3）经放大器件放大的输出端的变化电流应能有效地转化为电压输出。

（4）电路元件数值和输入信号幅度的选择要合适，以确保放大器件任何时候都工作于放大区，并且不使输出信号产生明显的非线性失真。

（5）电路中带极性的电容的连接要正确。

C 放大电路的电压和电流符号写法的规定

放大电路中既有直流分量又有交流分量。当输入的交流信号为零时，直流电源通过各偏置电阻为晶体管提供直流基极电流和直流集电极电流，并在晶体管的三个极间形成一定的直流电压。由于耦合电容的隔离直流作用，直流电压无法到达放大电路的输入端和输出端。当输入的交流信号通过耦合电容 C_1 加在晶体管的发射结上时，发射结上的电压变成交、直流的叠加。所以放大电路中信号的情况比较复杂，为了区别放大电路中电压或电流的直流分量、交流分量和总变化量，对它们的符号写法做如下规定。

（1）直流分量。用大写字母和大写下标表示（有的还在下标上加写 Q），如 I_B（或 I_{BQ}）表示基极的直流电流。

（2）交流分量。用小写字母和小写下标表示，如 i_b 表示基极交流电流瞬时值。

（3）总变化量。是交流叠加在直流上，直流分量与交流分量之和，用小写字母和大写下标符号表示，如 $i_B = I_B + i_b$。

（4）交流有效值。用大写字母小写下标表示。如 I_b 表示基极的正弦交流电流有效值。

晶体管中的三种波形及其表示符号如图 2-6 所示（以基极电流 i_B 为例）。

2.5.1.2 放大电路的工作原理

图 2-5（b）所示的共发射极放大电路的工作原理可以分为静态和动态两种情况来分析。静态是指放大电路没有输入信号（即输入的交流信号为零）时的工作状态；动态则是有输入信号时的工作状态。静态分析是要确定放大电路的静态值（直流值）I_B、I_C、

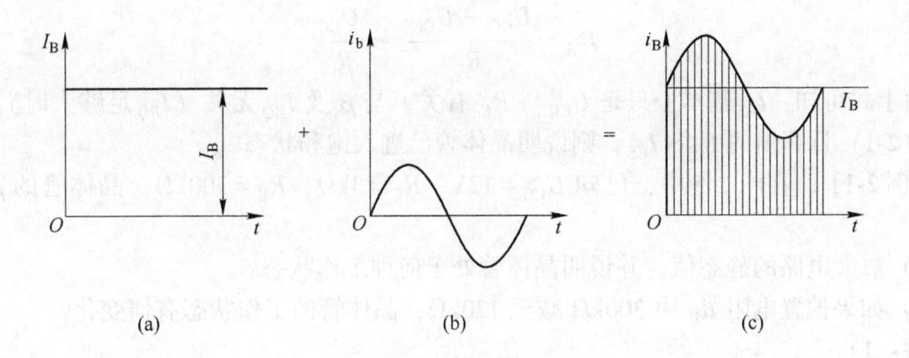

图 2-6　共发射极放大电路
（a）直流分量；（b）交流分量；（c）总变化量

U_{BE}、U_{CE}，只有当发射结正偏、集电结反偏条件满足时，放大电路动态时才能对输入信号进行放大，而且放大电路的性能与其静态值关系很大。动态分析是要确定放大电路的电压放大倍数 A_u、输入电阻 R_i 和输出电阻 R_o 等。

扫一扫查看视频

A　静态分析

静态既然是指放大电路中输入的交流信号 $u_i=0$ 时的状态，那么此时放大电路中电压和电流均为直流分量，可以根据电路的直流通路来计算。图 2-7 所示为共发射极放大电路的直流通路，它是直流电源作用下直流电流流经的路径，画直流通路时，耦合电容 C_1 和 C_2 因具有隔直作用而视为开路，信号源视为短路。

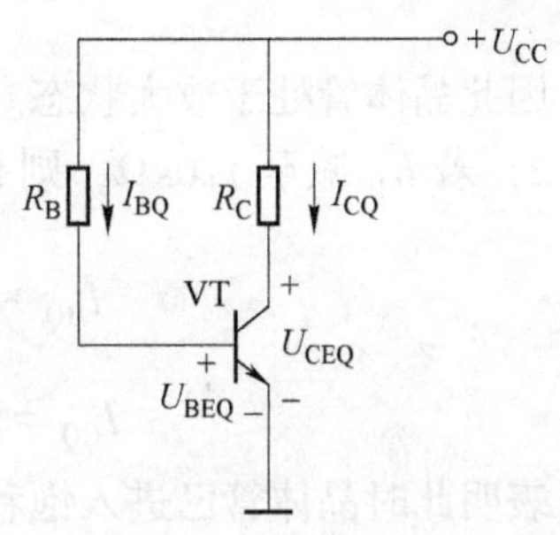

图 2-7　共发射极放大电路的直流通路

（1）静态工作点的概念。静态分析是要确定放大电路在静态情况下的电流和电压值，各电量的下标用 Q 表示它们是静态值，一般包括 I_{BQ}、I_{CQ}、U_{BEQ}、U_{CEQ}，它们在晶体管输入、输出特性曲线族上所确定的点称为静态工作点，用 Q 表示。

（2）静态工作点的求法。静态值可以直接从电路的直流通路求得，由图 2-7 可得：

$$I_{BQ}=\frac{U_{CC}-U_{BEQ}}{R_B}\approx\frac{U_{CC}}{R_B}$$

$$I_{CQ}=\beta I_{BQ} \tag{2-1}$$

$$U_{CEQ}=U_{CC}-I_{CQ}R_C$$

上式中各电量的下标用 Q 表示它们是静态值。U_{BEQ}的估算值，硅管约为 0.7V，锗管约为 0.3V，当 $U_{CC}\gg U_{BEQ}$时，可将 U_{BEQ}略去。

使用式（2-1）的条件是晶体管工作在放大区。如果算得 U_{CEQ}值小于 1V，说明晶体管已处于或接近饱和状态，I_{CQ}将不再与 I_{BQ}成 β 倍线性关系，此时，I_{CQ}被 R_C 限流，称为饱和电流 I_{CS}，U_{CEQ}等于集电极和发射极之间的饱和电压 U_{CES}（U_{CES}很小，硅管取 0.3V，锗管取 0.1V）则有：

$$I_{CS} = \frac{U_{CC} - U_{CES}}{R_C} \approx \frac{U_{CC}}{R_C}$$

由上式可知，I_{CS}基本上只是U_{CC}与R_C有关，与β及I_{BQ}无关（I_{BQ}足够大时）。如果按式（2-1）计算出的$I_{CQ} > I_{CS}$，则说明晶体管已进入饱和状态。

【例 2-1】　在图 2-5 中，已知$U_{CC} = 12V$，$R_C = 3k\Omega$，$R_B = 300k\Omega$，晶体管的$\beta = 50$，试求：

1）放大电路的静态值，并说明晶体管处于何种工作状态？

2）如果偏置电阻R_B由 300kΩ 减至 120kΩ，晶体管的工作状态有何变化？

解：1）

$$I_{BQ} = \frac{U_{CC} - U_{BEQ}}{R_B} \approx \frac{U_{CC}}{R_B} = \frac{12V}{300k\Omega} = 0.04mA = 40\mu A$$

$$I_{CQ} = \beta I_{BQ} = 50 \times 0.04mA = 2mA$$

$$U_{CEQ} = U_{CC} - I_{CQ}R_C = 12V - 2mA \times 3k\Omega = 6V$$

$$I_{CS} = \frac{U_{CC} - U_{CES}}{R_C} \approx \frac{U_{CC}}{R_C} = \frac{12V}{3k\Omega} = 4mA$$

$$I_{CQ} < I_{CS}$$

因此晶体管处于放大状态。

2）若R_B减至 120kΩ，则有：

$$I_{BQ} \approx \frac{U_{CC}}{R_B} = \frac{12V}{120k\Omega} = 0.1mA = 100\mu A$$

$$I_{CQ} = \beta I_{BQ} = 50 \times 0.1mA = 5mA > I_{CS}$$

表明此时晶体管已进入饱和状态，集电极电流为I_{CS}。

（3）直流负载线。在图 2-7 所示的直流通路中，I_C和U_{CE}的关系满足下面方程：

$$U_{CE} = U_{CC} - I_C R_C$$

式中，当U_{CC}和R_C为定值时，上式则反映的是关于U_{CE}和I_C关系的直线方程，它是一条斜率为$-1/R_C$的直线，即$\tan\alpha = -1/R_C$，这条直线称为直流负载线。

直流负载线可以通过在晶体管的输出特性曲线上找到两个特殊的点的方法来确定。这两个特殊的点及确定方法如下。

1）短路电流点M：$U_{CE} = 0$时，$I_C = \frac{U_{CC}}{R_C}$。

2）开路电压点N：$I_C = 0$，则$U_{CE} = U_{CC}$。

在晶体管的输出特性曲线上描出M、N两点，连接MN成直线，即为直流负载线，如图 2-8（b）所示。

B　放大原理

放大电路的功能是将微小的输入信号放大成较大的输出信号。

在图 2-5 所示的共发射极放大电路中，弱小的交流输入信号u_i通过耦合电容C_1送到晶体管的基极和发射极之间，这时输入信号u_i叠加在直流的U_{BEQ}上，相当于基—射极间

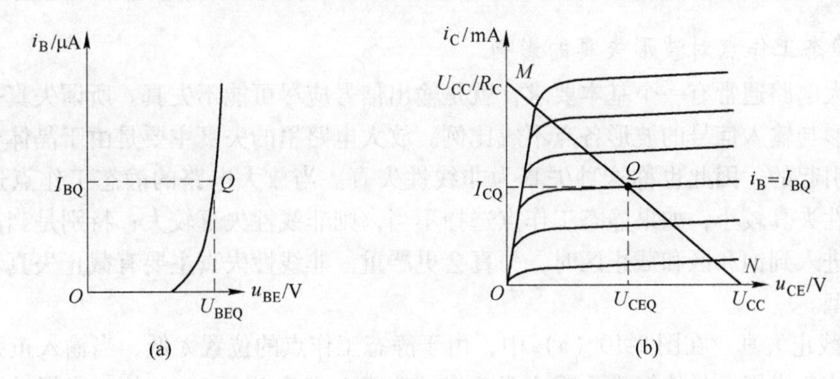

图 2-8 放大电路的静态工作点和直流负载线

（a）输入特性曲线上的静态工作点；（b）直流负载线和静态工作点

电压 u_{BE} 发生了变化，即：

$$u_{BE} = U_{BEQ} + u_{BE} = U_{BEQ} + u_i \tag{2-2}$$

u_{BE} 的变化使晶体管的基极电流 i_B 发生变化，于是有：

$$i_B = I_{BQ} + i_b \quad (\text{其中 } i_b \text{ 是由输入信号 } u_i \text{ 引起的}) \tag{2-3}$$

如果晶体管满足放大区的条件，则：

$$i_C = \beta i_B \tag{2-4}$$

式（2-4）体现出晶体管实现了电流放大，集电极电流流过电阻 R_C，R_C 上电压也就发生了变化，则：

$$u_{CE} = U_{CC} - i_C R_C = U_{CC} - (I_C + i_c) R_C = U_{CC} - I_C R_C - i_c R_C = U_{CE} - i_c R_C \tag{2-5}$$

u_{CE} 通过耦合电容 C_2 隔离了直流成分 U_{CE}，负载上得到的电压 u_o 只是信号 u_{CE} 中的交流成分 u_{ce}，即 $u_o = u_{ce} = -i_c R_C$，负载上得到的是放大了的交流电压。从式（2-5）可知，u_{CE} 的变化与 i_C 变化正相反，因此负载上的电压 u_o 与输入电压 u_i 相位相反，在共发射极放大电路中称为“反相”。

综上所述，共发射极放大电路的放大原理传递过程为 $u_i \to u_{be} \to i_b \to i_c \to u_{ce} \to u_o$，其电压、电流波形变化如图 2-9 所示。

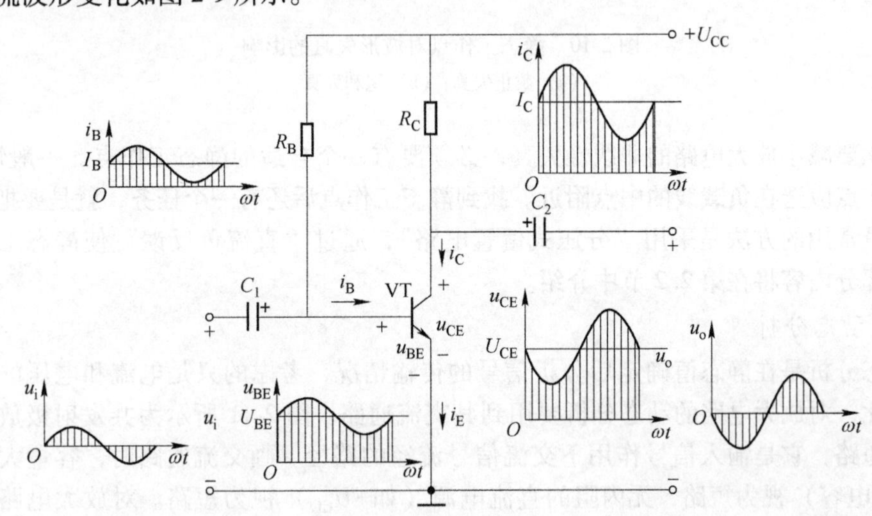

图 2-9 共发射极放大电路中各电压、电流波形

C　静态工作点对波形失真的影响

对放大电路通常有一个基本要求，就是输出信号应尽可能不失真。所谓失真是指输出信号的波形与输入信号的波形各点不成比例。放大电路里的失真主要是由于晶体管的非线性特性所引起的，因此也称这种失真为非线性失真。当放大电路的静态工作点选择适当时，非线性失真较小；如果静态工作点选择不当，则非线性失真较大；特别是当晶体管的工作范围进入到饱和区和截止区时，失真会更严重。非线性失真主要有截止失真和饱和失真两种类型。

（1）截止失真。在图 2-10（a）中，由于静态工作点的位置太低，当输入正弦电压 u_i 时，在它的负半周，晶体管进入截止区工作，造成 i_c 的负半周和 u_{ce} 的正半周被削平。这是由于晶体管的截止而引起的，故称为截止失真。

（2）饱和失真。在图 2-10（b）中，由于静态工作点的位置太高，在 u_i 的正半周，晶体管进入饱和区工作，这时 i_b 不失真，但 i_c 在正半周的大部分时间里都停留在集电极饱和电流 i_{cs} 附近，虽然 i_b 按正弦规律上升但 i_c 无法增大，造成 i_c 的正半周被削平，产生严重的失真。由于 u_{ce} 与和 i_c 成正比，所以 u_{ce} 也产生同样的失真，半周被削平。这种由于晶体管的饱和而引起的失真称为饱和失真。

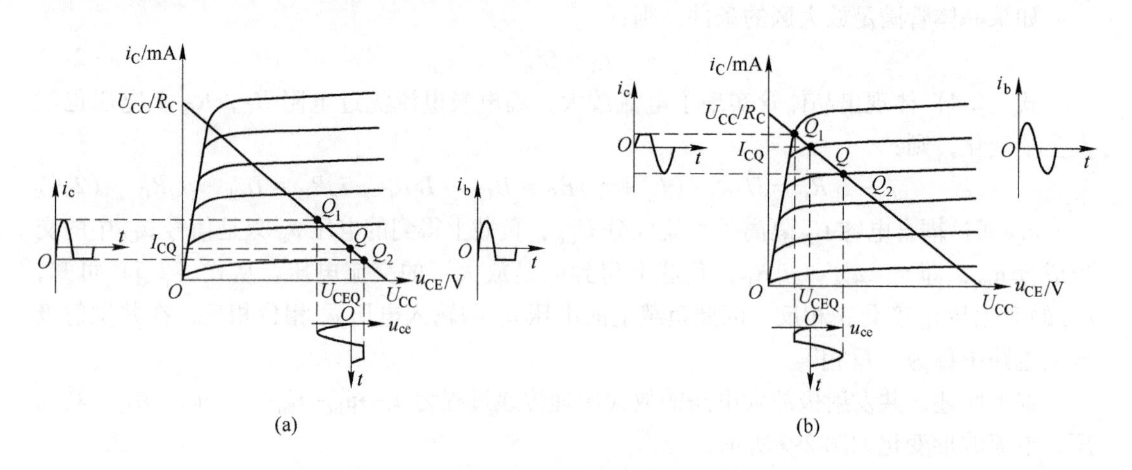

图 2-10　静态工作点对波形失真的影响

（a）截止失真；（b）饱和失真

因此要减小放大电路的非线性失真，必须要有一个合适的静态工作点。一般情况下，静态工作点应选在负载线的中点附近。找到静态工作点后还有一个任务，就是要把它稳定下来，最常用的方法是采用“分压式偏置电路”，通过“直流负反馈”使静态工作点稳定，这部分内容将在第 2. 2 节中介绍。

D　动态分析

动态分析是在静态值确定后分析信号的传输情况，考虑的只是电流和电压的交流分量，因此，对放大电路的动态分析要用到其交流通路。图 2-11 所示为共发射极放大电路的交流通路，它是输入信号作用下交流信号流经的路径。画交流通路时，容量大的电容（如耦合电容）视为短路，无内阻的直流电源（如+U_{CC}）视为短路。对放大电路的动态分析最基本的方法是微变等效电路法。

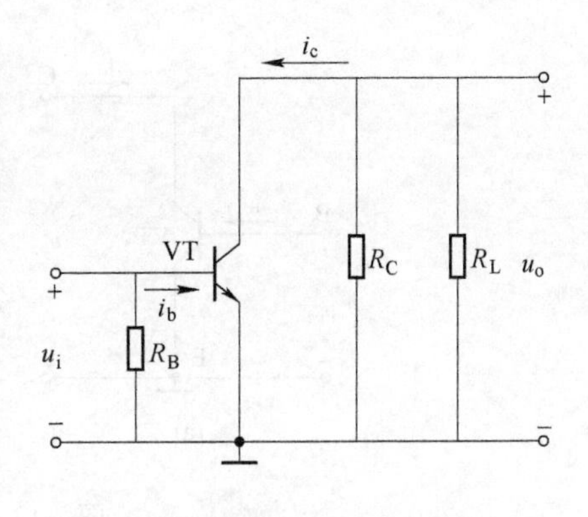

图 2-11 共发射极放大电路的交流通路

(1) 晶体管的微变等效模型。放大电路的核心是晶体管，由于晶体管的输入、输出特性曲线都是非线性的，所以晶体管放大电路实际上是一个非线性的电路，而微变等效电路法就是把这个非线性电路等效为一个线性电路，也就是晶体管的线性化。线性化的条件就是晶体管必须在小信号（微变量）情况下工作，只有这样，才能在静态工作点附近的小范围内用直线近似地代替晶体管的非线性特性曲线。

图 2-12 所示为晶体管输入、输出特性曲线的局部变化图，设晶体管的工作点仅在 Q 附近的微小区域范围内变化。

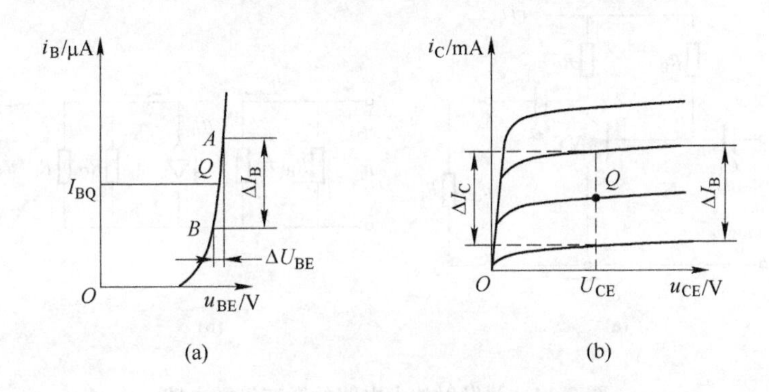

图 2-12 晶体管特性曲线的局部线性化

（a）输入特性；（b）输出特性

1）输入特性。由于工作点变化范围很微小，如图 2-12（a）所示。这段输入特性曲线基本上可以看作是直线，即 Δi_b 与 Δu_{be} 呈线性关系，则晶体管的 B、E 之间可以用一个线性的等效电阻 r_{be} 来代替。r_{be} 称为晶体管的输入电阻，是从晶体管的输入端（基极和发射极）看进去的等效电阻，r_{be} 由输入特性曲线静态工作点附近的斜率决定。即：

$$r_{be}=\frac{\Delta u_{BE}}{\Delta i_B}$$

低频小功率晶体管的输入电阻常用下式估算：

$$r_{be}=300\Omega+(1+\beta)\frac{26\text{mV}}{I_{EQ}} \tag{2-6}$$

2）输出特性。晶体管的输出特性曲线在线性工作区是一组近似等距离的平行直线，如图 2-12（b）所示。当 u_{ce} 在较大范围内变化时，i_c 几乎不变，此时晶体管具有恒流特性。这样晶体管 C、E 间可等效为一个理想受控电流源，其输出电流为 $i_c=\beta i_b$。

综上所述，可画出共发射极放大电路中晶体管的微变等效电路，如图 2-13 所示。

(2) 共发射极放大电路的微变等效电路。由晶体管的微变等效电路和共发射放大电路的交流通路可得出共发射放大电路的微变等效电路，如图 2-14（b）所示。

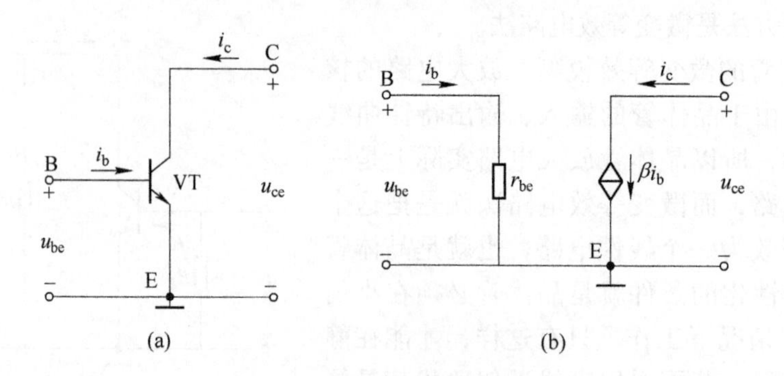

图 2-13　晶体管等效电路模型

（a）晶体管；（b）晶体管的微变等效电路

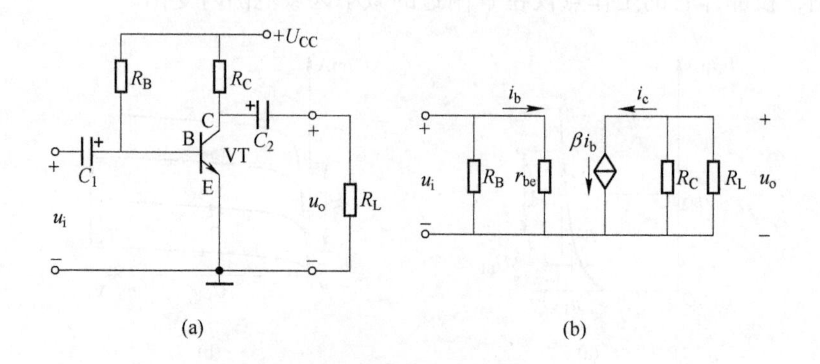

图 2-14　共发射放大电路的微变等效电路

（a）共发射极放大电路；（b）微变等效电路

（3）共发射极放大电路的动态性能指标。

1）电压放大倍数 A_u。电压放大倍数是指放大电路的输出电压与输入电压之比，是衡量放大电路对电压放大能力的指标。

$$A_u = \frac{U_o}{U_i} \tag{2-7}$$

对于图 2-14（b）所示的微变等效电路有：

$$A_u = -\frac{I_c(R_C//R_L)}{I_b r_{be}} = -\frac{\beta(R_C//R_L)}{r_{be}} = -\frac{\beta R'_L}{r_{be}} \tag{2-8}$$

式中负号表示输出电压与输入电压的相位相反。

当放大器不接负载 R_L 时，电压放大倍数为：

$$A_u = -\beta\frac{R_C}{r_{be}}$$

式（2-8）中 $R'_L = R_C//R_L$，故接上负载后，放大倍数会下降。

衡量放大电路放大信号的能力，除了用放大倍数表示，还可以用增益来表示。增益用放大倍数的对数表示，单位为分贝（dB）。工程上，电压、电流放大倍数的计算公式是：

$$A_u = 20\lg \frac{U_o}{U_i}$$

$$A_i = 20\lg \frac{I_o}{I_i} \tag{2-9}$$

2）输入电阻 R_i。放大电路对信号源来说，是一个负载，如图 2-15 所示，这个负载电阻也就是放大器的输入电阻 R_i，即：

$$R_i = \frac{U_i}{I_i} \tag{2-10}$$

由式（2-10）可见，R_i 越大，输入回路所取用的信号电流 I_i 越小。对电压信号源来说，R_i 是与信号源内阻 R_S 串联的，如图 2-15 所示。R_i 大就意味着 R_S 上的电压降小，则放大器的输入端电压 U_i 占信号源的电压 U_S 的比例大。因此要设法提高放大器的输入电阻 R_i，尤其当信号源内阻较高时更应如此。

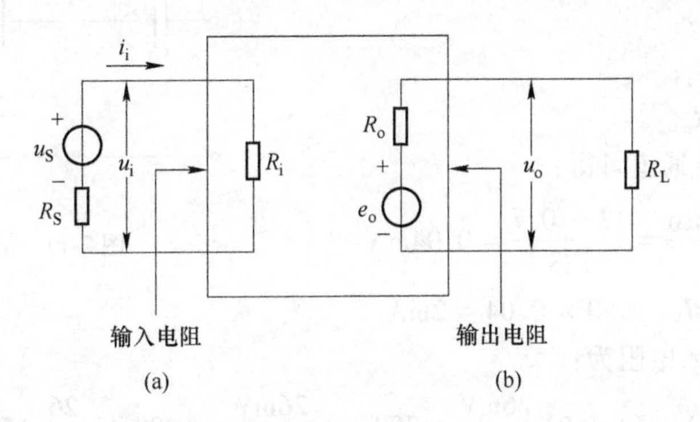

图 2-15 输入电阻和输出电阻

（a）输入电阻；（b）输出电阻

观察图 2-14 所示放大电路及其微变等效电路图，不难看出此放大电路的输入电阻为：

$$R_i = R_B // r_{be}$$

通常 $R_B \gg r_{be}$，故 $R_i \approx r_{be}$，可见共发射极放大电路的输入电阻 R_i 不大。R_i 是与信号源内阻 R_S 串联的，如图 2-15 所示。要设法提高放大器的输入电阻 R_i，尤其当信号源内阻较高时更应如此。

3）输出电阻 R_o。对负载来说，放大器相当于一个信号源。图 2-15 中的等效信号源电压 e_o 为放大器输出端开路（不接 R_L）时的输出电压，等效信号源的内阻 R_o 称为输出电阻。放大电路的输出电阻是将信号源置零（令 $u_S = 0$，但保留内阻）和负载开路，从放大器输出端看进去的一个电阻，可得：

$$R_o \approx R_C$$

用实验方法求放大器的输出电阻，如图 2-16 所示。保持输入电压不变，先测出放大电路输出开路（S 打开）时的输出电压 e_o，再接上负载电阻 R_L，并测出此时放大器的输出电压 U_o。

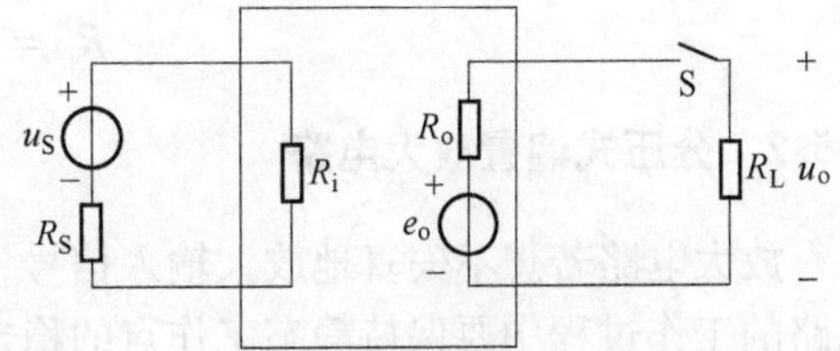

图 2-16 测量输出电阻

由图可得：

$$U_o = e_o \frac{R_L}{R_L + R_o}$$

所以输出电阻为：

$$R_o = \left(\frac{e_o}{U_o} - 1\right) R_L$$

如果放大电路的输出电阻较大（相当于信号源的内阻较大），当负载变化时，输出电压的变化也较大，也就是放大电路带负载的能力较差。因此，要使放大电路的带负载能力增强，就要使放大电路输出级的输出电阻低一些。

【例 2-2】 在图 2-17 所示的共发射极放大电路中，已知晶体管的 $\beta=50$。

1）试用微变等效电路法估算晶体管的 r_{be}；

2）分别求出不带负载和带负载两种情况下的电压放大倍数 A_u；

3）输入电阻 R_i；

4）输出电阻 R_o。

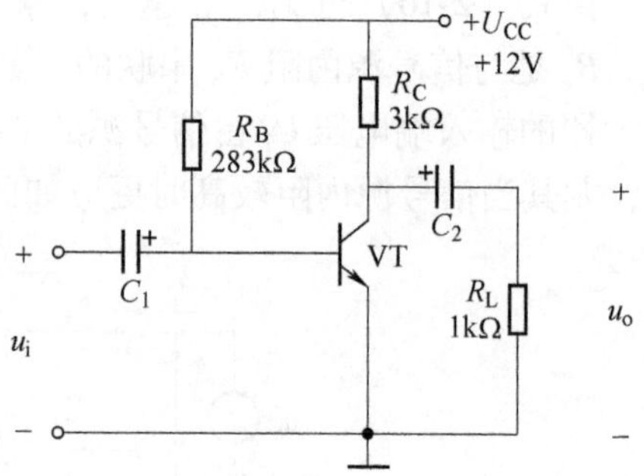

图 2-17　例 2-2 图

解： 1）由直流通道可得：

$$I_{BQ} = \frac{U_{CC} - U_{BEQ}}{R_B} = \frac{12 - 0.7}{283} = 0.04\text{mA}$$

$$I_{EQ} \approx I_{CQ} = \beta I_{BQ} = 50 \times 0.04 = 2\text{mA}$$

则晶体管的输入电阻为：

$$r_{be} = 300\Omega + (1+\beta)\frac{26\text{mV}}{I_{EQ}} = 300\Omega + \frac{26\text{mV}}{I_{BQ}} = (300 + \frac{26}{0.04})\Omega = 950\Omega$$

2）放大电路不带负载时的放大倍数为：

$$A_u = -\beta\frac{R_C}{r_{be}} = -50 \times \frac{3}{0.95} \approx -158$$

放大电路带负载时：

$$R'_L = R_C // R_L = \frac{R_C R_L}{R_C + R_L} = \frac{3 \times 1}{3 + 1}\text{k}\Omega = 0.75\text{k}\Omega$$

$$A_u = -\beta\frac{R'_L}{r_{be}} = -50 \times \frac{0.75}{0.95} \approx -40$$

3）输入电阻为：

$$R_i = R_B // r_{be} \approx r_{be} = 0.95\text{k}\Omega$$

4）输出电阻为：

$$R_o = R_C = 3\text{k}\Omega$$

2.5.2　分压式偏置放大电路

放大电路若想不失真地放大输入信号，必须选择一个合适的静态工作点，而且在放大电路的工作过程中要保持静态工作点的稳定。造成静态工作点不稳定的因素很多，如电源电压的波动、器件老化、温度变化等，但主要原因是晶体管特性参数（U_{BE}、β、I_{CBO}）

随温度变化造成静态工作点的变化。

由前面的介绍可知：晶体管的I_{CBO}和β均随温度的升高而增大，U_{BE}则随温度的升高而减小，这些都会使放大电路中晶体管的集电极电流I_C随温度升高而增加。于是当温度升高时，晶体管的输入特性左移，输出特性曲线上移且间距加大，严重时会使晶体管进入饱和区而失去放大能力。

为了克服上述问题，可以从电路结构上采取措施，图 2-18（a）所示的放大电路是最常用的工作点稳定电路，在该放大电路中，直流电源U_{CC}经过两个电阻R_{B1}和R_{B2}分压后接到晶体管的基极，故称为分压式工作点稳定电路或分压式偏置放大电路。晶体管的发射极通过一个电阻R_E接地，在R_E的两端并联一个大电容C_E，称为旁路电容。

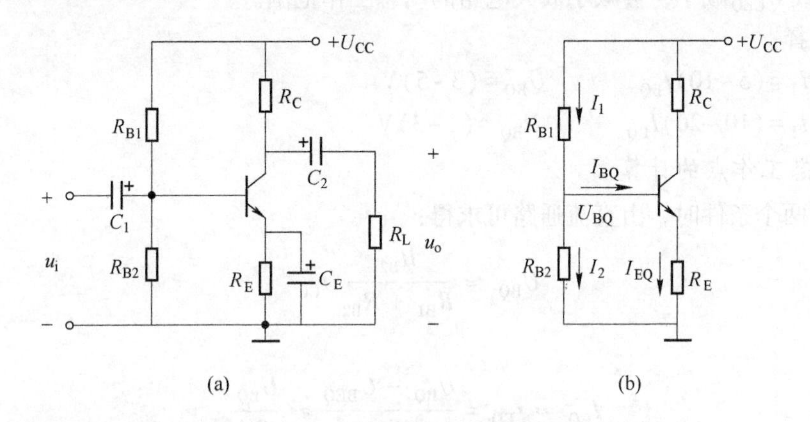

图 2-18 分压式偏置放大电路

（a）放大电路；（b）直流通路

2.5.2.1 静态工作点的稳定

分压式偏置放大电路之所以能稳定静态工作点，是因为其电路具有以下两个特点。

（1）利用电阻R_{B1}和R_{B2}分压来稳定基极电位。分压式偏置放大电路的直流通路如图 2-18（b）所示，设流过电阻R_{B1}和R_{B2}的电流分别为I_1和I_2，且$I_1=I_2+I_{BQ}$，一般I_{BQ}很小，$I_1 \gg I_{BQ}$，近似认为$I_1 \approx I_2$，这样基极电位为：

$$U_{BQ} \approx \frac{R_{B2}}{R_{B1}+R_{B2}}U_{CC} \tag{2-11}$$

所以基极电位U_{BQ}由电压U_{CC}经R_{B1}和R_{B2}分压所决定，不随温度改变而变化。

（2）利用发射板电阻R_E来实现工作点的稳定。其过程为：

$$t\uparrow \rightarrow I_{CQ}\uparrow \rightarrow I_{EQ}\uparrow \rightarrow U_{EQ}\uparrow \rightarrow U_{BEQ}\downarrow \rightarrow I_{BQ}\downarrow \rightarrow I_{CQ}\downarrow$$

通常$U_{BQ} \gg U_{BEQ}$，所以发射极电流为：

$$I_{EQ} = \frac{U_{BQ}-U_{BEQ}}{R_E} \approx \frac{U_{BQ}}{R_E} \tag{2-12}$$

由此可见，稳定Q点的关键在于利用发射极电阻R_E两端的电压来反映集电极电流的变化情况，并控制 I_{CQ} 的变化，最后达到稳定静态工作点的目的。

2.5.2.2　电路的静态与动态分析

A　电路参数的选择

根据 $I_1 \gg I_{BQ}$ 和 $U_{BQ} \gg U_{BEQ}$ 两个条件，得出式（2-11）和式（2-12），分别说明了 U_B 和 I_E 是稳定的，基本上不随温度而变，而且也基本上与管子的参数 β 无关。如果 I_1 和 U_{BQ} 越大，则工作点稳定性越好。但是 I_1 也不能太大，一方面，I_1 太大，电阻 R_{B1} 和 R_{B2} 上的损耗太大，另一方面，对信号源的分流作用变大了。U_{BQ} 也不能太大，U_{BQ} 大必然 U_{EQ} 大，导致 U_{CEQ} 减小，会减小放大电路的动态工作范围。

通常选择：

硅管：$I_1=(5\sim10)I_{BQ}$　　　$U_{BQ}=(3\sim5)\text{V}$

锗管：$I_1=(10\sim20)I_{BQ}$　　　$U_{BQ}=(1\sim3)\text{V}$

B　静态工作点的计算

当满足两个条件时，由直流通路可求得：

$$U_{BQ} \approx \frac{R_{B2}}{R_{B1}+R_{B2}}U_{CC}$$

$$I_{CQ} \approx I_{EQ} = \frac{U_{BQ}-U_{BEQ}}{R_E} \approx \frac{U_{BQ}}{R_E}$$

$$U_{CEQ} = U_{CC} - I_{CQ}R_C - I_{EQ}R_E \approx U_{CC} - I_{CQ}(R_C+R_E)$$

$$I_{BQ} = \frac{I_{CQ}}{\beta} \tag{2-13}$$

C　电压放大倍数、输入电阻、输出电阻的计算

在图2-18所示的分压式偏置放大电路中，如果耦合电容 C_1、C_2 和发射极旁路电容 C_E 足够大，可以认为其对交流短路，可画出分压式偏置放大电路的交流通路如图2-19（b）所示。由图2-19（a）可知，晶体管的发射极仍然是输入信号和输出信号的公共端，故分压式偏置放大电路本质上就是一个共发射极放大电路。根据交流通路可画出其微变等效电路如图2-19（b）所示。

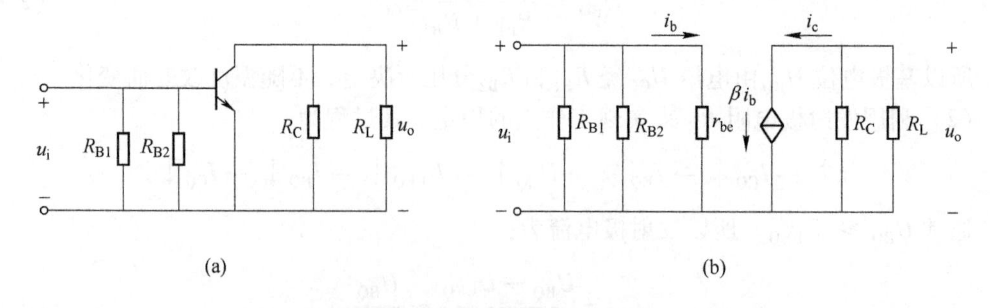

图2-19　分压式偏置放大电路的交流通路和微变等效电路

（a）交流通路；（b）微变等效电路

由图 2-19（b）所示的微变等效电路可得：

$$A_u = -\frac{I_c(R_C//R_L)}{I_b r_{be}} = -\frac{\beta(R_C//R_L)}{r_{be}} = -\frac{\beta R'_L}{r_{be}}$$

$$R_i = R_{B1}//R_{B2}//r_{be} \approx r_{be}$$

$$R_o \approx R_C \tag{2-14}$$

若不接旁路电容，将产生交流负反馈（见后续负反馈方面的内容），放大电路的电压放大倍数将下降，但输入电阻会增加。

【例 2-3】 分压式偏置放大电路如图 2-18（a）所示，已知晶体管 $U_{CC}=12V$，$R_{B1}=20k\Omega$，$R_{B2}=10k\Omega$，$R_L=4k\Omega$，$R_C=2k\Omega$，$R_E=2k\Omega$，$\beta=50$，C_E 足够大。试求：

（1）静态工作点 I_{CQ} 和 U_{CEQ}；

（2）电压放大倍数 A_u；

（3）输入电阻 R_i 和输出电阻 R_o。

解：（1）画出放大电路的直流通道图如图 2-18（b）所示，依据分压式偏置放大器估算静态工作点公式可得：

$$U_{BQ} \approx \frac{R_{B2}}{R_{B1}+R_{B2}}U_{CC} = \frac{20}{40+20}\times 12V = 4V$$

$$I_{CQ} \approx I_{EQ} = \frac{U_{BQ}-U_{BEQ}}{R_E} \approx \frac{U_{BQ}}{R_E} = \frac{4}{2}mA = 2mA$$

$$U_{CEQ} = U_{CC} - I_{CQ}R_C - I_{EQ}R_E \approx U_{CC} - I_{CQ}(R_C+R_E) = 12V - 2\times(2+2)V = 4V$$

（2）估算电压放大倍数 A_u：

$$r_{be} = 300\Omega + (1+\beta)\frac{26mV}{I_{EQ}} = 300\Omega + 51\times\frac{26}{2}\Omega = 960\Omega = 0.96k\Omega$$

$$R'_L = R_C//R_L = \frac{R_C R_L}{R_C+R_L} = \frac{2\times 4}{2+4}k\Omega \approx 1.33k\Omega$$

$$A_u = -\beta\frac{R'_L}{r_{be}} = -50\times\frac{1.33}{0.96} \approx -69$$

（3）估算输入电阻 R_i 和输出电阻 R_o：

$$R_i = R_{B1}//R_{B2}//r_{be} \approx r_{be} = 0.96k\Omega$$

$$R_o \approx R_C = 2k\Omega$$

2.5.3 其他组态放大电路

2.5.3.1 共集电极放大电路——射极输出器

A 电路组成

共集电极放大电路如图 2-20（a）所示。由于 U_{CC} 点为交流地电位，从它的交流通路图 2-20（b）中可见，放大电路是从基极和集电极输入信号，从发射极和集电极输出信号，集电极是输入、输出回路的公共端，因此该电路称为共集电极放大电路，又由于是从发射极输出信号，故又称为射极输出器。

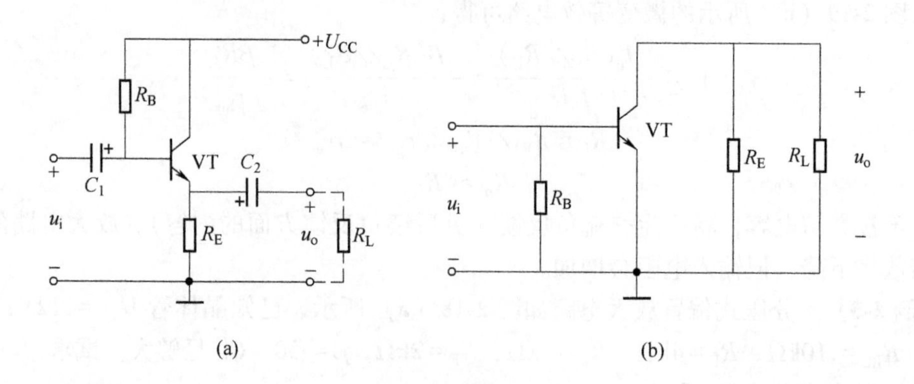

图 2-20　共集电极放大电路
(a) 放大电路；(b) 交流通路

B　射极输出器的特点

(1) 静态工作点稳定。由图 2-21 (a) 所示直流通路可列出：

$$U_{CC} = I_{BQ}R_B + U_{BEQ} + (1+\beta)I_{BQ}R_E$$

于是得：

$$I_{BQ} = \frac{U_{CC} - U_{BEQ}}{R_B + (1+\beta)R_E}$$

$$I_{EQ} \approx I_{CQ} = \beta I_{BQ}$$

$$U_{CEQ} \approx U_{CC} - I_{EQ}R_E$$

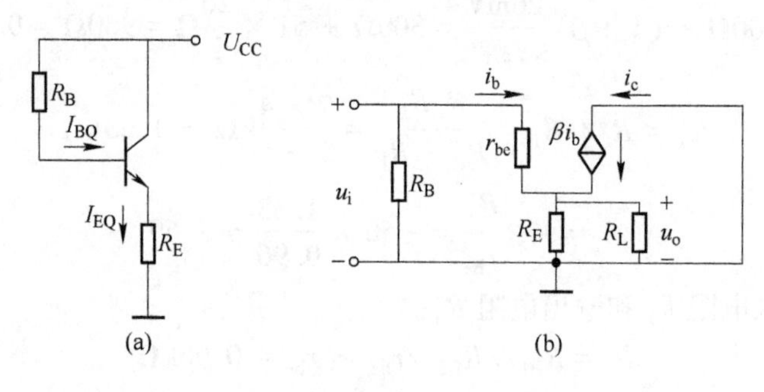

图 2-21　共集电极放大电路的直流通路和微变等效电路
(a) 直流通路；(b) 微变等效电路

发射极电阻 R_E 同样具有稳定静态工作点的作用，其作用过程如下：

$$t\uparrow \rightarrow I_{CQ}\uparrow \rightarrow U_{EQ}\uparrow \rightarrow U_{BEQ}\downarrow \rightarrow I_{BQ}\downarrow \rightarrow I_{CQ}\downarrow$$

(2) 电压放大倍数小于（近似为 1）。由图 2-21 (b) 所示微变等效电路可得：

$$U_o = (1+\beta)I_bR'_L$$

式中，$R'_L = R_E // R_L$。

$$U_i = I_b[r_{be} + (1+\beta)R'_L]$$

得：

$$A_u = \frac{U_o}{U_i} = \frac{(1+\beta)R'_L}{r_{be} + (1+\beta)R'_L} < 1$$

通常 $r_{be} \ll (1+\beta)R'_L$，则：

$$A_u \approx 1$$

可见，电压放大倍数略小于1（近似为1），共集电极放大电路不具有电压放大能力，但 $I_e = (1+\beta)I_b$，故仍具有电流放大和功率放大作用。因为输出与输入电压大小相近，相位相同，因此该电路又称为射极跟随器。

（3）输入电阻很高。由图2-21（b）可知：

$$R'_i = r_{be} + (1+\beta)R'_L$$

$$R_i = R_B // R'_i = R_B // [r_{be} + (1+\beta)R'_L]$$

上式中，通常 R_B 和 $(1+\beta)R'_L$ 阻值较大（几十千欧至几百千欧），同时也比 r_{be} 大得多，因此，射极输出器的输入电阻高，可达几十千欧至几百千欧。

（4）输出电阻很小。

$$R_o = R_E // \frac{r_{be}}{1+\beta}$$

在大多数情况下，有：

$$R_E \gg \frac{r_{be}}{1+\beta}$$

所以：

$$R_o \approx \frac{r_{be}}{1+\beta} \tag{2-15}$$

由式（2-15）可知，射极输出器具有很小的输出电阻，一般只有几欧至几百欧，比共发射极放大电路的输出电阻低得多。由于 $U_o \approx U_i$，当 U_i 一定时，输出电压 U_o 基本上保持不变，这说明射极输出器具有恒压输出的特性。

虽然射极输出器电压放大倍数略小于1，但由于它具有输入电阻高、输出电阻低的突出特点，从而得到了广泛应用。

在多级放大电路中，可以把共集电极放大电路作为输入级，与内阻较大的信号源相匹配，用来获得较多的信号源电压，然后，再将共集电极放大电路的输出信号送给下级的共发射极放大电路作为输入，这样可以避免在信号源内阻上不必要的损耗。

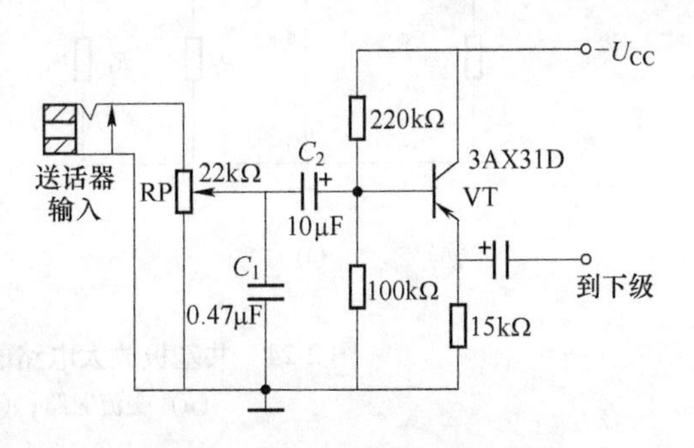

图2-22　扩音机的输入级电路

图2-22所示为扩音机的输入级电路，作为信号源的送话器，其内阻较高。我们利用共集电极放大电路作为放大器的输入级，可以从送话器处得到幅度较大的输入信号电压，使送话器的输入信号得到有效放大。图中电位器RP可以用来调节输入信号的强度，控制音量的大小。

用射极输出器作为输出级，可使放大电路具有较低的输出电阻和较强的带负载能力。

用射极输出器作为中间级，可以隔离前后级之间的影响，并利用输入电阻高和输出电阻低的特点。在电路中起阻抗变换的作用。

2.5.3.2 共基极放大器

A 电路组成

共基极放大器的电路如图2-23（a）所示，输入信号加载到晶体管的发射极与基极两端，输出信号由晶体管的集电极与基极两端获得。因为基极是输入输出的共同端，所以称为共基极放大电路。图中 R_{B1}、R_{B2}和 R_E 构成静态工作点稳定电路。

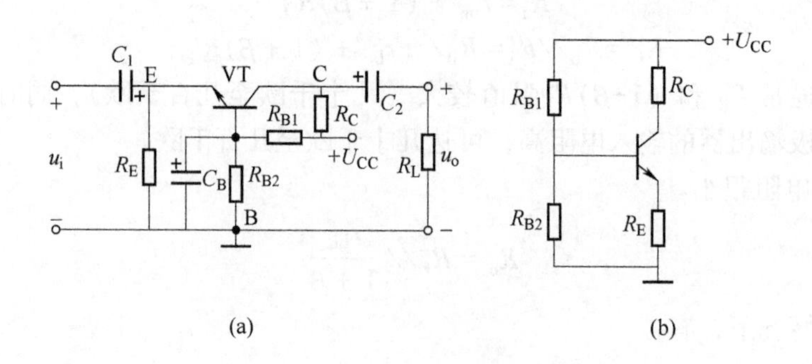

图2-23 共基极放大电路和直流通路

（a）放大电路；（b）直流通路

B 电路特点

由图2-23（b）所示直流通路可知，共基极放大电路的直流通路与共发射极分压式偏置放大电路的直流通路完全相同，因而静态工作点的估算方法也完全一样。

共基极放大电路的交流通路和微变等效电路如图2-24所示。

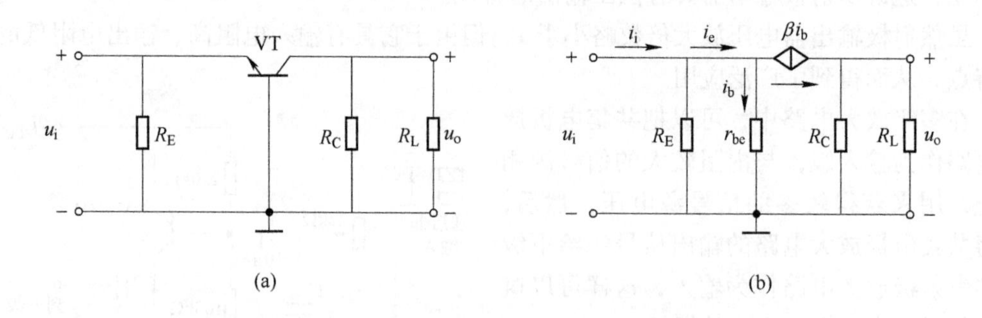

图2-24 共基极放大电路的交流通路和微变等效电路

（a）交流通路；（b）微变等效电路

共基极放大电路和共发射极放大电路的输入信号均加在基极和发射极之间，只是符号相反，输出信号均从集电极取出，因而共基极电路的电压放大倍数为：

$$A_u = \beta \frac{R'_L}{r_{be}}$$

式中，$R'_L = R_C // R_L$。共基极电路电压放大倍数与共发射极电路的电压放大倍数大小相等，符号相反。

输入电阻的估算式为：

$$R_i = R_E // \frac{r_{be}}{1+\beta}$$

输出电阻为：

$$R_o = R_C$$

共基极电路的输入电流为 i_e，输出电流为 i_c，由于 i_c 略小于 i_e，所以共基极放大电路无电流放大作用，但仍有电压及功率放大作用。

共基极放大电路的输入阻抗很小，会使输入信号严重衰减，不适合作为电压放大器。但它的频带宽度很大，因此通常用作宽频或高频放大器。在某些场合，共基极放大电路也可作为“电流缓冲器”使用。

2.5.3.3 三种组态的基本放大电路的比较

共发射极、共集电极和共基极放大电路式晶体管的三种基本放大电路，它们各有特点，分别适用于不同的工作场合，见表 2-1。

表 2-1 晶体管三种基本放大电路的性能比较

组态	共发射极	共基极	共集电极
放大特性	电流放大、电压放大和功率放大作用	无电流放大作用，但仍有电压放大和功率放大作用	无电压放大作用，但因 $I_e=(1+\beta)I_b$，故仍具有电流放大和功率放大作用
A_u	大（几十至几百）		小于 1（接近于 1）
u_i 与 u_o 相位关系	-180°（u_o 与 u_i 反相）	0（u_o 与 u_i 同相）	0（u_o 与 u_i 同相）
A_i	较大（β）	小于接近于 1	较大（$1+\beta$）
R_i	中（几百欧至几千欧）	小（几欧至几十欧）	大（可大于一百千欧）
R_o	大（几百欧至几千欧）	大（几百欧至几千欧）	小（几欧至几十欧）
应用	中间级	高频、宽频带电路及恒流源电路	输入级（用来获得更多的信号源电压）；输出级（具有较强的带负载能力）；中间级（隔离前后级之间的影响，并用到输入电阻高、输出电阻低，起到阻抗变换的作用）

共发射极电路的电压、电流和功率放大倍数均较大，输入、输出电阻适中，在低频电子技术中应用最为广泛。共集电极电路的输入电阻大，而输出电阻很小，可以应用于多级放大器的输入级、输出级和缓冲级。共基极电路的电压放大倍数与共发射极电路相同，高频特性好，常用作宽带放大器。

2.6 扩展知识

调谐放大器是广泛应用于各种电子设备、发射和接收机中的一种具有选频能力的电压放大器，共射极单调谐放大器的电路图如图2-25所示。它的主要特点是晶体管的负载不是纯电阻，而是由L、C元件组成的并联谐振回路。

对频率为f_0的信号具有特殊的放大能力，f_0如下所示：

$$f_0 = \frac{1}{2\pi\sqrt{LC}}$$

在图2-25中，R_{B1}、R_{B2}是上下偏置电阻，保证晶体管VT工作在放大状态。R_E为射极电阻（稳定静态工作点），C_B为基极旁路电容，C_E为射极旁路电容。输入信号u_i经T_1通过C_B和C_E送到晶体管的b、e极之间，放大后的信号经LC谐振电路选频由T_2耦合输出。

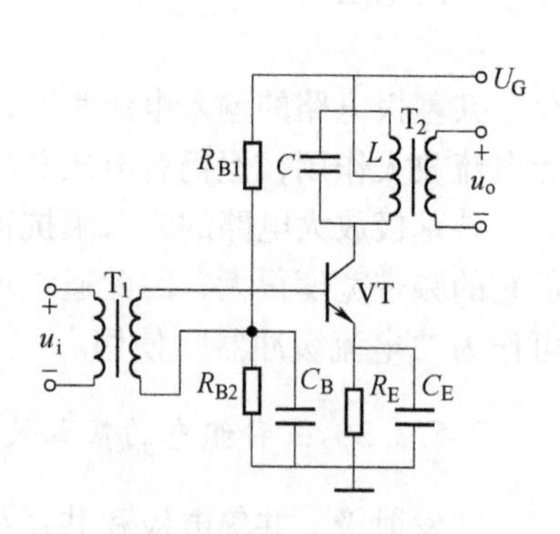

图2-25　共射极单调谐放大电路

2.6.1　场效应晶体管放大电路

场效应晶体管（FET）和晶体管（BJT）都是组成模拟信号放大电路的常用器件。但由于场效应晶体管相对于晶体管具有输入阻抗高、成本低、噪声小、低功耗、便于集成等诸多优点，场效应晶体管获得了广泛的应用。场效应晶体管构成的放大电路和晶体管放大电路类似。在电路中，场效应晶体管的源极、漏极和栅极分别相当于晶体管的发射极、集电极和基极。对应于晶体管放大电路，场效应晶体管放大电路也有三种组态：共源极放大电路、共漏极放大电路和共栅极放大电路，其特点分别和晶体管放大电路中的共发射极、共集电极、共基极放大电路类似。本节以共源极放大电路为例介绍其电路组成和分析方法。

2.6.1.1　电路的组成和静态分析

由场效应晶体管组成放大电路时，也要建立合适的静态工作点Q，而且场效应晶体管是电压控制器件，因此需要有合适的栅源偏置电压。常用的直流偏置电路有自偏置电路和分压式偏置电路两种形式。

A　自偏置电路

电路如图2-26所示。其中场效应晶体管的栅极通过电阻R_G接地，源极通过电阻R_S接地。这种偏置方式靠漏极电流I_D在源极电阻R_S上产生的电压为栅、源极间提供一个偏置电压U_{GS}，故称为自偏置电路。静态时，源极电位$U_S = I_D R_S$。由于栅极电流为零，R_G上没有电压降，栅极电位$U_G = 0$，所以栅源偏置电压为：

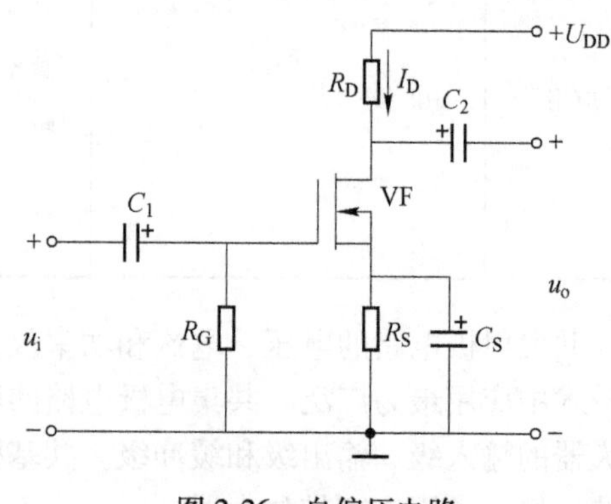

图2-26　自偏压电路

$$U_{GS} = U_G - U_S = -I_D R_S$$

则耗尽型 MOS 管可采用这种形式的偏置电路。

电路中各元器件的作用如下：

1）R_S 为源极电阻，它决定静态工作点的位置，为几十千欧。和晶体管的发射极电阻类似，源极电阻 R_S 的存在也使电路具有一定的稳定静态工作点的能力；

2）C_S 为交流旁路电容，为几十微法；

3）R_G 为栅极电阻，提供栅、源极之间的直流通路，并用于放大电路输入电阻的提高，所以 R_G 不能太小，一般为几百千欧到 10MΩ；

4）R_D 为漏极电阻，它将漏极电流 i_D 的变化转换成电压 u_{DS} 的变化，从而实现电压放大；

5）C_1、C_2 为耦合电容，电容值为 0.01μF 到几微法。

应该注意的是，自偏压电路并不适用于增强型场效应晶体管。因为增强型场效应晶体管在零栅源偏压时是没有漏极电流的，所以无法采用这种偏置形式，只能采用下面的分压式偏置电路。

B 分压式偏置电路

自偏置电路虽然简单，但并不适用于所有的管型，而且当静态工作点选定后，U_{GS} 和 I_D 就确定了，所以 R_S 的选择范围很小，不利于静态工作点的选择和稳定，而分压式偏置电路就灵活得多，图 2-27 为分压式偏置电路。

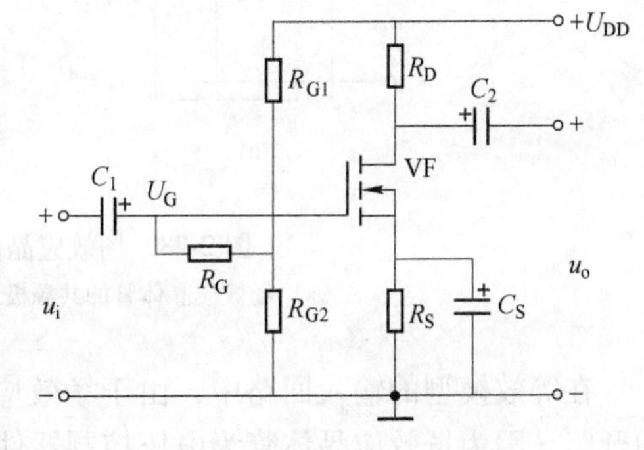

图 2-27 分压式偏置电路

图中 R_{G1} 和 R_{G2} 为分压电阻，由于栅极电阻 R_G 上没有电流（$I_G = 0$），因此场效应晶体管栅极的电位为：

$$U_G = \frac{R_{G2}}{R_{G1} + R_{G2}} U_{DD}$$

所以，栅源电压为：

$$U_{GS} = U_G - U_S = \frac{R_{G2}}{R_{G1} + R_{G2}} U_{DD} - I_D R_S$$

对于耗尽型管子，有：

$$I_D = I_{DSS} \left(1 - \frac{U_{GS}}{U_{GS(off)}}\right)^2$$

式中，I_{DSS} 为漏极饱和电流，即 $U_{GS} = 0$ 时的漏极电流。

对于增强型管子，有：

$$I_D = I_{DO} \left(\frac{U_{GS}}{U_{GS(th)}} - 1\right)^2$$

式中，I_{DO} 是 $u_{GS} = 2U_{GS(th)}$ 时的漏极电流。

漏源电压为：

$$U_{DS} = U_{DD} - I_D(R_D + R_S)$$

2.6.1.2　电路的动态分析

场效应晶体管也是非线性器件，如果输入信号较小，场效应晶体管工作在线性放大区，也就是场效应晶体管的恒流区，那么和分析晶体管放大电路一样，也可以采用微变等效电路分析法。此时，我们首先要知道的是场效应晶体管的微变等效模型。

A　场效应晶体管的微变等效模型

场效应晶体管是一个三端的电压控制器件，将其输入和输出端口看成一个双口网络后，可以得到图2-28所示的共源极接法的低频微变等效模型。

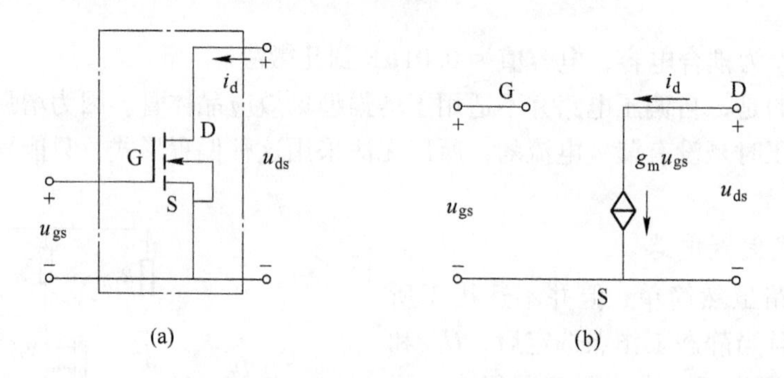

图2-28　场效应晶体管及其微变等效电路
(a) 场效应晶体管的共源极二端口网络；(b) 微变等效电路

在等效模型的输入回路中，由于场效应晶体管的 r_{gs} 相当大，栅极和源极之间可等效为开路。因为场效应晶体管为电压控制器件，所以场效应晶体管的输出回路等效为电压控制电流源，g_m 为场效应晶体管的跨导，也就是受控源的系数。

B　微变等效电路分析法

共源极放大电路从管子的栅极输入信号，漏极取出信号，以源极为输入和输出回路的公共端。共源极放大电路和微变等效电路如图2-29 (a)、(b) 所示。

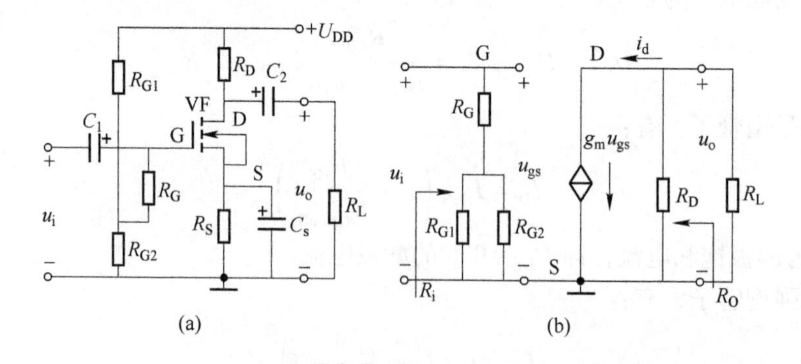

图2-29　场效应晶体管及其微变等效电路
(a) 共源极放大电路；(b) 微变等效电路

（1）电压放大倍数。从微变等效电路可以看出：

$$U_i = U_{gs}$$

$$U_o = -I_d(R_D//R_L) = -g_m U_{gs}(R_D//R_L)$$

故电压放大倍数为：

$$A_u = \frac{U_o}{U_i} = -g_m(R_D//R_L) = -g_m R'_L$$

式中，$R'_L = R_D//R_L$。

（2）输入电阻。由于栅、源极之间开路，故可知电路的输入电阻约为：

$$R_i = r_{gs}//[R_G + (R_{G1}//R_{G2})] \approx R_G + (R_{G1}//R_{G2})$$

所以，接入 R_G 的目的就是不使电路的输入电阻由于 R_{G1} 和 R_{G2} 的影响而降低太多。因此，R_G 一般选得较大，为几百千欧到 10MΩ 左右。

（3）输出电阻。根据输出电阻的定义，将输入电压源短路，保留内阻，并将负载开路后，从输出端看进去的等效电阻就是输出电阻 R_o，即

$$R_o = R_D$$

通过分析可知，共源极电路和共射极电路类似，具有较大的电压放大倍数，输入和输出电压信号反相，输出电阻由漏极电阻（共射极电路为集电极电阻）决定，不同的是由于场效应晶体管本身的输入电阻很大，因此共源极电路的输入电阻也很大。共源极放大电路适用于作多级放大电路的输入级或中间级。

【例 2-4】 在图 2-30 所示的放大电路中，已知 $U_{DD} = 20V$，$R_D = 10k\Omega$，$R_S = 10k\Omega$，$R_{G1} = 200k\Omega$，$R_{G2} = 51k\Omega$，$R_G = 1M\Omega$，并将其输出端接一负载电阻 $R_L = 10k\Omega$。所用的场效应晶体管为 N 沟道耗尽型，其参数 $I_{DSS} = 0.9mA$，$U_{GS(off)} = -4V$，$g_m = 1.5mS$。试求：（1）静态值工作点；（2）电压放大倍数；（3）输入电阻和输出电阻。

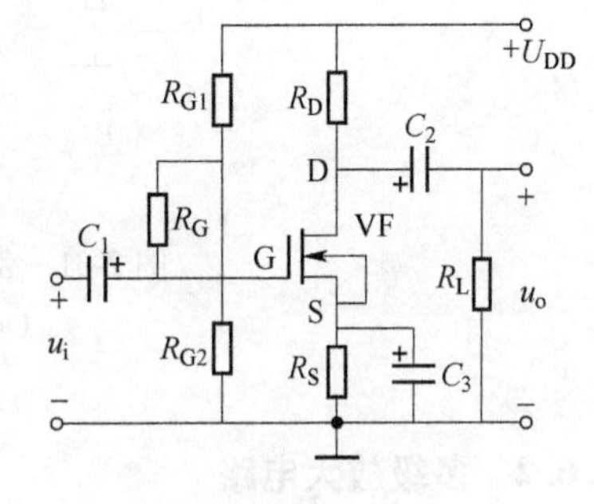

图 2-30 例 2-4 图

解：（1）画出其直流通路，如图 2-31（a）所示。由电路图可知：

$$U_G = \frac{R_{G2}}{R_{G1} + R_{G2}} U_{DD} = \frac{51 \times 10^3}{(200 + 51) \times 10^3} \times 20V \approx 4V$$

并可列出：

$$U_{GS} = U_G - R_S I_D = 4 - 10 \times 10^3 I_D \tag{2-16}$$

在 $U_{GS(off)} \leqslant U_{GS} \leqslant 0$ 范围内，耗尽型场效应晶体管的转移特性可近似用下式表示：

$$I_D = I_{DSS}\left(1 - \frac{U_{GS}}{U_{GS(th)}}\right)^2$$

因此：

$$I_D = \left(1 + \frac{U_{GS}}{4}\right)^2 \times 0.9 \times 10^{-3} \tag{2-17}$$

联立式（2-16）、式（2-17）可解得：

$$I_D = 0.5 \times 10^{-3}A = 0.5mA \qquad U_{GS} = -1V$$

并由此可求得：

$$U_{DS} = U_{DD} - I_D(R_D + R_S) = 20V - (10 + 10) \times 10^3 \times 0.5 \times 10^{-3}V = 10V$$

（2）由图 2-31（b）所示的微变等效电路可得电压放大倍数为：

$$A_u = -g_m R'_L = -1.5 \times \frac{10 \times 10}{10 + 10} = -7.5$$

（3）输入电阻为：

$$R_i = r_{gs}//[R_G + (R_{G1}//R_{G2})] \approx R_G + (R_{G1}//R_{G2})$$

$$= 1 \times 10^3 k\Omega + \frac{200 \times 51}{200 + 51}k\Omega = 1040.6k\Omega$$

输出电阻为：

$$R_O = R_D = 10k\Omega$$

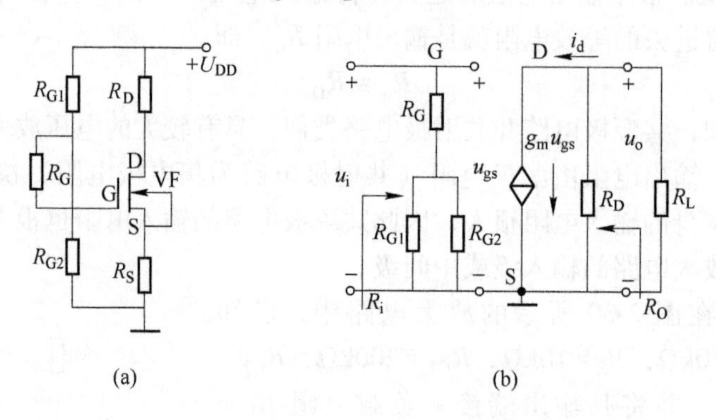

图 2-31　例 2-4 电路的直流通路与微变等效电路

（a）直流通路；（b）微变等效电路

2.6.2　多级放大电路

2.6.2.1　多级放大器的电路组成

在实际应用中，放大器的输入信号总是很微弱，有时可低到毫伏或微伏级，为了能够在输出端获得必要的电压幅值或足够的功率驱动负载工作，必须采用将多个单级放大电路串联起来组成多级放大电路，对微弱的输入信号进行连续放大。图 2-32 所示为多级放大电路的组成框图，其中的输入级和中间级主要用作电压放大，可将微弱的输入电压放大到足够的幅度。后面的末前级和输出级用作功率放大，以输出负载所需要的功率。在多级放大电路中，前级相当于是后一级的信号源；后级相当于是前一级的负载。在分析电路时要考虑前后级间的相互影响。

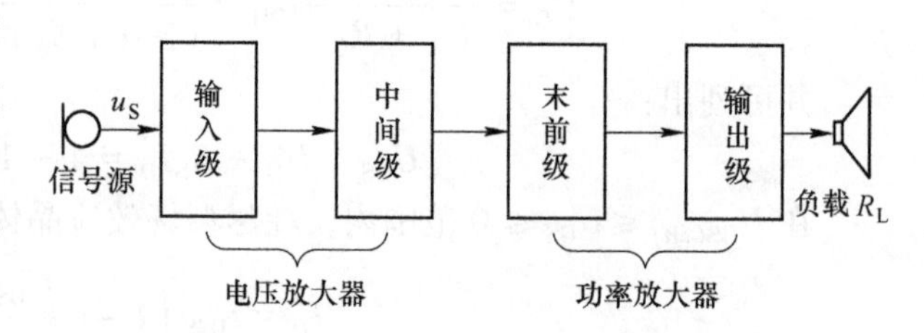

图 2-32　多级放大电路的组成框图

2.6.2.2 级间耦合方式及特点

在多级放大电路中，每两个单级放大电路之间的连接方式称为耦合方式。前后两级间的耦合称为级间耦合，常用的级间耦合有阻容耦合、直接耦合、变压器耦合和光电耦合四种方式。

（1）阻容耦合。图 2-33（a）所示为阻容耦合方式，前后级之间是通过电容耦合起来的。由于电容器具有“隔直通交”作用，因此前一级的输出信号可以通过耦合电容传送到后级的输入端，而各级的直流工作状态相互之间没有影响。此外该电路还具有体积小、重量轻的优点。这些优点使它在多级放大电路中应用广泛。但阻容耦合方式不适合传输变化缓慢的信号。因为这类信号在通过耦合电容时会有很大的衰减。至于直流信号，则根本不能传送，使得它不适合在集成电路中使用。

（2）直接耦合。为了避免耦合电容对缓慢信号造成衰减，可以把前一级的输出端直接接到下一级的输入端，如图 2-33（b）所示，我们把这种连接方式称为直接耦合。直接耦合多级放大电路不仅能放大交流信号，还能放大直流信号或变化缓慢的信号。但是直接耦合使各级的直流通路相互沟通，前后级的静态工作点互相影响，此外该电路受温度漂移影响很大，温漂信号将被逐级放大，将严重干扰压制有用信号，甚至使得直接耦合放大电路无法使用。直接耦合方式因其结构简单的优势在集成电路中普遍使用。

（3）变压器耦合。图 2-33（c）所示为变压器耦合方式，它通过变压器一、二次绕组之间的“隔直流耦合交流”实现级间耦合，并使前后级的静态工作点相互独立。变压器 T_1 将第一级的输出信号电压变换成第二级的输入信号电压，变压器 T_2 将第二级的输出信号电压变换成负载所要求的电压。

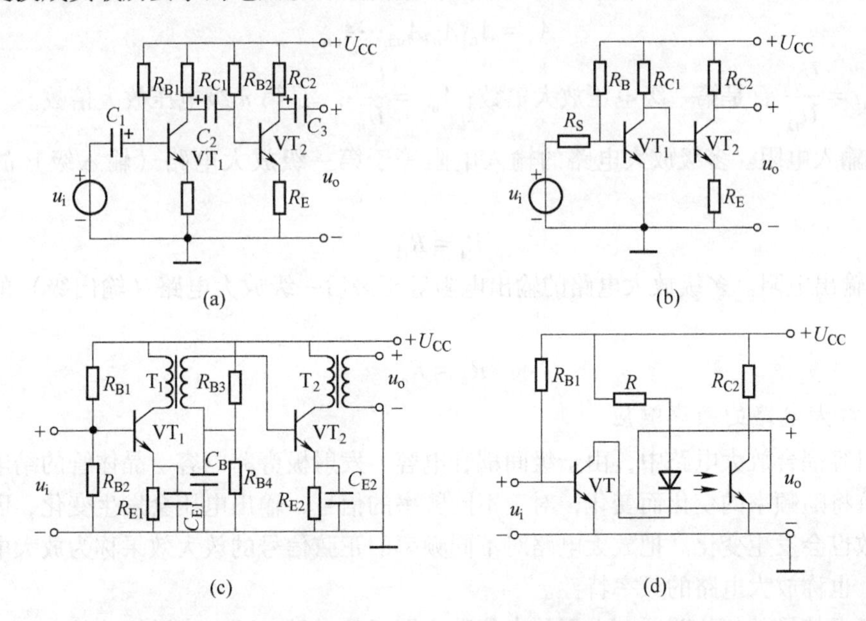

图 2-33 多级放大电路的级间耦合

（a）阻容耦合；（b）直接耦合；（c）变压器耦合；d—光电耦合

变压器耦合方式还具有变换电压、电流、阻抗的作用，容易实现前后级间的最佳匹配，这在功率放大器中经常使用。变压器耦合方式的缺点是体积和重量大、价格贵、频率特性不好，不能传递变化缓慢的交流和直流信号。

（4）光电耦合。图2-33（d）所示方式中，前级与后级的耦合元件是光耦合器件，它是将发光器件（发光二极管）与光敏器件（光敏晶体管）相互绝缘地组合在一起。这种以光信号为媒介来实现电信号的转换和传递的耦合方式称为光电耦合。

当前级输出的电信号通过发光二极管转换为光信号，光敏晶体管受光照射后导通，输出相应的电信号，送到后级放大电路的输入端，实现了电信号的传递。光电耦合既可以传送交流信号，又可以传送直流信号；既可以实现前后级的电隔离，又便于集成化。

2.6.2.3　多级放大电路的分析

A　静态与动态分析

（1）静态分析。在阻容耦合和变压器耦合两种方式中，由于前后级的静态工作点相对独立，因此可分别用基本放大电路静态工作点的计算方法求解出每一级的静态工作点。而直接耦合和光电耦合两种方式中，前后级之间存在直流通路，导致前后级静态点相互影响，分析较为复杂，这里不再分析。

（2）动态分析。多级放大电路的动态指标与基本放大电路相同，主要有电压放大倍数、输入电阻和输出电阻。

1）电压放大倍数。在多级放大电路中，前一级的输出信号可看成后一级的输入信号，而后一级的输入电阻又是前一级的负载电阻。因为多级放大电路是多级串联逐级连续放大，可以证明，总的电压倍数是各级放大倍数的乘积，即：

$$A_u = A_{u1}A_{u2}A_{u3}\cdots A_{un}$$

式中，$A_{u1} = \dfrac{U_{o1}}{U_{i1}}$，是第一级电压放大倍数；$A_{un} = \dfrac{U_{on}}{U_{in}}$，是第 n 级电压放大倍数。

2）输入电阻。多级放大电路的输入电阻等于第一级放大电路（输入级）的输入电阻，即：

$$R_i = R_{i1}$$

3）输出电阻。多级放大电路的输出电阻等于最后一级放大电路（输出级）的输出电阻，即：

$$R_o = R_{on}$$

B　放大电路的频率响应

在阻容耦合放大电路中，由于级间耦合电容、发射极旁路电容、晶体管的结电容等电容的容抗将随频率的变化而变化，对于不同频率的信号，输出电压会发生变化，因而电压放大倍数也会发生变化。把放大电路对不同频率的正弦信号的放大效果称为放大电路的频率响应，也称放大电路的频率特性。

若考虑信号的相位关系，电压放大倍数应用复数表示，可以表示为：

$$\dot{A}_u = A_u \angle \varphi$$

式中，A_u 是电压放大倍数的模，表示输出电压有效值和输入电压有效值的比值；φ 是电压放大倍数的幅角，表示输出电压与输入电压之间的相位差，也称为相移。

放大倍数的模 A_u 与频率的关系称为幅频特性，放大倍数的幅角 φ 与频率之间的关系称为相频特性。图 2-34（a）所示分别是阻容耦合单级放大电路的幅频特性和相频特性。可以看出，在阻容耦合放大电路的某一段频率范围内，电压放大倍数 A_u 达到最大值 A_{u0}，随着频率的增高或降低，电压放大倍数要减小。另外，输出电压与输入电压之间的相位差也随着输入信号的频率而改变。当放大倍数下降为 $A_{u0}/\sqrt{2}$（即 $0.707A_{u0}$）时所对应的两个频率，分别称为下限频率后 f_L 和上限频率 f_H，这两个频率之间的频率范围，称为放大电路的通频带，通频带的宽度（简称通频带或带宽）$B_W = f_H - f_L$，它是放大电路频率响应的一个重要指标。通频带越宽，表示放大电路工作的频率范围越宽。下面就幅频特性作一简单说明。

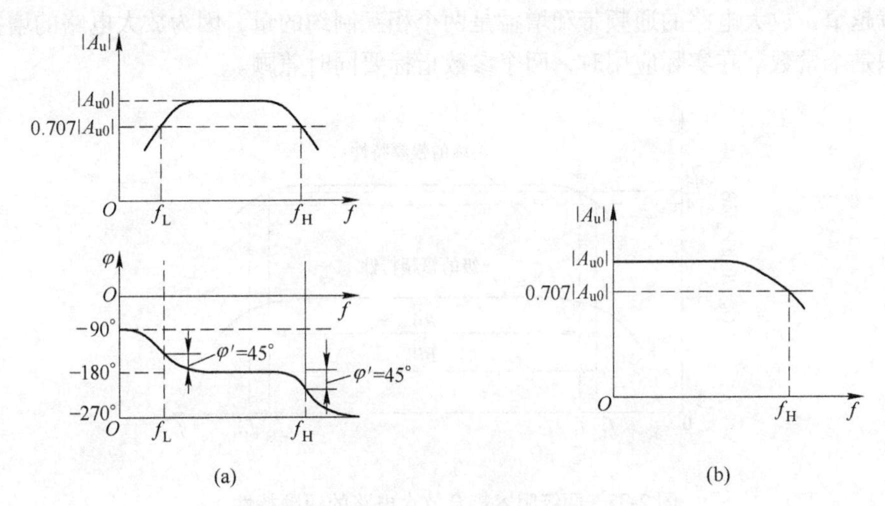

图 2-34 单级放大电路的频率特性

（a）阻容耦合；（b）直接耦合

在分析放大电路的频率特性时，将频率范围分为低、中、高三个频段。

在中频段，由于级间耦合电容和发射极旁路电容的容量较大，中频时的容抗很小，可视作短路。晶体管的极间电容和导线的分布电容是并联在输入端和输出端的，其等效电容很小，中频时容抗很大，可视为开路。所以，在中频段，可认为电容不影响交流信号的传送，放大电路的放大倍数与信号频率无关。在低频段，电压放大倍数下降的原因，是由于耦合电容 C_1、C_2 和射极电容 C_E 在低频时阻抗增大，信号通过这些电容时就被明显衰减，并且产生相移；晶体管极间电容、导线之间分布电容的容抗比中频段更大，仍可视作开路，对放大电路没有影响。在高频段，由于信号频率较高，耦合电容和发射极旁路电容的容抗比中频段更小，可视作短路，不影响电路的放大倍数；但晶体管极间电容、导线分布电容的容抗将减小，对信号的分流作用增大，从而降低了电压放大倍数，同时产生相移。此外，在高频段电流放大系数 β 下降，导致电压放大倍数的进一步降低。

只有在中频段，可认为电压放大倍数与频率无关。前面所讨论的放大电路的交流参数，都是指放大电路工作在中频段的情况。要扩展低频段，必须增大 C_1、C_2、C_E 的容量；要扩展高频段，必须选用结电容小的高频晶体管。

图 2-34（b）为直接耦合放大电路的幅频特性，由于它具有良好的低频特性，低频时电压放大倍数并不降低，展宽了通频带，所以对低频特性要求高的交流信号放大电路一般均采用直接耦合放大电路。

以两级阻容耦合的放大电路为例来分析多级放大电路的频率特性，设每级放大电路的通频带相同。两级放大电路总的电压放大倍数 A_u 为：

$$A_u = A_{u1}A_{u2}$$

总的相移 φ 为：

$$\varphi = \varphi_1 + \varphi_2$$

可得两级阻容耦合放大电路的幅频特性如图 2-35 所示。可见，多级放大电路的放大倍数虽然提高了，但通频带比每个单级放大电路的通频带窄。放大电路的级数越多，总的通频带就越窄，放大电路的通频带和增益是两个相互制约的量，因为放大电路的增益与通频带的积是个常数。在实际应用时，两个参数指标要同时兼顾。

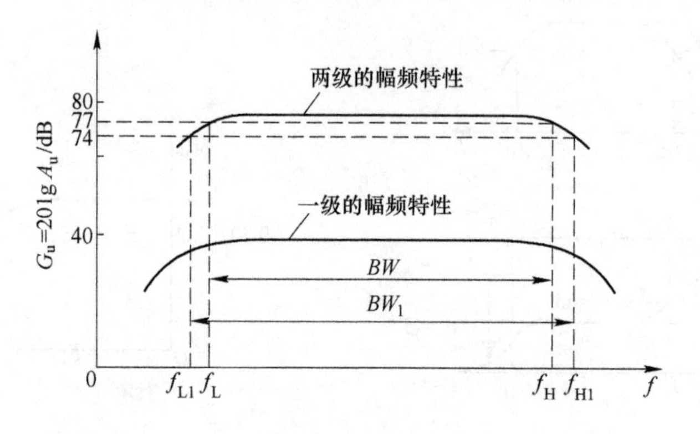

图 2-35　两级阻容耦合放大电路的幅频特性

【例 2-5】　三级阻容耦合放大电路如图 2-36 所示，各元件参数如图中标注。试求：

（1）分析每级放大电路的连接方式及在整个电路中的作用；

（2）估算各级的静态工作点；

（3）计算放大电路的电压放大倍数 A_u、输入电阻 R_i 和输出电阻 R_o。

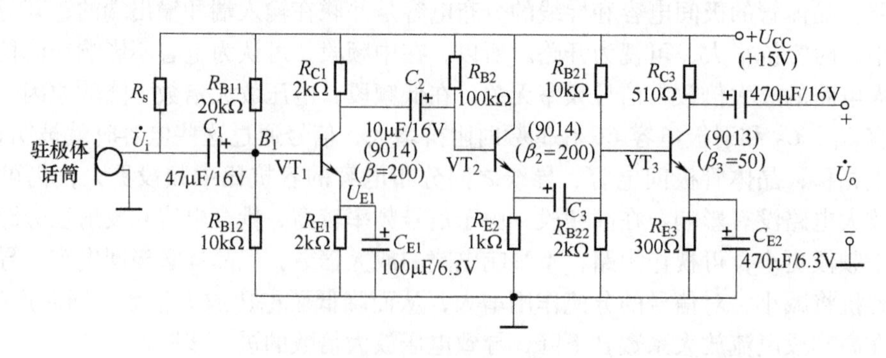

图 2-36　例 2-5 图

解：（1）第一级、第三级是分压式偏置共发射极放大电路，起电压放大作用；第二级是共集电极放大电路，起隔离作用。

（2）静态工作点的估算：

因为阻容耦合方式，所以各级间的直流信号被隔离，静态工作点可每级单独估算。

第一级放大电路静态工作点的估算：

$$U_{BQ1} \approx \frac{R_{B12}}{R_{B11}+R_{B12}}U_{CC} = \frac{10}{10+20}\times 15V = 5V$$

$$I_{CQ1} \approx I_{EQ1} = \frac{U_{BQ1}-U_{BEQ1}}{R_{E1}} \approx \frac{U_{BQ1}}{R_{E1}} = 2.5mA$$

$$U_{CEQ1} = U_{CC} - I_{CQ1}R_{C1} - I_{EQ1}R_{E1} \approx U_{CC} - I_{CQ1}(R_{C1}+R_{E1}) = 15V - 2.5\times 4V = 5V$$

$$I_{BQ1} = \frac{I_{CQ1}}{\beta_1} = \frac{2.5}{200} = 12.5\mu A$$

第二级放大电路静态工作点的估算：

$$I_{BQ2} = \frac{U_{CC}-U_{BEQ2}}{R_{B2}+(1+\beta_2)R_{E2}} \approx \frac{U_{CC}}{R_{B2}+(1+\beta_2)R_{E2}} = \frac{15}{100+(1+200)\times 1}A = 0.05mA = 50\mu A$$

$$I_{EQ2} \approx I_{CQ2} = \beta I_{BQ2} = 200\times 0.05mA = 10mA$$

$$U_{CEQ2} \approx U_{CC} - I_{EQ2}R_{E2} = 15V - 10\times 1V = 5V$$

第三级放大电路静态工作点的估算：

$$U_{BQ3} \approx \frac{R_{B22}}{R_{B21}+R_{B22}}U_{CC} = \frac{2}{10+2}\times 15V = 2.5V$$

$$I_{CQ3} \approx I_{EQ3} = \frac{U_{BQ3}-U_{BEQ3}}{R_{E3}} \approx \frac{U_{BQ3}}{R_{E3}} = 8.3mA$$

$$U_{CEQ3} = U_{CC} - I_{CQ3}R_{C3} - I_{EQ3}R_{E3} \approx U_{CC} - I_{CQ3}(R_{C3}+R_{E3}) = 15V - 8.3\times 0.81V = 8.277V$$

$$I_{BQ3} = \frac{I_{CQ3}}{\beta_3} = \frac{8.3}{50}mA = 166\mu A$$

（3）电压放大倍数 A_u、输入电阻 R_i 和输出电阻 R_o：

电压放大倍数 A_u：

第一级放大电路：

$$r_{be1} = 300\Omega + (1+\beta_1)\frac{26mV}{I_{EQ1}} = 300\Omega + (1+200)\frac{26}{2.5}\Omega \approx 2390\Omega = 2.39k\Omega$$

因 R_{i2} 较大，所以 $R'_{L1} = R_{C1}//R_{i2} \approx R_{C1}$

$$A_{u1} = -\beta_1\frac{R'_{L1}}{r_{be1}} = -200\times\frac{2}{2.39} \approx -167.4$$

第二级放大电路：

因此级为共集电极放大电路，所以 $A_{u2} \approx 1$。

第三级放大电路：

$$r_{be3} = 300\Omega + (1+\beta_3)\frac{26mV}{I_{EQ3}} = 300\Omega + (1+50)\frac{26}{8.3}\Omega \approx 460\Omega$$

$$A_{u3} = -\beta_3\frac{R_{C3}}{r_{be3}} = -50\times\frac{510}{460} \approx -55.4$$

多级放大电路 A_u：

$$A_u = A_{u1} \times A_{u2} \times A_{u3} = (-167.4) \times 1 \times (-55.4) \approx 9274$$

输入电阻 R_i：

$$R_i = R_{i1} = R_{B11}//R_{B12}//r_{be1} = 20//10//2.39\text{k}\Omega \approx 2.39\text{k}\Omega$$

输出电阻 R_o：

$$R_o = R_{C3} = 510\Omega$$

2.7 项 目 实 现

2.7.1 单管交流放大电路的连接与测试

2.7.1.1 训练目的

（1）掌握单管放大器静态工作点的调整及电压放大倍数的测量方法。

（2）研究静态工作点和负载电阻对电压放大倍数的影响，进一步理解静态工作点对放大器工作的意义。

（3）观察放大器输出波形的非线性失真。

（4）熟悉低频信号发生器、示波器及晶体管毫伏表的使用方法。

2.7.1.2 电路原理

单管放大器是放大器中最基本的一类，采用固定偏置式放大电路，如图 2-37 所示。其中 $R_{B1} = 100\text{k}\Omega$，$R_{C1} = 2\text{k}\Omega$，$R_{L1} = 100\Omega$，$R_{RP_1} = 1\text{M}\Omega$，$R_{RP_3} = 2.2\text{k}\Omega$，$C_1 = C_2 = 10\mu\text{F}/15\text{V}$，$T_1$ 为 9013（$\beta = 160 \sim 200$）。

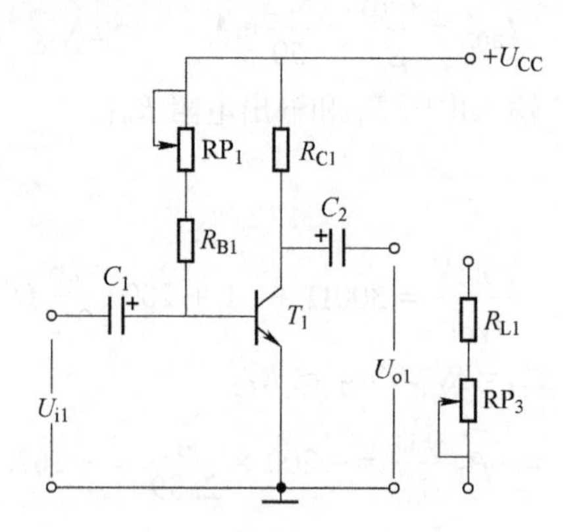

图 2-37 单管放大器电路图

为保证放大器正常工作，即不失真地放大信号，首先必须适当选取静态工作点。工作点太高将使输出信号产生饱和失真；太低则产生截止失真，因而工作点的选取，直接影响在不失真前提下的输出电压的大小，也就影响电压放大倍数（$A_u = U_o/U_i$）的大小。当晶体管和电源电压 $U_{CC} = 12\text{V}$ 选定之后，电压放大倍数还与集电极总负载电阻 R'_L（$R'_L = R_C//$

R_L）有关，改变 R_C 或 R_L，则电压放大倍数将改变。

在晶体管、电源电压 U_{CC} 及电路其他参数（如 R_C 等）确定之后，静态工作点主要取决于 I_B 的选择。因此，调整工作点主要是调节偏置电阻的数值（任务中通过调节 R_{B1} 电位器来实现），进而可以观察工作点对输出电压波形的影响。

2.7.1.3 设备清单

项目实现所需设备清单见表 2-2。

表 2-2 项目实现所需设备清单

序号	名　称	数量	型　号
1	多功能交直流电源	1 台	30221095
2	电阻	1 只	100Ω
3	电阻	1 只	2kΩ
4	电阻	1 只	100kΩ
5	电位器	1 只	2. 2kΩ
6	电位器	1 只	1MΩ
7	电容	2 只	10μF/15V
8	晶体管	1 只	9013
9	短接桥	若干	
10	9 孔插件方板	1 块	300mm×298mm
11	函数信号发生器	1 台	
12	示波器	1 台	
13	晶体管毫伏表	1 只	
14	万用表	1 只	

2.7.1.4 内容与步骤

（1）调整静态工作点。

电路见 9 孔插件方板上的“单管交流放大电路”单元，如图 2-38 所示。

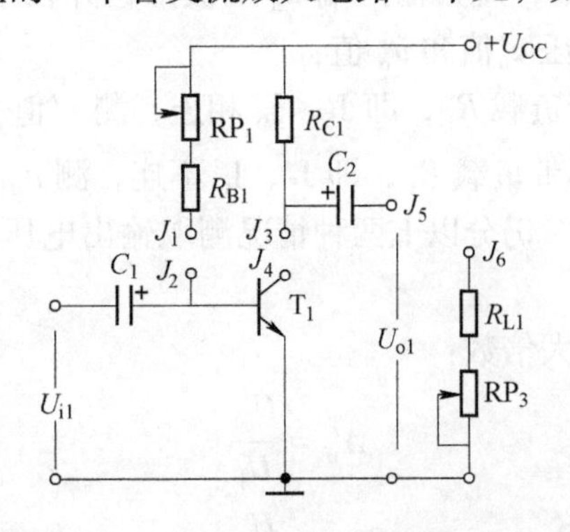

图 2-38 “单管交流放大电路”单元

方板上的多功能交直流电源的输入电压为+12V，用导线将电源输出分别接入方板上的“单管交流放大电路”的+12V 和地端，将图 2-38 中 J_1、J_2 用一短线相连，J_3、J_4 相连（即 $R_{C1}=5k\Omega$），J_5、J_6 相连，并将 R_{RP_3} 放在最大位置（负载电阻 $R_L=R_{L1}+R_{RP_3}=2.7k\Omega$），检查无误后接通电源。

使用万用表测量晶体管电压 U_{CE}，同时调节电位器 R_{RP_1}，使 $U_{CE}=5V$ 左右，从而使静态工作点位于负载线的中点。

为了校验放大器的工作点是否合适，把信号发生器输出的 $f=1kHz$ 的信号加到放大器的输入端，从零逐渐增加信号 u_i 的幅值，用示波器观察放大器的输出电压 u_o 的波形。若放大器工作点调整合适，则放大器的截止失真和饱和失真应该同时出现，若不是同时出现，只要稍微改变 R_{RP_1} 的阻值便可得到合适的工作点。

此时把信号 u_i 移出，即使 $u_i=0$，使用万用表，分别测量晶体管各点对地电压 U_C、U_B 和 U_E，填入表 2-3 中，然后按下式计算静态工作点。

$$I_c=\frac{U_{CC}-U_C}{R_{C1}}$$

$$I_B\approx\frac{I_C}{\beta}\text{（}\beta\text{ 值为给定的）}$$

或者量出 R_B（$R_B=R_{RP_1}+R_{B1}$），再由 $I_B=\dfrac{U_{CC}-U_B}{R_B}$ 得出 I_B，式中 $U_B\approx0.7V$，$U_E=U_C$。

注：测量 R_B 阻值时，务必断开电源。同时应断开 J_4、J_2 间的连线。

表 2-3　测量表 1

测量值			计算值			
U_C	U_B	U_E	I_C	I_B	U_{CE}	β

（2）测量放大器的电压放大倍数，观察 R_{C1} 和 R_L 对放大倍数的影响。

在步骤（1）的基础上，将信号发生器调至 $f=1kHz$、输出为 5mV。随后接入单级放大电路的输入端，即 $u_i=5mV$，观察输出端 u_o 的波形，并在不失真的情况下分两种情况用晶体管毫伏表测量输出电压 u_o' 值和 u_o 值：

$$\begin{cases}\text{带负载 }R_L\text{，即 }J_5\text{、}J_6\text{ 相连，测 }u_o'\text{ 值}\\\text{不带负载 }R_L\text{，即 }J_5\text{、}J_6\text{ 不连，测 }u_o\text{ 值}\end{cases}$$

再将 R_{C1} 放在 2kΩ 位置，仍分以上两种情况测取输出电压 u_o' 和 u_o 值，并将所有测量结果填入表 2-4 中。

采用下式求取其电压放大倍数：

带负载 R_L 时，
$$A_u'=\frac{U_o'}{U_i}$$

不带负载 R_L 时，
$$A_u=\frac{U_o}{U_i}$$

表 2-4 测量表 2

R_{C1}		测量值			计算值	
		U_i	U_o	U'_o	A_u	A'_u
5kΩ	$R_L=\infty$					
	$R_L=2.7\text{k}\Omega$					
2kΩ	$R_L=\infty$					
	$R_L=2.7\text{k}\Omega$					

（3）观察静态基极电流对放大器输出电压波形的影响。

在步骤（2）的基础上，将 R_{RP_1} 减小，同时增大信号发生器的输入电压 U_i 值，直到示波器上产生输出信号有明显饱和失真后，立即加大 R_{RP_1} 值直到出现截止失真为止。

2.7.1.5 分析与讨论

（1）解释 A_u 随 R_L 变化的原因。

（2）静态工作点对放大器输出波形的影响如何？

2.7.2 两级交流放大电路的连接与测试

2.7.2.1 训练目的

（1）熟悉两级交流放大电路静态工作点的调整方法；

（2）掌握交流放大电路电压放大倍数的测量方法；

（3）学习放大电路频率特性的测量方法。

2.7.2.2 电路原理

电路原理如图 2-39 所示。

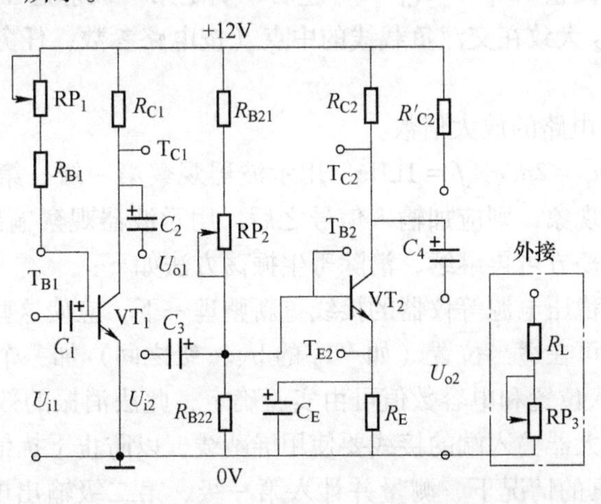

图 2-39 两级交流放大电路原理图

其中：$R_{RP_1}=100k\Omega$，$R_{RP_2}=10k\Omega$，$R_{B1}=10k\Omega$，$R_{B21}=1k\Omega$，$R'_{C2}=120\Omega$，$R_{C1}=100\Omega/2W$，$R_{C2}=R_E=51\Omega$，$R_{B22}=680\Omega$，$C_1=C_2=C_3=10\mu F/25V$，$C_E=470\mu F/25V$，$C_4=2.2\mu F/25V$。

2.7.2.3　设备清单

项目实现所需设备清单见表 2-5。

表 2-5　项目实现所需设备清单

序号	名　称	数量	型　号
1	多功能交直流电源	1 台	30221095
2	电阻	1 只	510Ω
3	电位器	1 只	1kΩ
4	短接桥	若干	
5	两级交流放大电路模块	1 块	ST2001
6	9 孔插件方板	1 块	300mm×298mm
7	低频信号发生器	1 台	
8	示波器	1 台	
9	万用表	1 只	

2.7.2.4　内容与步骤

（1）按原理图检查电路及外部接线无误后方可合上电源。

（2）调整静态工作点。

接通稳压电源，调整 RP_1 使 $U_{C1}=5V$ 左右，确定第一级静态工作点 Q，调节 RP_2 使第二级静态工作点 Q_2 大致在交流负载线的中点（按电路参数，任务训练前用图解法求出 U_{CE2} 的数值）。

（3）测两级放大电路的放大倍数。

1）加输入信号 $u_{i1}=2mV$，$f=1kHz$，用示波器观察第一级、第二级的输出电压波形有无失真。若有失真现象，则应加输入信号之后，用示波器观察输出波形有寄生振荡时，首先采取措施消除振荡方可再继续，消除寄生振荡方法如下：

将信号发生器，稳压电源等仪器的接线重新整理一下，应使这些线尽可能短些。假如振荡仍不能消除时，可在适当位置（如 VT_2 的 b、c 级之间）加一个容量电容（几皮法到几千皮法）。具体接入位置和电容数值可由实验确定，此法消振的效果较为显著。另外由信号发生器至两级放大器输入端的接线要使用屏蔽线，以防止干扰信号进入放大器。

2）在输出不失真的情况下，测量并计入第一级、第二级输出电压 U_{o1} 和 U_{o2}，分别计算第一级、第二级的 A_{u1}、A_{u2} 和两级放大电路的 A_u，测量并计入第一级、第二级的静态工作点 Q_1（U_{B1} 和 U_{C1}），Q_2（U_{B2}，U_{C2} 和 U_{E2}），填入表 2-6。

表 2-6　测量表 1

静态工作点					输入、输出电压			电压放大倍数		
第一级		第二级						第一级	第二级	两级
U_{B1} /V	U_{C1} /V	U_{B2} /V	U_{C2} /V	U_{E2} /V	U_i /mV	U_{o1} /mV	U_{o2} /mV	A_{u1}	A_{u2}	A_u

3）接入负载电阻 R_L，其他条件同上，测量并记录 U_{o1} 和 U_{o2}，计算 A_{u1}、A_{u2} 和 A_u，与上项结果相比较。

4）将放大电路第一级的输出与第二级的输入断开，此时两级放大电路变成两个彼此独立的单级放大电路，分别测量输入输出电压，并计算每级的放大倍数，填入表 2-7 中。此时的静态工作点同前，输出端皆为空载。

表 2-7　测量表 2

第一级			第二级		
输入电压	输出电压	放大倍数	输入电压	输出电压	放大倍数
U_{i1}/mV	U_{o1}/mV	A_{u1}	U_{i2}/mV	U_{o2}/mV	A_{u2}

5）测量两级交流放大电路的频率特性。

改变输入信号频率（由低到高），先大致观察在哪一个上限频率在下限频率时输出幅度下降，然后保持 $U_{i1}=2mV$ 测量 U_o 值，记入于表 2-8 中，特性平直部分，只测几点就可以了，而在特性弯曲部分应多测几个点。

表 2-8　测量表 3

f/Hz														
U_o/V														

2.8　小　　结

（1）放大器的作用是对输入信号进行电压、电流和功率放大。

（2）放大器中的晶体管在输入信号的变化范围内必须工作在放大区，这由直流偏置电路实现；放大电路在静态情况下的电流和电压值称为放大器的静态工作点，静态工作点通过直流通路采用估算法分析计算。

（3）放大器最合适的 Q 应在直流负载线的中点，Q 过高容易造成饱和失真，过低容易造成截止失真。静态工作点的稳定直接影响放大器的性能，分压式放大器具有稳定 Q 的作用。

（4）放大器的动态特性（电压放大倍数、输入电阻、输出电阻）通过交流通路采用微变等效法进行分析计算。

（5）晶体管放大器按公共端的不同分为共发射极、共集电极和共基极三种形式。共发射极放大器的电压、电流、功率放大倍数都很高，输入电阻、输出电阻较大，是反相放大器，应用广泛；共集电极放大器具有电流和功率放大作用，电压跟随性好，输入电阻高，输出电阻小，可用作多级放大器的输入级、输出级和中间隔离级；共基极放大器具有电压、功率放大作用，不具有电流放大作用，输入电阻小，输出电阻较高，高频特性好，常用于高频放大电路。

（6）场效应管放大器电压放大倍数比较小，但其输入电阻极高，常用于集成电路。场效应管放大器的静态、动态特性分析方法与晶体管放大器相同，只是动态等效模型不同。晶体管等效成电流控制的电流源；场效应管等效成电压控制的电流源。

（7）多级放大器常用的级间耦合方式有阻容、变压器、直接和光电耦合三种方式，其中前两种方式的静态工作点互不影响，但频率特性差，不适合放大变化缓慢的信号；直接耦合放大器的静态工作点相互影响，受温漂影响大，但频率特性好，适合放大低频信号。

（8）多级放大器的放大倍数等于各个单级放大器放大倍数（考虑后级对前级的影响）的乘积，多级放大器的输入电阻为第一级放大器的输入电阻，多级放大器的输出电阻为最后一级放大器的输出电阻。

（9）放大器的放大倍数随信号的频率变化而改变。多级放大器的通频带比单级放大器的通频带窄。通频带是放大器的一个重要技术指标，放大器的通频带要比信号的频率范围宽，才能保证不失真的放大。

练 习 题

2.1 填空题

（1）在放大器中，晶体管必须工作在________状态，晶体管的发射结要________，集电结要____________；此时晶体管的基极—发射极间等效成________，集电极—发射极间等效成________控制的电流源；此时场效应管的栅极—源极间等效成________，漏极—源极间等效成________控制的电流源；具有________流特性。

（2）静态工作点过高容易导致______失真，静态工作点过低容易导致________失真。

（3）放大电路中的直流通路是指________________，用于研究________；交流通路是指________________，用于研究________；画直流通路图时，电容视作____路，信号源视作________；画交流通道图时电容、直流电源视作____路。

（4）共发射极放大器具有______、______、______放大作用，输入电阻______，输出电阻______，输出电压与输入电压的相位______，可用作多级放大器的______级；共集电极放大器具有______、______放大作用，输入电阻______，输出电阻______，输出电压与输入电压的相位______，可用作多级放大器的______、______、______级；共基极放大器具有______、______放大作用，输入电阻______，输出电阻______，输出电压与输入电压的相位______，常用于______频信号的放大。

（5）多级放大器的输入电阻是______级的输入电阻，输出电阻是______级的输出电阻。多级放大器的总电压放大倍数等于单级放大器放大倍数的______，总增益等于单级放大器增益的______。

（6）当输入信号为0时，输出产生缓慢的不规则的变化的现象称为____________。

(7) 为了有效地抑制零点漂移现象，多级放大器的第一级均采用________电路。

(8) 多级放大器的级间耦合方式有 4 种，分别是________耦合、________耦合、________耦合和________耦合。

2.2 判断题

(1) 放大器必须具有功率放大作用。 ( )

(2) 合适的静态工作点应在交流负载线的中间。 ( )

(3) 要使电路中的 NPN 型晶体管具有电流放大作用，晶体管的各极电位应满足 $U_C<U_B<U_{CE}$。 ( )

(4) 交流放大电路能将小信号放大，是晶体管提供了较大的输出信号能量。 ( )

(5) 多级放大器的后级可看成前一级的负载。 ( )

(6) 多级放大器的前级可看成后一级的信号源。 ( )

(7) 对信号源而言，放大器的输入电阻越小越好。 ( )

(8) 阻容耦合放大器适合放大变换缓慢的信号。 ( )

(9) 多级放大器的通频带比单级放大器的宽。 ( )

(10) 共发射极放大电路的输出信号和输入信号反相，射极输出器也是一样。 ( )

2.3 图 2-40 所示的各电路中，哪些可以实现正常的交流放大？哪些则不能？原因是什么？

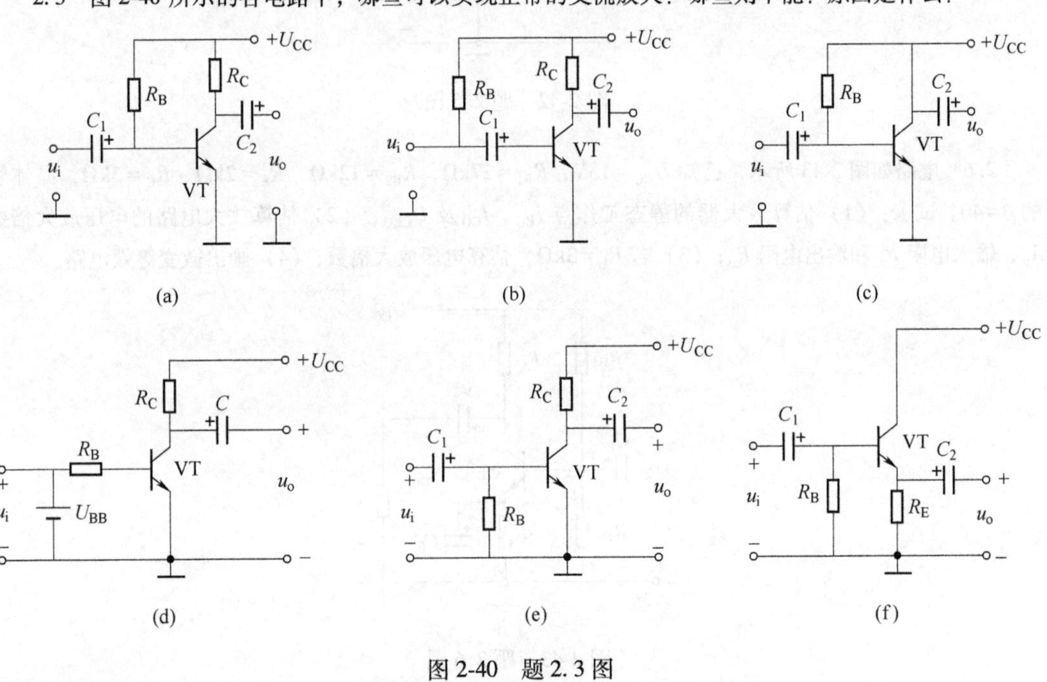

图 2-40 题 2.3 图

2.4 用示波器观察 NPN 型单级共发射极放大电路的输出电压，得到图 2-41 所示三种失真的波形，试分析写出失真的类型，并指出如何改进。

2.5 放大电路如图 2-42 所示，$U_{CC}=12V$，$\beta=50$，$R_C=3k\Omega$，调节电位器可调整放大器的静态工作点。试问：

(1) 如果要求 $I_{CQ}=2mA$，那么 R_B 值应为多大？

(2) 如果要求 $U_{CEQ}=4.5V$，那么 R_B 值应为多大？

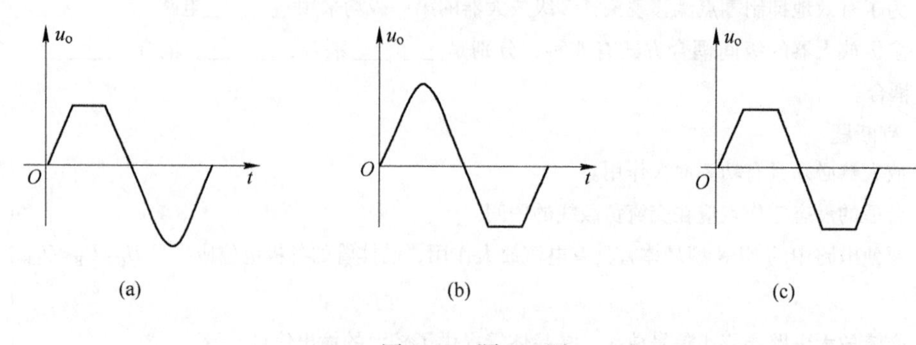

图 2-41　题 2.4 图

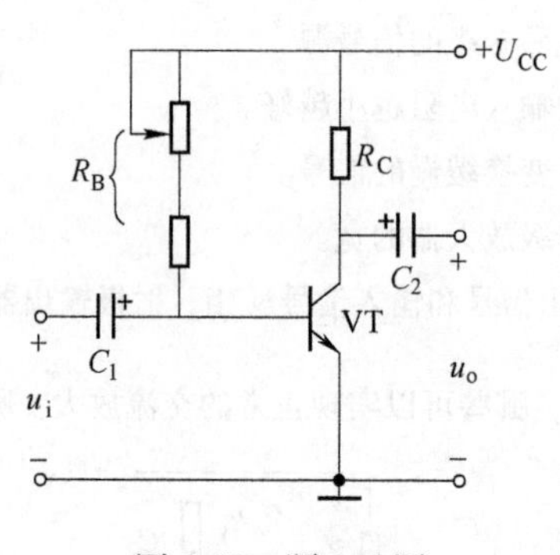

图 2-42　题 2.5 图

2.6　电路如图 2-43 所示，已知 $U_{CC}=15V$，$R_{B1}=27k\Omega$，$R_{B2}=12k\Omega$，$R_E=2k\Omega$，$R_C=3k\Omega$，晶体管的 $\beta=40$。试求：(1) 估算放大器的静态工作点 I_{BQ}、I_{CQ} 及 U_{CEQ}；(2) 估算放大电路的电压放大倍数 A_u、输入电阻 R_i 和输出电阻 R_o；(3) 若 $R_L=3k\Omega$，估算电压放大倍数；(4) 画出微变等效电路。

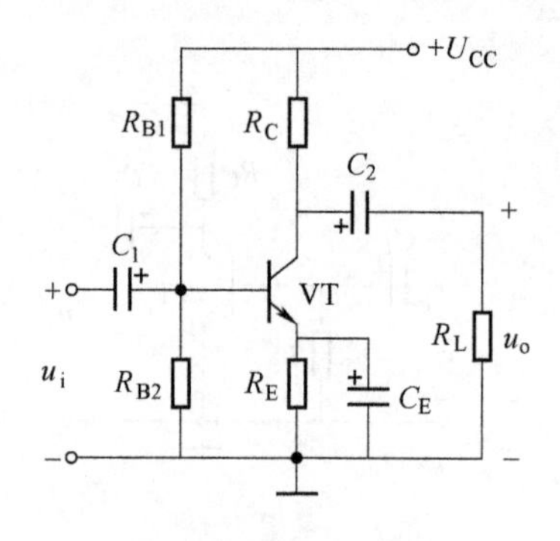

图 2-43　题 2.6 图

2.7　电路如图 2-44 所示，已知晶体管的 $\beta=60$。

(1) 说明放大电路中各元器件的作用；

(2) 说明分压式偏置电路是如何稳定静态工作点的；

(3) 估算放大器的静态工作点；

(4) 求 A_u、R_i 和 R_o。

2.8 射极输出器电路如图 2-45 所示，已知晶体管为硅管，$\beta=100$，试求：（1）静态电流 I_C；（2）画出微变等效电路；（3）输入电阻和输出电阻。

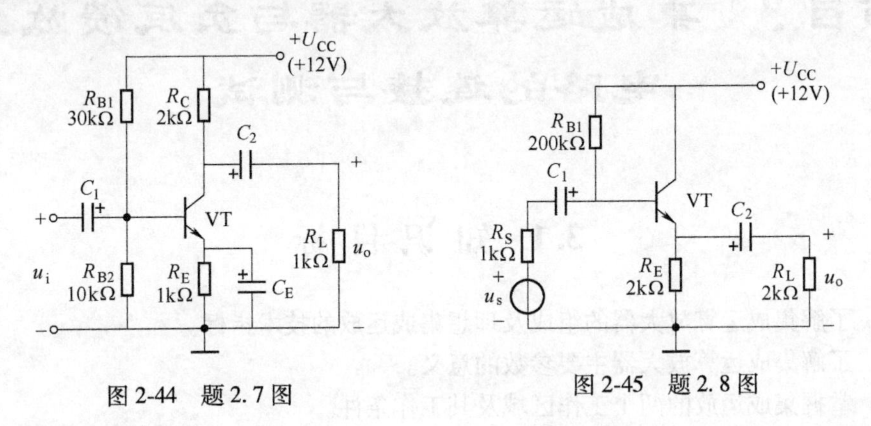

图 2-44 题 2.7 图　　　　图 2-45 题 2.8 图

2.9 某两级放大器电路如图 2-46 所示。已知 VT_1、VT_2 的 $\beta_1=\beta_2=100$，$r_{be1}=r_{be2}=1.8k\Omega$。

（1）画出放大器的微变等效电路；

（2）求放大电路的输入电阻 R_i、输出电阻 R_o 和电压放大倍数 A_u。

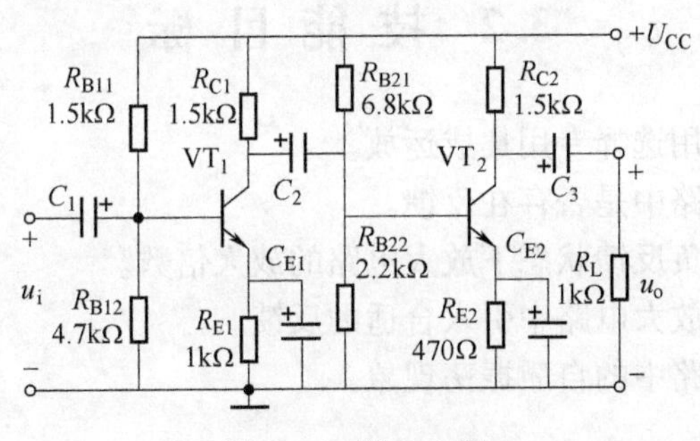

图 2-46 题 2.9 图

2.10 场效应晶体管放大电路如图 2-47 所示，已知 $U_{DD}=20V$，$U_{GSQ}=-2V$，管子参数 $I_{DSS}=4mA$，$U_{GS(off)}=-4V$，C_1、C_2 在交流通路中可视为短路。试求：

（1）电阻 R_1 及电流 I_{DQ}；

（2）电压放大倍数 A_u、输入电阻 R_i、输出电阻 R_o。

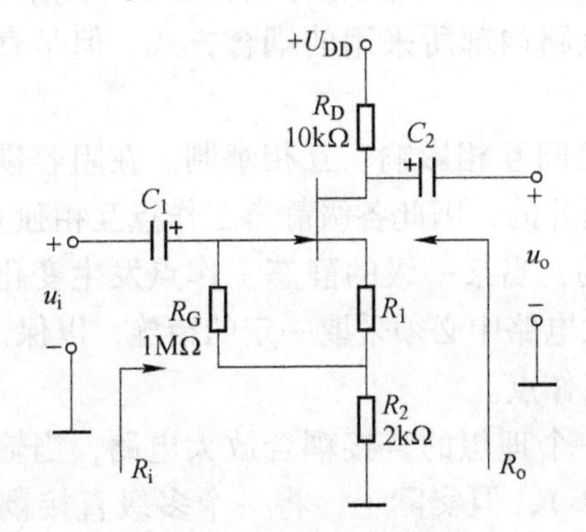

图 2-47 题 2.10 图

项目3　集成运算放大器与负反馈放大电路的连接与测试

3.1　知识目标

（1）了解集成运算放大器的组成及理想集成运放的技术指标。
（2）了解集成运算放大器主要参数的意义。
（3）掌握集成运放的两个工作区域及其工作条件。
（4）灵活运用集成运放工作于线性区域时“虚短”和“虚断”的特点。
（5）了解反馈的概念，掌握负反馈的四种组态及其特点。

3.2　技能目标

（1）能根据实际应用选择专用集成运放。
（2）会判断放大电路中是否存在反馈。
（3）会估算在深度负反馈状态下放大电路的放大倍数。
（4）会根据需求在放大电路中引入合适的反馈。
（5）会消除放大电路中的自激振荡现象。

3.3　初识集成运算放大器

随着科学技术的发展，直接耦合放大电路的应用也越来越普遍。这是因为在自动控制和检测装置中，待放大的信号有许多是变化十分缓慢的非周期信号，而阻容耦合方式的放大电路是无法传递变化缓慢的信号或直流信号的，所以必须采用直接耦合放大电路。直接耦合也因此成为线性集成电路内部所采用的耦合方式，但是直接耦合电路与阻容耦合相比，存在着两个问题。

（1）各级静态工作点之间互相影响、互相牵制。在阻容耦合电路中，各级之间用电容隔开，直流通路是相互断开的，因此各级静态工作点互相独立。而直接耦合电路前后级直流电路之间是直接连接的，当某一级的静态工作点发生变化时，其前后级也将受到影响。所以，在直接耦合放大电路中必须采取一定的措施，以保证既能有效地传递信号，又要使每一级有合适的静态工作点。

（2）零点漂移问题。一个理想的直接耦合放大电路，当输入信号为零时，其输出电压应保持不变（不一定是零），但实际上，将一个多级直接耦合放大电路的输入端短接（$u_i=0$），测其输出端电压时，却可以发现有图3-1中记录仪所显示的输出波形，它并不保持恒值，而是缓慢、无规则变化，这种现象称为零点漂移，简称零漂。

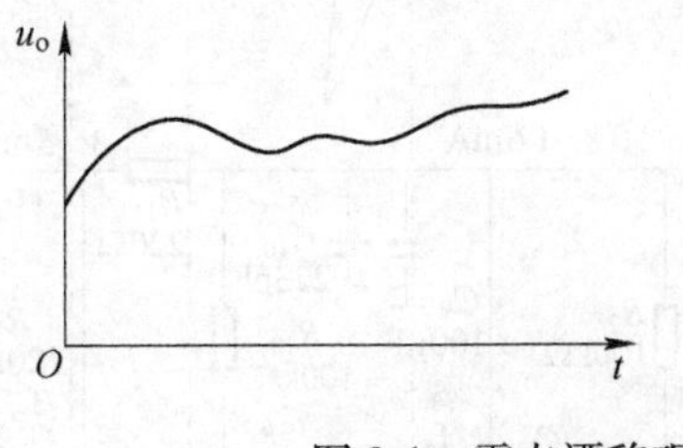

图 3-1 零点漂移现象

扫一扫查看视频

当放大电路接入输入信号后，这种漂移就伴随着有用信号共存于放大电路中，难以分辨。如果漂移量大到足以和信号量相比时，放大电路就无法正常工作了。因此，必须采取措施抑制零点漂移现象。差动放大电路是解决零点漂移问题的最有效方法，但由于差动放大电路对器件的对称性要求太严格，所以能真正实现抑制零点漂移的电路是集成运算放大器。

集成运算放大器是把采用直接耦合方式的多级放大电路集中制作在一块芯片上，其外形和电路符号如图 3-2 所示。

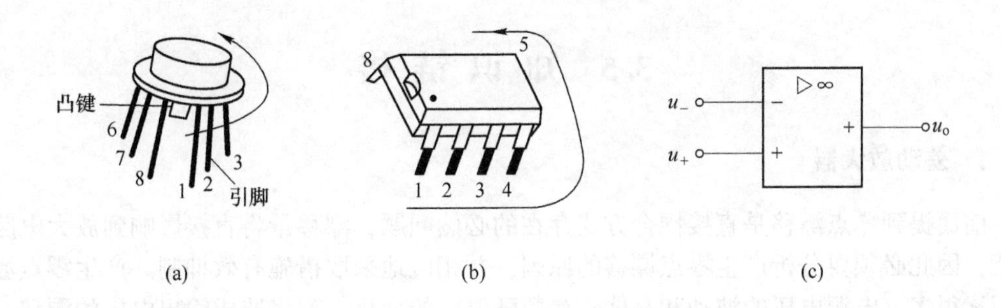

图 3-2 实物外形和电路符号电路

（a）圆壳式；（b）双列直插式；（c）电路符号

3.4 案 例 引 入

案例 3-1 七管超外差调幅收音机中的反馈支路如图 3-3 所示。

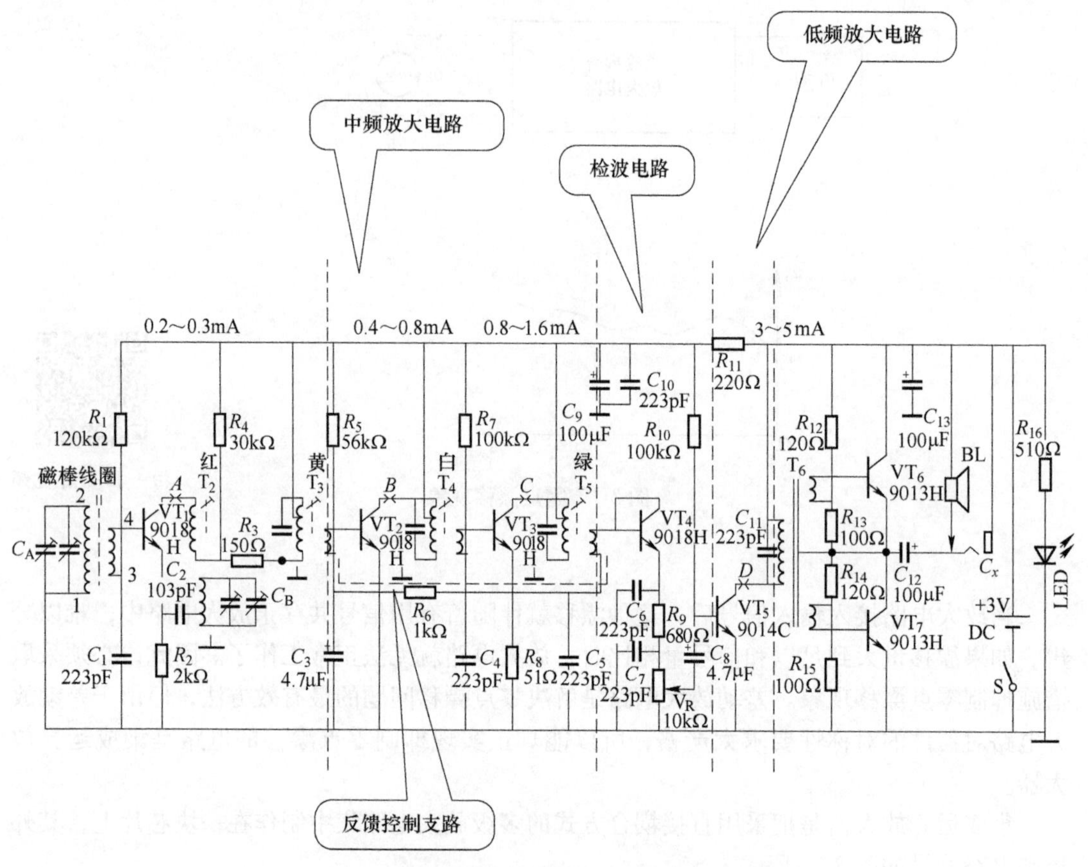

图 3-3　七管超外差调幅收音机中的反馈支路

3.5　知识链接

3.5.1　差动放大器

前面提到零点漂移是直接耦合方式存在的必然问题，漂移量将直接影响到放大电路的性能，因此必须要分析产生零点漂移的原因，并相应地采取措施有效抑制。产生零点漂移的因素很多，电源电压的波动和晶体管参数随温度的变化，都将造成输出电压的漂移，但是实践证明，温度变化是产生零点漂移的主要因素。

抑制零点漂移的方法也很多，如采用高稳定度的稳压电源来抑制电源电压波动引起的零漂；电路元件在安装前要经过筛选和“老化”处理，以确保质量和参数的稳定性；选用温漂小的元器件；采用温度补偿电路；使用恒温系统来减小温度变化的影响等。但最常用的方法是利用两只特性相同的晶体管接成差动放大电路。

3.5.1.1　基本差动放大电路

图 3-4 所示为基本差动放大电路，它由两个完全对称的单管共射极电路组成，信号电压分别从两管基极输入，称为双端输入，输出电压取自两管的集电极之间，称为双端输

出。两侧电路完全对称，即 VT_1、VT_2的特性相同，电流放大系数$\beta_1=\beta_2$，晶体管的输入电阻 $r_{be1}=r_{be2}$，外接电阻对称相等，各元件的温度特性相同，即 $R_{B1}=R_{B2}$，$R_{C1}=R_{C2}$，$R_{S1}=R_{S2}$。

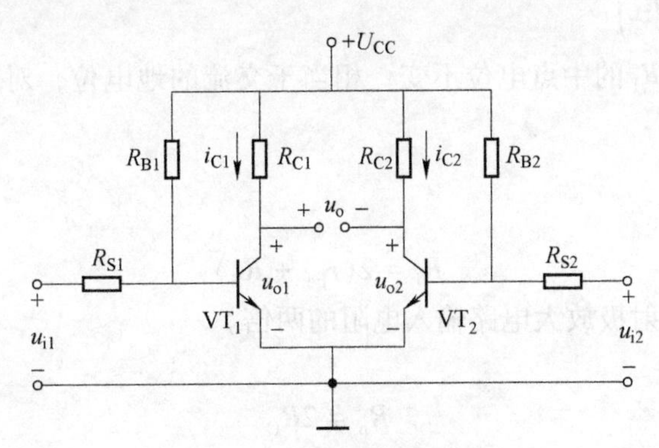

图 3-4 基本差动放大电路

3.5.1.2 静态分析

静态时 $u_{i1}=u_{i2}=0$。由于电路左右对称，输入信号为零时，$I_{C1}=I_{C2}$，$U_{C1}=U_{C2}$，则输出电压 $U_o=\Delta U_{C1}-\Delta U_{C2}=0$。

当电源电压波动或温度变化时，两管集电极电流和集电极电位同时发生变化，即 $\Delta I_{C1}=\Delta I_{C2}$，$\Delta U_{C1}=\Delta U_{C2}$，输出电压仍然为零。可见，尽管各管的零漂存在，但输出电压为零，从而使得零漂得到抑制。

3.5.1.3 动态分析

(1) 差模输入。放大器的两个输入端分别输入大小相等、极性相反的信号（即 $U_{i1}=-U_{i2}$），这种输入方式称为差模输入。

差模输入信号为：

$$U_{id}=U_{i1}-U_{i2}=2U_{i1}=-2U_{i2} \tag{3-1}$$

则有：

$$U_{i1}=\frac{1}{2}U_{id},\ U_{i2}=-\frac{1}{2}U_{id} \tag{3-2}$$

差模输出电压为：

$$U_{od}=\Delta U_{C1}-\Delta U_{C2}=2\Delta U_{C1}=-2\Delta U_{C2} \tag{3-3}$$

则差模电压放大倍数为：

$$A_{ud}=\frac{U_{od}}{U_{id}}=\frac{2\Delta U_{C1}}{2U_{i1}}=A_{u1}=A_{u2} \tag{3-4}$$

即差动式放大电路的差模电压放大倍数等于单管共发射极放大电路的电压放大倍数。

由于 $R_{B1}=R_{B2}=R_B\gg r_{be}$，则：

$$A_{ud}=A_{u1}=-\beta\frac{R_C}{r_{be}+R_S} \tag{3-5}$$

如果在图 3-4 所示的基本差动放大电路输出端接入电阻 R_L，则：

$$A_{ud} = -\beta \frac{R'_L}{r_{be} + R_S} \tag{3-6}$$

式中，$R'_L = R_C // \left(\frac{1}{2}R_L\right)$。

由于两管对称，R_L的中点电位不变，相当于交流的地电位，对于单管来讲负载是R_L的一半，即$\frac{1}{2}R_L$。

输入电阻为：

$$R_i = 2(r_{be} + R_S) \tag{3-7}$$

其值是单管共发射极放大电路输入电阻的两倍。

输出电阻为：

$$R_o = 2R_C \tag{3-8}$$

其值也是单管共发射极放大电路输出电阻的两倍。

（2）共模输入。在差动式放大电路的两个输入端，分别加入大小相等、极性相同的信号（即$U_{i1}=U_{i2}$），这种输入方式称为共模输入。

共模输入信号用U_{ic}表示，即$U_{ic}=U_{i1}=U_{i2}$，此时的输出电压与输入电压之比称为共模电压放大倍数，用A_{uc}表示。在电路完全对称的情况下，输入信号相同，输出端电压$U_{oc}=U_{o1}-U_{o2}=0$，故$A_{uc}=U_{oc}/U_{ic}$，即输出电压为零，共模电压放大倍数为零。这种情况称为理想电路。

（3）抑制零点漂移的原理。在差动式放大电路中，无论是电源电压波动或温度变化，都会使两管的集电极电流和集电极电位发生相同的变化，相当于在两输入端加入共模信号。由于电路的完全对称性，使得共模输出电压为零，共模电压放大倍数$A_{uc}=0$，从而抑制了零点漂移。这时电路只放大差模信号。

3.5.1.4　抑制共模比

在理想状态下，即电路完全对称时，差动放大电路对共模信号有完全的抑制作用。实际电路中，差动放大电路不可能做到绝对对称，这时$U_{oc}\neq 0$，$A_{uc}\neq 0$，即共模输出电压不等于零，共模电压放大倍数不等于零。为了衡量差动放大电路对共模信号的抑制能力，引入共模抑制比，用K_{CMR}表示。

$$K_{CMR} = \left|\frac{A_{ud}}{A_{uc}}\right| \tag{3-9}$$

共模抑制比的大小反映了差模电压放大倍数是共模电压放大倍数的K_{CMR}倍。K_{CMR}越大，差动放大电路放大差模信号（有用信号）的能力越强，抑制共模信号（无用信号）的能力越强，即K_{CMR}越大越好。理想差动放大电路的共模抑制比$K_{CMR}\to\infty$。

基本差动放大电路对其共模信号的抑制是靠电路两侧的对称性来实现的。但对于各管自身的工作点漂移没有抑制作用，若采用单端输出，则差模和共模放大倍数相等，这时$K_{CMR}=1$，失去了差动放大电路差动放大的作用。即使是双端输出，由于实际电路的不完全对称性，电路中仍然有共模电压输出。改进方法是在不降低A_{ud}的情况下，降低A_{uc}从而提高共模抑制比。常用电路有带公共发射极电阻R_E的差动放大电路，如图3-5所示，这种电路也称为长尾式差动放大电路，该电路利用公共发射极电阻 R_E 对共模信号的负反馈作用，抑制了每只三极管集电极的变化，从而抑制集电极电位的变化，即对共模信号起到了抑制作用。若用恒流源来代替公共发射极电阻 R_E，可得到图 3-6 所示的具有恒流源的差动放大电路，该电路对共模信号的抑制效果更好。

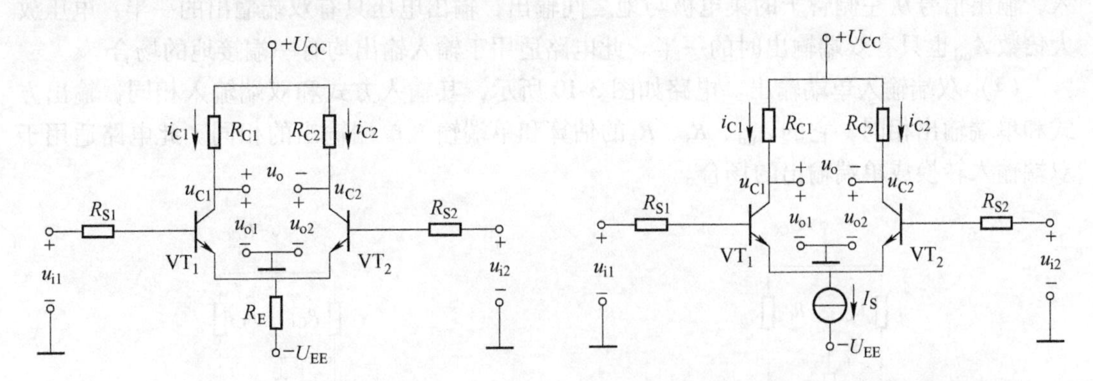

图 3-5 带有 R_E 的差动放大电路　　图 3-6 带有恒流源的差动放大电路

3.5.1.5 *差动放大电路的输入输出方式*

由于差动放大电路有两个输入端、两个输出端，所以信号的输入和输出有四种方式，分别是双端输入双端输出、双端输入单端输出、单端输入双端输出、单端输入单端输出。根据不同需要可选择不同的输入、输出方式。

（1）双端输入双端输出。电路如图 3-7 所示，此电路适用于输入、输出不需要接地，对称输入，对称输出的场合。

（2）单端输入双端输出。电路如图 3-8 所示，信号从电路左侧管子 VT_1 的基极与地之间输入，右侧管子 VT_2 的基极接地，那么，集电极电流 I_{c1} 的任何增加将等于 I_{c2} 的减少，也就是说，输出端电压的变化情况将和差动输入（即双端输入）时一样。此时，VT_1、VT_2 的发射极电位 U_E 将随着输入电压 u_i 而变化，电路对称时为 $U_i/2$，于是，VT_1 的基-射电压 $U_{be}=U_i-U_i/2=U_i/2$，VT_2 的基射电压 $U_{be}=0-U_i/2=-U_i/2$。这样来看，单端输入的

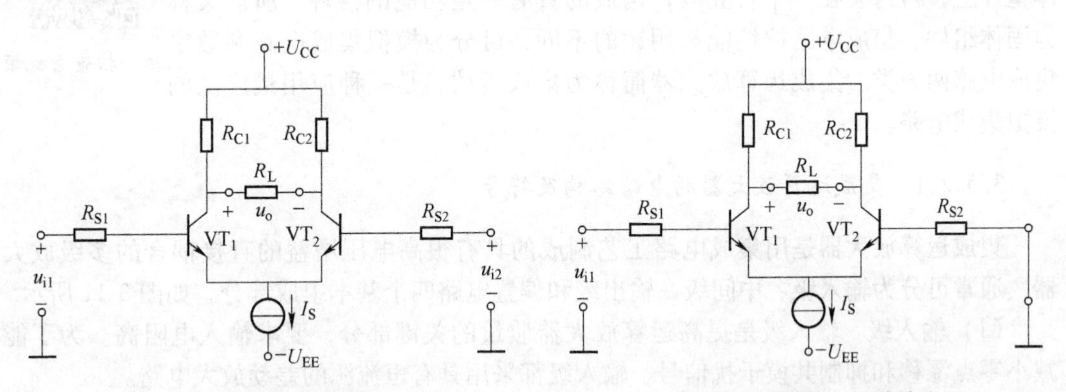

图 3-7 双端输入双端输出　　图 3-8 单端输入双端输出

实质还是双端输入，可以将它归结为双端输入的问题。所以，它的 A_{ud}、R_i、R_o的估算与双端输入双端输出的情况相同。

此电路适用于单端输入转换成双端输出的场合。

（3）单端输入单端输出。电路如图 3-9 所示。信号从电路左侧管子的基极与地之间接入，输出信号从左侧管子的集电极与地之间输出，输出电压只有双端输出的一半，电压放大倍数 A_{ud}也只有双端输出时的一半。此电路适用于输入输出均有一端接地的场合。

（4）双端输入单端输出。电路如图 3-10 所示，其输入方式和双端输入相同，输出方式和单端输出相同，它的 A_{ud}、R_i、R_o的估算和单端输入单端输出的相同。此电路适用于双端输入转换成单端输出的场合。

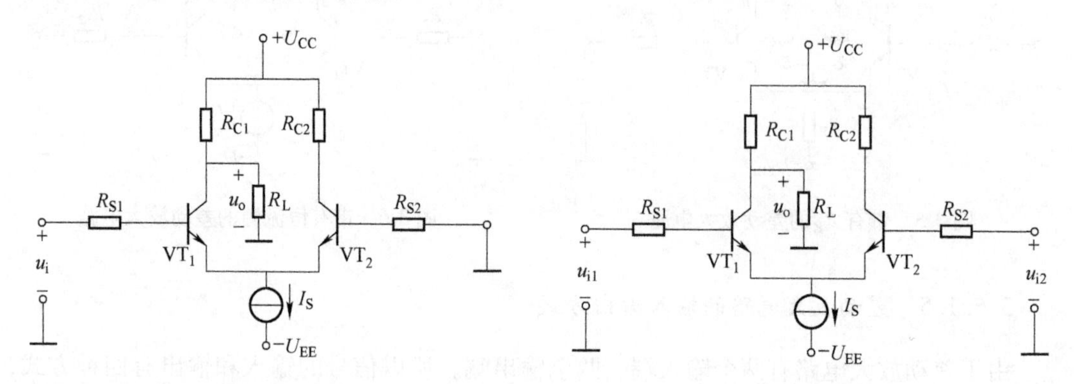

图 3-9　单端输入单端输出　　　　图 3-10　双端输入单端输出

从几种电路的接法来看，只有输出方式对差模放大倍数和输入、输出电阻有影响，不论哪一种输入方式，只要是双端输出，其差模放大倍数就等于单管放大倍数，单端输出差模电压放大倍数为双端输出的一半。

3.5.2　集成运算放大器

集成电路（Integrated Circuit，IC）是采用一定的工艺，把电路中所需要的半导体管、电阻、电容等元器件及电路的连线都集成制作在一块半导体基片上，再封装在一个管壳内，构成的具有一定功能的器件，所以又称为固体组件。集成电路按性能和用途的不同，可分为模拟集成电路和数字集成电路两大类。集成运算放大器简称为集成运放，是一种应用最广泛的模拟集成电路。

扫一扫查看视频

3.5.2.1　集成运算放大器的电路结构及符号

集成运算放大器是用集成电路工艺制成的具有很高电压增益的直接耦合的多级放大器，通常可分为输入级、中间级、输出级和偏置电路四个基本组成部分，如图 3-11 所示。

（1）输入级。输入级是提高运算放大器质量的关键部分，要求输入电阻高。为了能减小零点漂移和抑制共模干扰信号，输入级都采用具有恒流源的差动放大电路。

（2）中间级。中间级的主要任务是提供足够大的电压放大倍数。所以要求中间级本身具有较高的电压增益；为了减少对前级的影响，还应具有较高的输入电阻；另外，中间级还应向输出级提供较大的驱动电流，并能根据需要将双端差动输入转为单端输出，或将单端输入转为双端差动输出。

（3）输出级。输出级的主要作用是提供足够的电流以满足负载的需要，大多采用复合管作输出级。输出级通常含有过电流保护电路，以防止输出端意外短路或负载电流过大烧毁管子。

（4）偏置电路。偏置电路的作用是为上述各级电路提供稳定和合适的偏置电流，决定各级的静态工作点，一般由各种恒流源电路构成。

在应用集成运放时，不一定要知道它的内部电路结构，但需要知道它各个引脚的用途以及放大器的主要参数。图 3-12 是通用集成运放 μA741 的引脚图。其内部电路如图 3-13 所示。

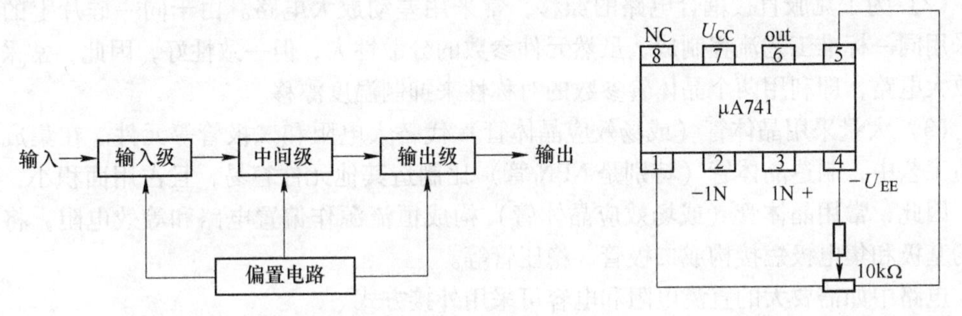

图 3-11 集成运放的组成框图

图 3-12 通用集成运放 μA741 的引脚图

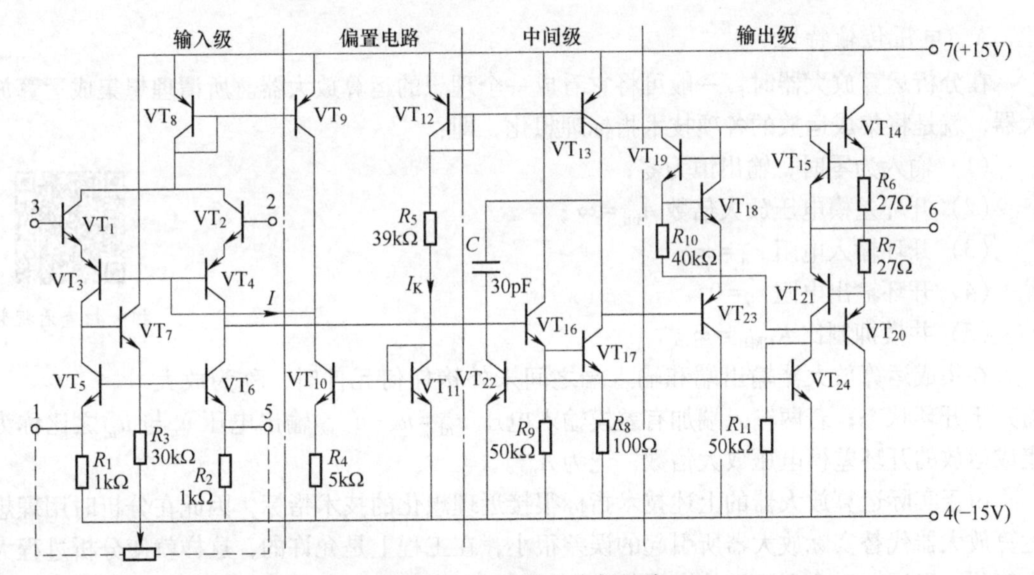

图 3-13 μA741 的内部电路

μA741 有 8 个引脚，但只有 7 个引脚有用，其中，6 脚为输出端；2 脚为反相输入端，由此端接输入信号，则输出信号与输入信号是反相的；3 脚为同相输入端，由此端接输入信号，则输出信号与输入信号是同相的；4 脚为负电源端，接-3~-18V 的直流电源；7 脚为正电源端，接 3~18V 的直流电源；1 脚和 5 脚为外接调零电位器（通常为 10kΩ）的两个端子；8 脚为空脚，无用。

3.5.2.2　集成运放的电路特点

（1）电阻和电容的值一般均较小，电路结构上采用直接耦合方式。由于集成电路中是利用半导体的体电阻来制作电阻元件，用半导体的体电阻来制作电阻元件，而集成电路中的电容是利用 PN 结的结电容或 MOS 电容（MOS 管的栅极与沟道间的电容）来构成，阻值和容量很小（千欧数量级和皮法数量级），因此集成电路内部的电阻阻值范围一般为几十欧到几十千欧，电容值范围约在 100pF 以下。

由于在集成电路中制作大容量的电容器较为困难，至于电感更难制造，因此，电路结构一般只能采用直接耦合方式。

（2）为了克服直接耦合电路的漂移，常采用差动放大电路。由于同一硅片上的元器件采用同一标准工艺流程制成，虽然元件参数的分散性大，但一致性好，因此，常采用差动放大电路，即利用两个晶体管参数的对称性来抑制温度漂移。

（3）大量采用晶体管（或场效应晶体管）代替大电阻和二极管等元件。在集成电路制造工艺中，制造晶体管（特别是 NPN 管）比制造其他元件容易，且占用面积小，性能好，因此，常用晶体管（或场效应晶体管）构成恒流源作偏置电路和等效电阻，将晶体管的基极和集电极短接构成二极管、稳压管等。

电路中如需要大的直流电阻和电容可采用外接方式。

3.5.2.3　集成运放的电压传输特性和参数

A　电压传输特性

在分析运算放大器时，一般可将它看成一个理想的运算放大器。所谓理想集成运算放大器，就是将集成运放的各项技术指标理想化，即：

（1）输入为零时，输出恒为零；

（2）开环差模电压放大倍数 $A_{ud}=\infty$；

（3）开环输入电阻 $r_{id}=\infty$；

（4）开环输出电阻 $r_o=0$；

（5）共模抑制比 $K_{CMR}=\infty$。

扫一扫查看视频

在集成运算放大器输出端和输入端之间未外接任何元件时，称为放大器处于开环状态；若两输入端加有差模输入电压 $u_{id}=u_+-u_-$，输出电压 u_o 与 u_{id} 之比称为集成运放的开环差模电压放大倍数，记为 A_{ud}。

由于实际运算放大器的上述技术指标很接近理想化的技术指标，因此在分析时用理想运算放大器代替实际放大器所引起的误差很小，在工程上是允许的，这样就使分析过程大大简化。以后，对含有运算放大器的电路都可以根据它的理想化技术指标来分析。

图 3-14 是理想运算放大器的图形符号，它有两个输入端和一个输出端，反相输入端标有“-”号，同相输入端标有“+”号，它们对“地”的电压（即电位）分别用 u_-、u_+ 和 u_o 表示。

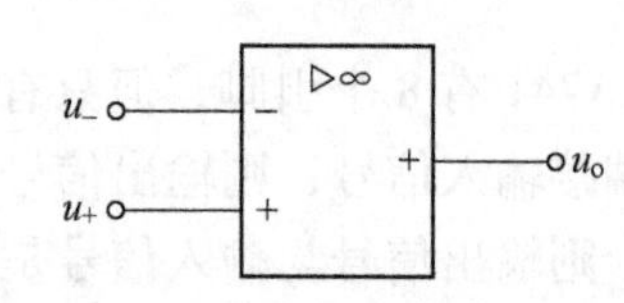

图 3-14　理想运算放大器的图形符号

表示输出电压与输入电压之间关系的特性曲线

称为传输特性，图 3-15 为运算放大器的传输特性曲线。运算放大器的传输特性可分为线性区和非线性区，即运算放大器可工作在线性区，也可工作在非线性区，分析方法也不一样。

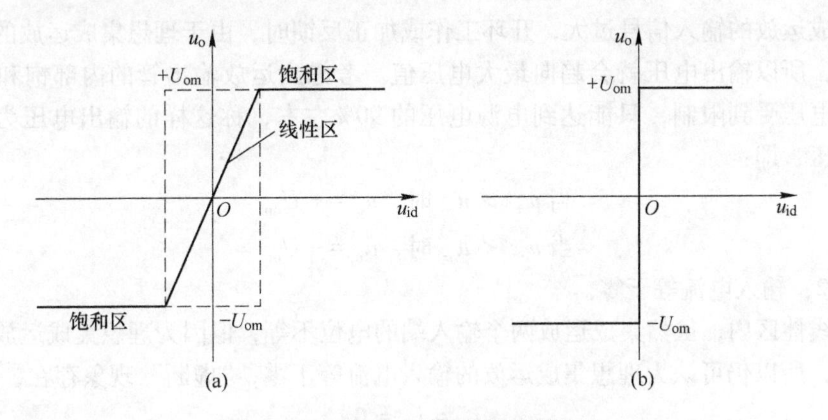

图 3-15 运算放大器的传输特性曲线

（a）集成运放的电压传输特性曲线；（b）理想集成运放的电压传输特性曲线

（1）线性区。当集成运放工作在线性区时，作为一个线性放大元件，其输出电压与两个输入端的电压之间存在着线性放大关系，即：

$$u_o = A_{ud}(u_+ - u_-) \tag{3-10}$$

式中，u_o是集成运放的输出端电压；u_+和 u_-分别是其同相输入端和反相输入端的对“地”电压；A_{ud}是其开环差模电压放大倍数，通常集成运放的开环差模放大倍数 A_{ud}很大，为了使其工作在线性区，大都引入深度负反馈，以保证输出电压不超出线性范围。

理想集成运放工作在线性区时，有两个重要特点。

特点 1：两个输入端电位相等。

集成运放工作在线性区时输出电压 u_o为有限值，而集成运放的 A_{ud}很大（$10^3 \sim 10^4$以上），所以必须要求净输入电压 u_{id}很小，即 u_+与 u_-的差很小（只有几毫伏甚至更小），在理想条件下可认为 u_{id}接近于零，即：

$$u_+ = u_- \tag{3-11}$$

上式表示理想集成运放的同相输入端与反相输入端的电位相等，好像两个输入端短路，这种现象称为“虚短”。

特点 2：输入电流等于零。

由于理想集成运放的差模输入电阻 $r_{id} = \infty$，可以认为流经两个输入端的电流均接近于零，即：

$$i_+ = i_- = 0 \tag{3-12}$$

此时，集成运放的同相输入端和反相输入端的输入电流都等于零，如同这两个输入端内部被断开一样，所以将这种现象称为“虚断”。

“虚短”和“虚断”是理想集成运放工作在线性区时的两条重要结论，也是理想集成运放工作在线性区的两个特点，常常作为分析集成运放应用电路的出发点。

（2）非线性区。

理想集成运放工作在非线性区时，也有两个重要特点。

特点1：输出电压u_o具有两值性。

当集成运放的输入信号过大，开环工作或加正反馈时，由于理想集成运放的电压增益为无穷大，所以输出电压就会趋向最大电压值。考虑到运放输出管的内部饱和压降的影响，输出电压受到限制，只能达到电源电压的90%左右，称这样的输出电压为正、负饱和输出电压，即：

$$\text{当} u_+ > u_- \text{时，} u_o = +U_{om}$$
$$\text{当} u_+ < u_- \text{时，} u_o = -U_{om} \tag{3-13}$$

特点2：输入电流等于零。

在非线性区内，虽然集成运放两个输入端的电位不等，但因为理想集成运放的输入电阻$r_{id}=\infty$，所以仍可认为理想集成运放的输入电流等于零，“虚断”现象存在，即：

$$i_+ = i_- = 0 \tag{3-14}$$

因集成运放的A_{ud}值通常很高，所以其线性放大的范围很小，如在电路上不采取适当措施，即使在输入端加上一个很小的信号电压，就有可能使集成运放超出线性工作范围而进入非线性区。

B　主要参数

为了描述集成运放的性能，定义了许多技术指标，现将常用的几项介绍如下。

（1）开环差模电压放大倍数A_{ud}。开环差模电压放大倍数A_{ud}是指集成运放在无外加反馈回路情况下的差模电压放大倍数，即：

$$A_{ud} = \frac{u_o}{u_{id}} \tag{3-15}$$

对于集成运放而言，希望A_{ud}大且稳定，A_{ud}越高，运算放大器应用电路的精度越高，目前高增益的集成运放器件，其A_{ud}可高达140dB（10^7倍）。

（2）输入失调电压U_{IO}。理想运算放大器能实现零输入零输出，而实际的集成运放，当输入电压为零时，存在一定的输出电压，把它折算到输入端就是输入失调电压。它在数值上等于输出电压为零时，输入端应施加的直流补偿电压。失调电压的大小主要反映了差动输入级元件的失配程度。通用型运算放大器的U_{IO}为mV数量级，有些运算放大器可小至μV数量级。

（3）输入失调电流I_{IO}。理想运算放大器两输入端的静态电流相等，而实际上，当集成运放的输出电压为零时，流入两输入端的电流并不相等，这个静态电流之差$I_{IO}=|I_{B+}-I_{B-}|$，就是输入失调电流。输入失调电流的大小反映了差动输入级两个晶体管β的不平衡程度。I_{IO}也是越小越好，通用型运算放大器的I_{IO}为nA数量级。

（4）输入偏置电流I_{IB}。集成运放的两个输入端一般必须有一定的直流电流I_{B+}和I_{B-}，通常定义输入偏置电流为：

$$I_{IB} = \frac{1}{2}(I_{B+} + I_{B-}) \tag{3-16}$$

I_{IB}也是越小越好，通用型运放约为几十微安。

（5）输入失调电压温度漂移 $\Delta U_{IO}/\Delta T$。这个指标说明运算放大器的温漂性能的好坏，一般以 μV/℃为单位。通用型集成运放的指标为 μV/℃数量级。

（6）开环差模输入电阻 R_{id}。它是指运算放大器开环工作时，两个输入端之间的动态电阻，R_{id}越大越好，一般运算放大器的 R_{id}为几百千欧至几兆欧。

（7）最大差模输入电压 U_{IDM}。指运算放大器同相输入端和反相端之间所能承受的最大电压。超过这个电压，运算放大器输入级的三极管将可能被击穿。一般集成运放电路的 U_{IDM}在几伏至几十伏之间。

（8）最大共模输入电压 U_{ICM}。运算放大器的输入信号中往往既有差模成分又有共模成分，如果共模成分超过一定限度，则输入级管子将进入非线性区工作，就会产生比较严重的失真，共模成分太大时，也会使输入端的三极管击穿。通用型运放的最高共模电压基本上与电源电压相等。

（9）-3dB 带宽 f_h和单位增差带宽 f_c。f_h和 f_c是运算放大器的开环幅频参数。运算放大器的下限频率等于 0，上限频率 f_h就等于它的-3dB 带宽，当 $|A_{ud}|$下降 3dB 时所对应的频率称为-3dB 带宽或截止频率 f_h。当 $|A_{ud}|$进一步下降至 0dB（$A_{ud}=1$）时，对应的频率 f_c称为单位增益带宽，这时将无法对该频率的信号进行放大。一般集成运放的 f_c约为 1MHz，有的可达几十兆赫兹。

（10）最大输出电压 U_{om}。能使输出电压和输入电压保持不失真关系的最大输出电压，称为运算放大器的最大输出电压。其绝对值一般比正、负电源绝对值低 0.5~1.5V。

（11）转换速率 S_R为输出电压的最大变化速率：

$$S_R = \left|\frac{du_o}{dt}\right|_{max} \tag{3-17}$$

它反映运算放大器输出对于高速变化的输入信号的响应能力。S_R越大，表示运算放大器的高频性能越好，影响转换速率的主要原因是运算放大器内部电路存在着寄生电容。

总之，集成运放具有开环电压放大倍数高、输入电阻高、输出电阻低、漂移小、可靠性高、体积小等主要特点，所以它已成为一种通用器件，广泛而灵活地应用于各个技术领域。在选用集成运放时，就像选用其他电路元件一样，要根据它们的参数说明，确定适合的型号。

3.5.3 集成运放的发展和应用

3.5.3.1 集成运放的发展

集成运放在最近三十多年间发展得十分迅速。第一代集成运放是通用型产品，通用型产品经历了多年发展，各项技术指标不断提高。第二代集成运放以 μA741（我国的 F007 或 5G24）为代表，它有很高的开环增益，电路中设有短路保护措施，至今在生产中仍有应用。第三代集成运放以 AD508（我国的 4E325）为代表，其特点是在失调电压、失调电流、开环增益、共模抑制比等技术指标上都有明显的改善。第四代以 HA2900 为代表，它的特点是制造工艺达到了大规模集成电路的水平，输入级采用 MOS 场效应管，输入电阻达到 100MΩ 以上，而且采取了调制和解调措施，成为自稳零（即无须外加调整元件就可使集成运放的静态输出为零）运算放大器，使温漂进一步降低。

除了通用型集成运放以外，还有专门为适应某些特殊需要设计的专用型集成运放，它们往往在某些单项指标方面达到比较高的水平，以满足特殊条件下的使用。

集成运放典型产品的技术指标见表 3-1。

表 3-1　集成运放典型产品的技术指标

品种类型			通用型			高精度型		高速型
			Ⅰ	Ⅱ	Ⅲ			
参数名称 符号及单位			国内外类似型号					
			CF702 F002 μA702	CF709 F005 μA705	CF741 F007 μA715	CF725 μA725	C7650 ICL7650	CF715 μA715
输入失调电压	U_{IO}	mV	0.5	1.0	1.0	0.5	5×10^{-2}	2.0
输入失调电流	I_{IO}	nA	180	50	20	2.0	5×10^{-3}	70
输入偏置电流	I_{m}	nA	2000	200	80	42	0.01	400
U_{IO}的温漂	$\frac{dU_{IO}}{dT}$	μV/C	2.5	3.0		2.0	0.01	
I_{IO}的温漂	$\frac{dI_{IO}}{dT}$	μA/C	1.0			35×10^{-3}		
差模开环增益	A_{od}	dB	70	93	106	130	120	90
共模抑制比	K_{CMR}	dB	100	90	90	120	120	92
输入共模电压范围	U_{icm}	V	+0.5 -5.0	±10	±13	±14		±12
输入差模电压范围	U_{idm}	V	±5	±5.0	±30	±5		±15
差模输入电阻	r_{id}	MΩ	0.04	0.4	2.0	1.5	10^{6}	1.0
最大输出电压	U_{OPP}	V		±13	±14	±13.5	±5.8	±13
-3dB 带宽	f_{h}	Hz			10		2	
单位增益带宽	f_{c}	MHz			1			
静态功耗	P	mW	90	80	50	80	3.5	165
静态电流	I	mA	5.0		1.7			5.5
转换速率	S_{R}	V/μs			0.5		2	100
电源电压	U	V	+12	±15	±15	±15	±5	±15

3.5.3.2　专用集成运放

随着电路技术指标要求的提高，专用集成运放的使用越来越多，应该对专用集成运放引起足够的重视。专用集成运算放大器可分为高输入阻抗型、低漂移型、高精度型、高速型、宽带型、低功耗型、高压型、大功率型等。

A　高输入阻抗型集成运算放大器

要想实现高输入阻抗，可利用场效应管输入电阻高的优点，用场效应管制作集成运放的输入级，这种集成运放的差模输入电阻 r_{id} 可大于 $10^{9}\sim10^{12}\Omega$，输入偏置电流 I_{IB} 为几皮安到几十皮安，所以又称为低输入偏置电流型集成运算放大器。

高输入阻抗型运算放大器主要用于制作测量放大器，比如在生物医学领域用于微弱电信号的传感、测量与精密放大。另外，高输入阻抗型运算放大器也广泛应用于有源滤波器、采样-保持电路、对数和反对数运算及模数转换、数模转换、模拟调节器等方面。

常用的高输入阻抗型运算放大器的型号有 LF356、TL081、TL082 等。

B 高速宽带型集成运算放大器

高速宽带型集成运放的转换速率 S_R 要高于 30V/μs，单位增益带宽要大于 10MHz，一般用于快速 A/D 转换和 D/A 转换、有源滤波器、高速取样-保持电路、锁相环等电路中。

常用的高速宽带型集成运算放大器的型号有 F715、μA715 等。

C 高精度低漂移型集成运算放大器

高精度低漂移型集成运算放大器是指具有失调小、温度漂移小和噪声低等特点的集成运放，一般用于毫伏级或更低量级微弱信号的精密检测、精密模拟计算、高精度稳压电源及自动控制仪表中。

常用的高精度低漂移型集成运算放大器的型号有 OP-27 等。

D 低功耗型集成运算放大器

低功耗型集成运放的静态功耗较低，要求在电源为±15V 时，其最大功耗小于 6mW，并可以在低电源电压下（1.5~4V）保持良好的电气性能。

常用的低功耗型集成运算放大器的型号有 F3078、CA3078 等。

E 高压型集成运算放大器

某些显示设备要求集成运算放大器有 100V 以上的输出电压，而普通运放中晶体管的集电极和发射极间的击穿电压仅为 40V 左右，不能满足需要。为得到高的输出电压，可在集成电路的设计中制作出高压晶体管，或采用串接晶体管以提高耐压。在高压型集成运放中还加入了特殊保护电路，以提高运放的工作可靠性。比如超高压型集成运放 LF3583 的电源最高电压允许为±150V，此时可输出±140V 的电压。

常用的低功耗型集成运算放大器的型号有 HA2645、LF3583 等。

F 电流型集成运算放大器

LM1900、LH0036 和 AD522 等是电流型集成运算放大器，可用于仪器仪表电路的设计中。常见的专用集成运放的主要参数见表 3-2。

表 3-2 常见的专用集成运放的主要参数

类型与型号		参数与单位						
		电源电压 $V_{CC}(V_{ee})$/V	开环差模电压增益 A_{od}/dB	共模抑制比 K_{CMR}/dB	差模输入电阻 r_{id}/kΩ	最大差模输入电压 U_{idmax}/V	最大共模输入电压 U_{icmax}/V	最大输出电压 U_{omax}/V
通用型	μA741 (F007)	±9~±18	100	80	1000	±30	±12	±12
高阻型	LF356 (TL081)	±15	106	100	10°	±30	+15、−12	±13

续表 3-2

类型与型号		参数与单位						
		电源电压 $V_{CC}(V_{ee})$/V	开环差模电压增益 A_{od}/dB	共模抑制比 K_{CMR}/dB	差模输入电阻 r_{id}/kΩ	最大差模输入电压 U_{idmax}/V	最大共模输入电压 U_{icmax}/V	最大输出电压 U_{omax}/V
高速型	F715（μA715）	±15	90	92	1000	±15	±12	±13
高精度	OP-27	8~44	110	<126				±3~±40
低功耗	F3078（CA3078）	±6	100	115	870	±6	±5.5	±5.3
高压型	HA2645	20~80	100	74		37		
MOS 型	5G14573	±7.5	80	76	107	−0.5~(V_{CC}+0.5)	12	12

3.5.3.3 集成运放的应用

集成运算放大器在电子技术中可以说是无处不在，从通用集成运算放大器到专用集成运算放大器，在模拟电子技术中发挥了巨大的作用。集成运算放大器的具体应用在后续的章节中还要专门介绍，这里给出集成运放的应用领域。

A 集成运算放大器在各种信号运算电路的应用

集成运算放大器工作在线性区时，可以实现反相比例运算、同相比例运算、加法运算、减法运算、对数运算、指数运算、积分运算、微分运算、乘法运算、除法运算以及它们的复合运算。

B 集成运算放大器在各种信号处理电路的应用

在信号处理方面，集成运算放大器可以用来构成有源滤波器、采样保持电路、电压比较器等电路。

C 集成运算放大器在各种波形产生电路的应用

集成运算放大器作为波形发生器中的主要部件，用来产生各种所需要的波形信号，可以组成正弦波、矩形波、三角波、锯齿波等波形产生电路。

3.5.3.4 集成运放使用注意事项

A 调零

由于集成运算放大器的内部电路参数不可能达到完全对称，因此当输入信号为零时，输出端也会有一定的输出电压出现，使电路不能达到零入零出。通常的做法是外接调零电阻，如图 3-16 所示，为集成运放 F741 的调零电路图，1 脚和 5 脚是差动输入级的外接调零电阻引脚，4 脚为负电源端。在输入信号为零，也就是将两个输入端均接地时，调节 R_p 可使输出电压为零。

目前，由于新型集成运放内部电路的改进，已不需要再进行调零工作了。

B 消除自激振荡

由于晶体管内部级间电容和其他分布参数的影响，容易使放大电路产生自激振荡。所谓自激振荡就是在没有输入信号时，输出端就已经存在着近似正弦波的高频电压信号，尤其在人体或金属物体接近时更为明显，这将使集成运算放大器的有用输出信号湮没在高频自激振荡信号中，使放大器不能正常工作。

消除自激振荡的方法是增加阻容补偿网络。阻容补偿网络的具体参数和接法可查阅该型号集成运放的使用说明书。目前，由于新型集成运放内部电路的改进，已不需要再外加补偿网络了。

C 外加电源极性保护

由于电源极性接反会造成集成运放的损坏，故利用二极管的单向导电特性，可以防止当电源极性错接时对集成运放的损坏。如图 3-17 所示。当电源接成上负下正时，两二极管均不导通，等于电源断路，从而起到了保护集成运放的作用。

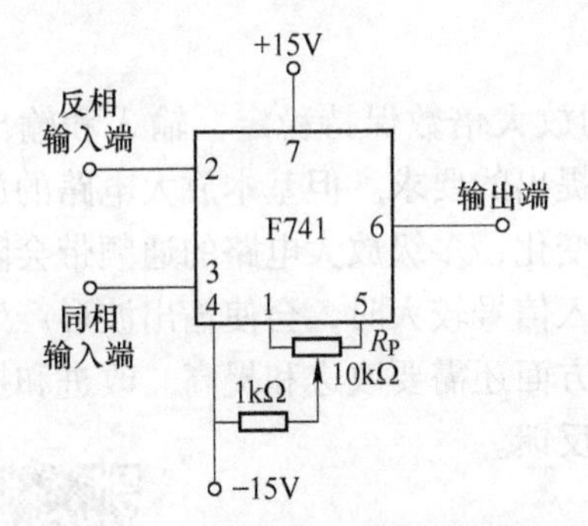

图 3-16 集成运放 F741 的调零电路

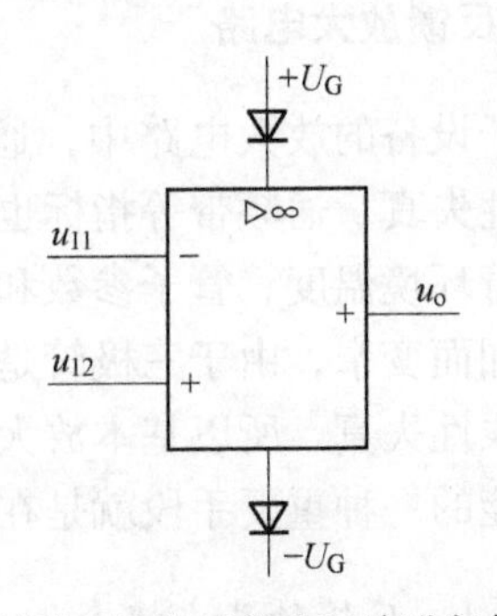

图 3-17 利用二极管对集成运放进行保护的电路

D 输入保护

利用二极管的限幅作用，可以对输入信号的幅度加以限制，以免输入信号超过额定值损坏集成运放的内部结构。无论是输入信号的正向电压或负向电压超过二极管的导通电压，则 VD_1或 VD_2就会有一个导通，从而限制了输入信号的幅度，起到了保护作用，如图 3-18 所示。

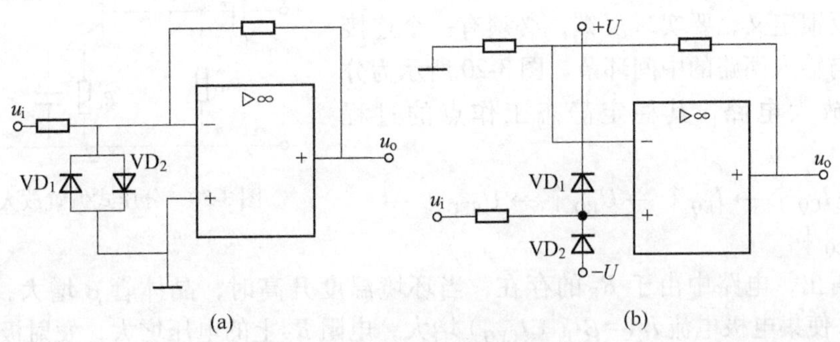

图 3-18 集成运放的输入保护电路

(a) 反相输入；(b) 同相输入

E　输出保护

利用稳压管 VD_1 和 VD_2 接成反向串联电路，若输出端出现过高电压，集成运放的输出端电压将受到稳压管稳压值的限制，从而避免了集成运放的损坏和对下一级电路的影响，如图 3-19 所示。

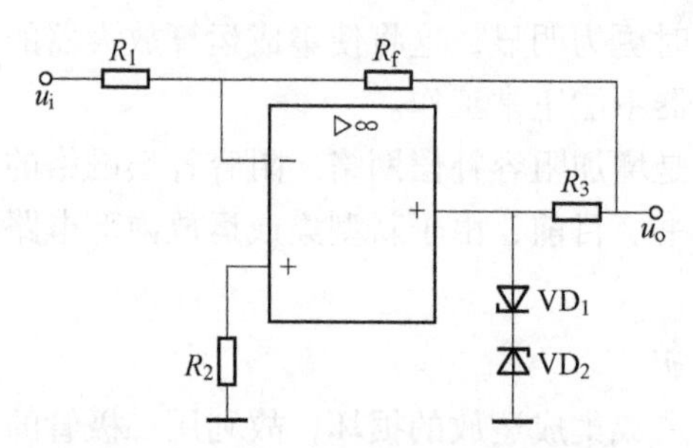

图 3-19　集成运放的输出保护电路

3.5.4　负反馈放大电路

在电子设备的放大电路中，通常要求放大电路的放大倍数保持稳定，输入和输出电阻、非线性失真、通频带等指标也要满足实际使用所提出的要求。但基本放大电路的放大倍数会随着环境温度、管子参数和负载的阻值变化而变化，多级放大电路的通频带会随着级数的增加而变窄，由于三极管是非线性元件，当输入信号较大时，会使输出波形产生较严重的非线性失真，所以基本放大电路的性能在许多方面还需要改进和提高。改进和提高放大器性能的一种重要手段就是在放大电路中引入负反馈。

3.5.4.1　反馈的基本概念

扫一扫查看视频

A　反馈

在电子系统中，把放大电路的输出量（电压或电流）的一部分或全部，通过某些元件或网络（称为反馈网络）引回到输入回路来影响输入的过程，称为反馈。反馈使得放大电路的输入量不仅受到输入信号的控制，而且受到放大电路输出量的影响。

根据反馈定义，要实现反馈，必须有一个连接输出回路与输入回路的中间环节。图 3-20 所示为分压式偏置放大电路，其稳定静态工作点的过程如下：

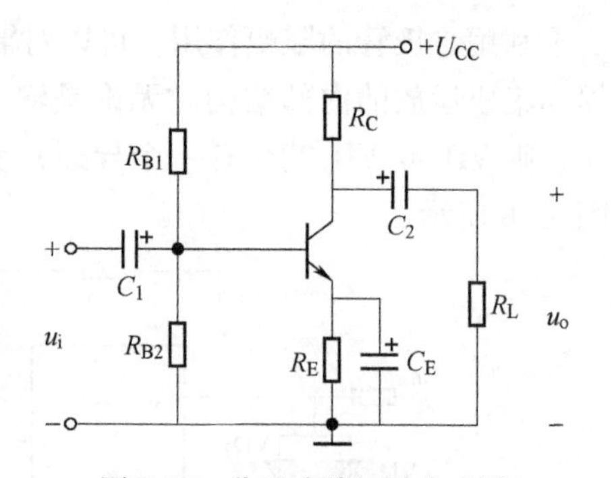

图 3-20　分压式偏置放大电路

$t\uparrow \rightarrow I_{CQ}\uparrow \rightarrow I_{EQ}\uparrow \rightarrow U_{EQ}\uparrow \rightarrow U_{BEQ}\downarrow \rightarrow I_{BQ}\downarrow \rightarrow I_{CQ}\downarrow$

可以看出，电路中由于 R_E 的存在，当环境温度升高时，晶体管 β 增大，穿透电流 I_{CEO} 增加，使集电极电流 $I_C(=\beta I_B+I_{CEO})$ 增大，电阻 R_E 上的电压增大，发射极电位增高，U_{BE} 降低（因为 U_B 基本不变），基极电流 I_B 减小，使输出回路的集电极电流 I_C 增加的幅度下降，稳定了静态工作点；反之，当 I_C 减小时，电阻 R_E 上的电压减小，发射极电位降低，

U_{BE}增加，基极电流 I_B增大，使集电极输出电流 I_C减小的幅度下降，也可以稳定静态工作点。电阻 R_E的作用是把输出电流 I_C的变化转换成电位 U_E的变化，并与输入端的 U_B进行比较，再来控制输入电流 I_B，最终达到控制输出电流的目的。这样，电阻 R_E既与输入回路有关，又与输出回路有关，它是起着连接输出与输入的中间环节，因此它是反馈元件。通常把引入反馈的放大电路称为反馈放大电路，也称为闭环放大电路，如图 3-21（b）所示，而未引入反馈的放大电路，称为开环放大电路，如图 3-21（a）所示。判断放大电路中有无反馈，主要是看放大电路中有无连接输入和输出的支路，如有则存在反馈，否则则没有反馈。

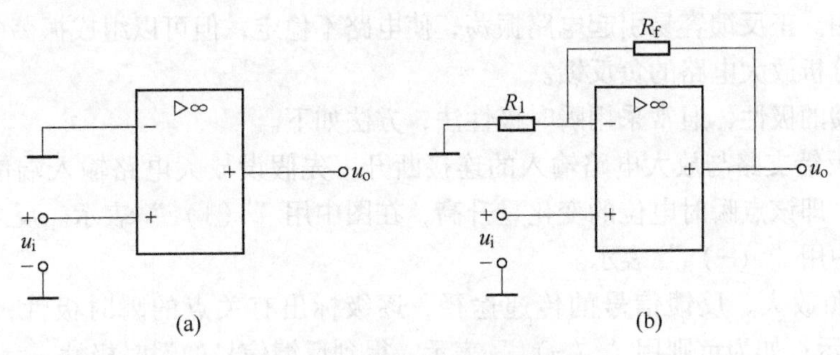

图 3-21 开环与闭环放大电路

（a）开环放大电路；（b）闭环放大电路

反馈放大电路的组成可以用框图表示，如图 3-22 所示。它由基本放大电路 A 与反馈网络 F 组成。在基本放大电路中，信号 X_i从输入端向输出端正向传输；在反馈网络中，反馈信号 X_f由输出端反送到输入端，并在输入端与输入信号比较（叠加）。要判断放大电路是否存在反馈，只要分析它的输出回路与输入回路是否存在相互联系的电路元件，即反馈网络。

在图 3-22 中，X 可以表示电压，也可以表示电流；图中 X_i、X_o、X_f、X_i'分别表示输入信号、输出信号、反馈信号和净输入信号，符号“Σ”表示信号相叠加，输入信号 X_i和反馈信号 X_f在此叠加，产生放大电路的净输入信号 X_i'。

图 3-23 所示的多级放大电路中，第一级运算放大器的输出端与输入端之间有反馈元件 R_2，第二级运算放大器的输出端与输入端之间有反馈元件 R_2，由于这两条反馈通路只限于本级，称为本级（局部）反馈。而第二级输出端与第一级输入端之间有反馈元件 R_6，则构成了级间反馈。

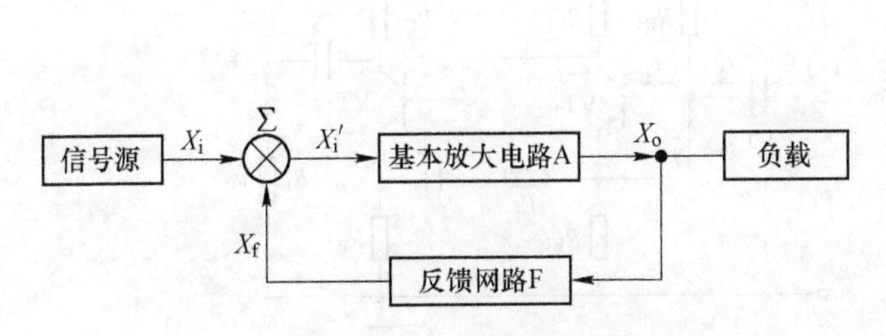

图 3-22 反馈放大电路的组成框图

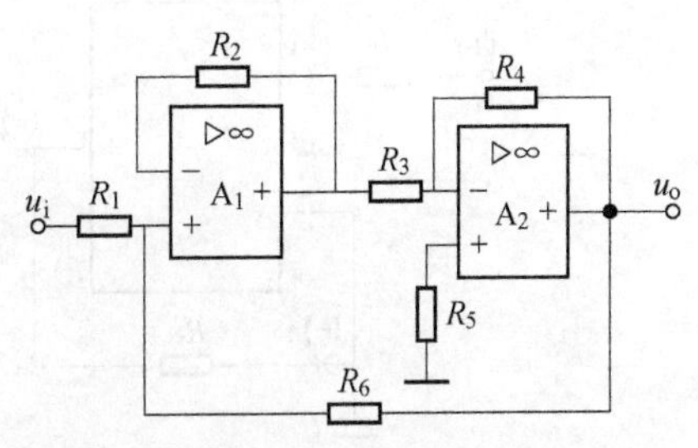

图 3-23 两级运算放大器间的级间反馈

B 反馈中的极性及判断

放大电路中的反馈，按反馈的极性可分为正反馈和负反馈。在图 3-23 所示的框图中，输入信号 X_i 与反馈信号 X_f 都作用在基本放大电路的输入端，相叠加后获得净输入量 X_i'。如果输入信号 X_i 与反馈信号 X_f 叠加后使净输入量 X_i' 增加，则放大倍数增加，这种反馈称为正反馈。如果输入信号 X_i 与反馈信号 X_f 叠加后使净输入量 X_i' 减小，放大倍数也减小，则这种反馈称为负反馈。

虽然负反馈使放大电路的放大倍数减小，但它能改善放大电路的性能，所以在放大中得到广泛应用。正反馈容易引起电路振荡，使电路不稳定，但可以组成振荡电路。本项目任务中主要分析放大电路的负反馈。

判断反馈的极性，通常采用瞬时极性法，方法如下。

（1）将反馈支路与放大电路输入的连接断开，先假设放大电路输入端信号对地的瞬时极性为正，即该点瞬时电位的变化是升高，在图中用“（+）”表示。反之，瞬时电位降低，在图中用“（-）”表示。

（2）按照放大、反馈信号的传递途径，逐级标出有关点的瞬时极性，如为正则用“（+）”表示；如为负则用“（-）”表示，得到反馈信号的瞬时极性。

（3）最后将反馈支路连上，在输入回路将反馈信号与原输入信号进行叠加，看净输入信号相对于原输入信号的幅度是增加还是减小，从而决定是正反馈还是负反馈。净输入信号相对于原输入信号幅度减小是负反馈，幅度增加是正反馈。

在图 3-24 中，反馈元件 R_f 接在输出端（集电极）与输入端（基极）之间，所以该电路存在反馈。设输入信号 u_i 对地瞬时极性为（+），u_i 加在晶体管的基极，因在共发射极放大电路中，输出电压 u_o 与输入电压 u_i 相位相反，所以集电极输出信号 u_o 瞬时极性为（-），经 R_f 得到的反馈信号与输出信号瞬时极性相同，也为（-）。因为反馈信号与原输入信号同加在输入端，净输入 $i_b = i_i - i_f$，净输入信号 i_b 相对于原输入信号 i_i 幅度减小，所以是负反馈。

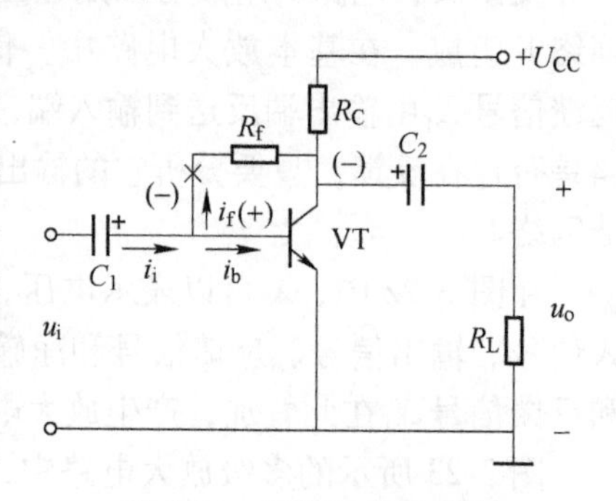

图 3-24 反馈极性的判断

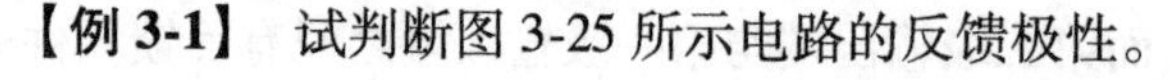
【例 3-1】 试判断图 3-25 所示电路的反馈极性。

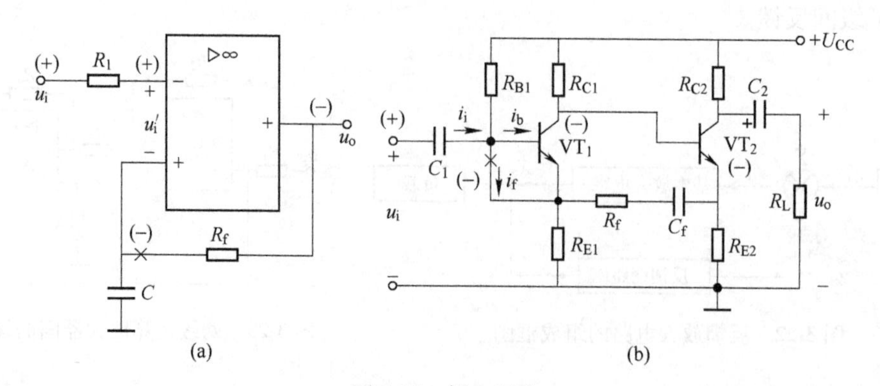

图 3-25 例 3-1 图

解：（1）图 3-25（a）所示电路中，先断开反馈支路，假设反相输入端输入信号 u_i 对地瞬时极性为（+），因 u_i 加在运算放大器的反相输入端，所以输出信号 u_o 的瞬时极性为（-），经反馈电阻 R_f 引回到同相输入端得到反馈信号 u_f，其极性与输出信号 u_o 的瞬时极性相同，也为（-），把反馈连上，因为 u_i 和 u_f 加在运算放大器两个不同的输入端，所以净输入 $u_{id}=u_i-u_f$，因 u_i 为正，u_f 为负，净输入信号 u_{id} 的幅度比输入信号 u_i 的幅度大，净输入信号增加，因此是正反馈。

（2）图 3-25（b）所示电路中，判别过程的瞬时极性如图所示，即 u_i 经两级放大后，通过极间反馈元件 R_f，C_f 引回到 VT_1 基极，得到的反馈信号瞬时极性为（-），净输入信号 $i_b=i_i-i_f$，可以看出，反馈信号使净输入信号 i_b 相对于原输入信号 i_i 幅度减小，因此是负反馈。

判断反馈极性的过程有两点要注意：

1）按放大、反馈途径逐点确定有关点电位的瞬时极性时，要遵循基本放大电路的相位关系，对于运算放大器组成的电路，输出与同相输入端的瞬时极性相同，与反相输入端的瞬时极性相反。

2）净输入量增大还是减小，是相对于原输入信号的。如原输入信号和反馈信号加在同一个输入端并且极性相同时，则叠加后的净输入信号大于原输入信号，为正反馈，否则为负反馈；如原输入信号和反馈信号加在不同的输入端并且极性相同，则净输入信号等于二者相减（差模输入），净输入信号将小于原输入信号，为负反馈，否则为正反馈。

因此，利用瞬时极性法判断反馈极性时，归纳起来就是：

1）如果输入信号和反馈信号加在同一个输入端，二者极性相反为负反馈；如果输入信号和反馈信号加在不同的输入端，二者极性相同为负反馈。

2）对于由单个运算放大器组成的反馈放大电路来讲，如反馈信号反馈至同相输入端，则为正反馈；反馈信号反馈至反相输入端，则为负反馈。

3.5.4.2 负反馈放大电路的四种组态

扫一扫查看视频

A 反馈中的分类及判别

a 直流反馈和交流反馈

放大电路中一般都存在着直流分量和交流分量，如果反馈信号只含有直流成分，则为直流反馈；如果反馈信号只含有交流成分，则为交流反馈。在很多情况下，反馈信号中兼有两种成分，如果交、直流均有反馈，则称为交直流反馈。

图 3-26 所示电路中，R_{E1}、R'_{E1} 和 R_{E2} 分别构成第一级和第二级放大电路的本级反馈，R_f 与 C_f 构成级间反馈。从包含的交、直流成分来看，R_{E1}、R_{E2} 构成交、直流两种性质的反馈；电容 C_{E1} 因交流时短路，所以 R'_{E1} 仅构成直流反馈；C_f 因直流时开路，R_f、C_f 仅构成交流反馈。

直流负反馈用于稳定静态工作点，交流负反馈用来改善放大电路的动态性能。本项目任务中重点分析不同类型的交流负反馈电路。

b 电压反馈和电流反馈

反馈是将输出量的一部分反送到放大电路的输入端，按照反馈信号从输出端的取样对象不同，反馈可分为电压反馈和电流反馈。

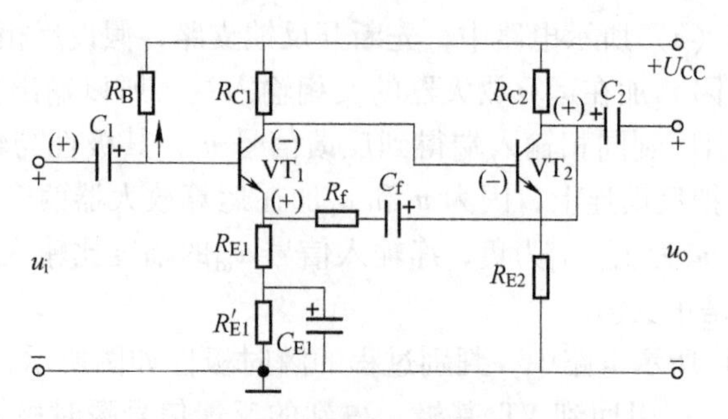

图 3-26　交直流反馈的判别

若反馈信号与输出电压成正比，即反馈量取自输出电压时的反馈称为电压反馈；若反馈信号与输出电流成正比，即反馈量取自输出电流时的反馈称为电流反馈。具体判断方法如下：

方法1：假设短路法。假设负反馈放大电路的负载电阻 R_L 短路（或者是令输出电压 u_o 为零），若反馈信号消失，则为电压反馈；若反馈信号仍然存在，则为电流反馈。

方法2：接线判别法。除公共地线外，若反馈线与输出线接在同一点上，则为电压反馈；若反馈线与输出线接在不同点上，则为电流反馈。

【例 3-2】　试判断图 3-25 所示电路是电压反馈还是电流反馈。

解：（1）图 3-25（a）所示电路中，利用短路法，令输出电压 u_o 为零，即输出端接地，则反馈支路也接地，则反馈信号消失，因此为电压反馈；利用接线法，因 R_f 构成的反馈线与输出线接在了同一点上，因此也可判别为电压反馈。

（2）图 3-25（b）所示电路中，利用短路法，将负载电阻 R_L 短路，则输出电压 u_o 为零，但反馈信号仍然存在，因此为电流反馈；利用接线法，因 R_f 与 C_f 构成反馈线与输出线未接在同一点上，因此也可判别为电流反馈。

值得注意的是：取样对象不同，对放大电路性能有不同的影响。负反馈可以稳定取样对象。例如当输入信号不变，取样对象因为某种因素增大，因为反馈信号和取样对象成正比，则反馈信号也随着增大，如果是负反馈，放大电路的净输入信号等于输入信号减去反馈信号，所以净输入信号减小，这样就抑制了取样信号的变化。因此，电压反馈可以稳定输出电压，对负载而言，放大电路输出电压稳定，相当于降低了放大电路的输出电阻；电流反馈可以稳定输出电流，相当于增大了输出电阻。

c　串联反馈和并联反馈

反馈是将输出量的一部分反送到放大电路的输入端，按照反馈信号与输入信号在放大电路输入端的连接方式，可分为串联反馈和并联反馈。具体判断方法如下。

方法1：当反馈信号与输入信号加在同一输入端时，为并联反馈；若反馈信号与输入信号加在不同输入端时，则为串联反馈。

方法2：将输入回路的反馈节点对地短路，若输入信号仍能送到开环放大电路中去，则为串联反馈；否则为并联反馈。

【例 3-3】　试判断图 3-25 所示电路是串联反馈还是并联反馈。

解：（1）图 3-25（a）所示电路中，利用方法1，因反馈信号与输入信号加在运算放大器的不同输入端，因此为串联反馈；利用方法2，将输入回路的反馈节点对地短路，相当于运算放大器的同相接入端接地，由于输入信号 u_i 是加在反相输入端，故输入信号仍能送到开环放大电路中去，所以也可判断为串联反馈。

（2）图 3-25（b）所示电路中，利用方法 1，因反馈信号与输入信号都加在了输入端晶体管 VT_1 的基极上，因此为并联反馈；利用方法 2，将输入回路的反馈节点对地短路，则晶体管 VT_1 的基极接地，故输入信号无法送到开环放大电路中去，所以也可判断为并联反馈。

值得注意的是：反馈信号反馈到输入端的连接方式不同，对放大电路的性能有不同的影响。串联反馈对输入端的信号源来讲，相当于在基本放大电路上串联了反馈网络的输出回路，提高了整个负反馈放大电路的输入电阻；并联负反馈对输入端的信号源来讲，相当于在基本放大电路上并联了一条支路，所以降低了整个负反馈放大电路的输入电阻。

B 四种类型的负反馈放大电路

综合反馈的取样方式（电压或电流）以及反馈至输入端的连接方式（串联或并联），负反馈有四种组态：电压串联负反馈、电压并联负反馈、电流串联负反馈和电流并联负反馈。

【例 3-4】 试判断图 3-27 所示电路的组态类型。

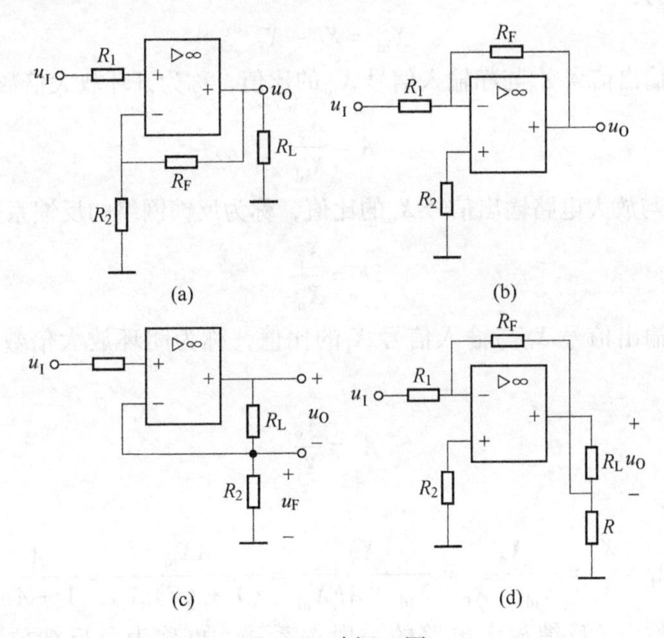

图 3-27 例 3-4 图

解：（1）图 3-27（a）所示电路中，R_F 是反馈支路。因为是单级运放，反馈信号反馈至反相输入端，所以是负反馈。由于反馈信号 u_F 与输入信号 u_I 加在不同的输入端，所以是串联反馈。反馈线与输出线接在同一点上，所以是电压反馈。综上分析，该电路是电压串联负反馈。

（2）图 3-27（b）所示电路中，R_F 是反馈电阻，由于反馈信号与输入信号加在运算放大器的反相输入端，所以是并联负反馈。反馈线与输出线接在同一点上，所以为电压反馈。综上分析，该电路是电压并联负反馈。

（3）图 3-27（c）所示电路中，因为是单级运放，反馈信号反馈至反相输入端，所以该电路是负反馈。由于反馈信号 u_F 与输入信号 u_I 加在不同的输入端，所以是串联反馈。反馈线与输出线接在不同点上，所以为电流反馈。综上分析，该电路是电流串联负反馈。

（4）图 3-27（d）所示电路中，因为是单级运放，反馈信号反馈至反相输入端，所以该电路是负反馈。由于反馈信号与输入信号加在同一输入端，所以是并联反馈。反馈没有直接取自输出端，而是经过负载电阻 R_F，也就是反馈线与输出线接在不同点上，所以是电流反馈。综上分析，该电路是电流并联负反馈。

3.5.4.3　负反馈对放大电路性能的影响

负反馈有四种组态，我们在实际工作中可根据实际需要，选用不同类型的负反馈。加入负反馈是提高放大电路性能的重要措施。下面介绍负反馈放大电路的一般关系式以及负反馈对放大电路主要性能的影响。

A　负反馈放大电路的一般关系式

图 3-22 是反馈电路的一般框图。负反馈时，因反馈信号 X_f 与输入信号 X_i 极性相反，所以净输入信号为：

$$X_{id} = X_i - X_f \tag{3-18}$$

放大电路的输出信号 X_o 与净输入信号 X_{id} 的比值，称为开环放大倍数，即：

$$A = \frac{X_o}{X_{id}} \tag{3-19}$$

反馈信号 X_f 与放大电路输出信号 X_o 的比值，称为反馈网络的反馈系数，即：

$$F = \frac{X_f}{X_o} \tag{3-20}$$

放大电路的输出信号 X_o 与输入信号 X_i 的比值，称为闭环放大倍数，又称为闭环增益，即：

$$A_f = \frac{X_o}{X_i} \tag{3-21}$$

经变换可得：

$$A_f = \frac{X_o}{X_i} = \frac{X_o}{X_{id} + X_f} = \frac{X_o}{X_{id} + AFX_{id}} = \frac{AX_{id}}{(1 + AF)\,X_{id}} = \frac{A}{1 + AF} \tag{3-22}$$

式（3-22）称为负反馈放大电路的一般关系式，也称为负反馈放大电路的基本关系式。

式（3-22）表明，加入负反馈后，闭环增益 A_f 下降，是开环增益 A 的 $1/(1+AF)$。其中（$1+AF$）称为反馈深度。（$1+AF$）越大，反馈越深，A_f 就越小，（$1+AF$）是衡量反馈强弱程度的一个重要指标。

B　提高放大倍数的稳定性

一般地说，放大器的开环放大倍数 A 是不稳定的。例如在基本共发射极放大电路中，放大倍数与三极管的 β 值有关，而 β 值受温度影响较大，而负载发生变化时，电压放大倍数也要随之变化，所以它是不稳定的。当输入信号不变时，引入负反馈后可使放大电路的输出信号趋于稳定，也就是使闭环放大倍数趋于稳定。

放大倍数的稳定性可用放大倍数的相对变化率来衡量。

根据式（3-22），对 A 求导得：

$$\frac{dA_f}{dA}=\frac{(1+AF)-AF}{(1+AF)^2}=\frac{1}{(1+AF)^2}=\frac{1}{1+AF}\frac{A_f}{A} \tag{3-23}$$

闭环放大倍数的相对变化量为：

$$\frac{dA_f}{A_f}=\frac{1}{1+AF}\frac{dA}{A} \tag{3-24}$$

式（3-24）表明，闭环放大倍数的相对变化量只是开环放大倍数相对变化量的 $1/(1+AF)$。也就是说引入负反馈后，虽然放大倍数下降了（$1+AF$）倍，但是其稳定度却提高了（$1+AF$）倍，并且（$1+AF$）越大，闭环放大倍数越稳定。

C 扩展频带

阻容耦合放大电路在低频区和高频区时，其放大倍数均要下降，其幅频特性曲线如图 3-28 所示。由于负反馈放大电路具有稳定放大倍数的作用，对应于 f_L 和 f_H，基本放大电路的放大倍数下降到最大值的 0.707 倍，加入负反馈后，对应于 f_L 和 f_H，放大倍数下降的程度要减小，放大倍数下降的速率减慢，所以下限频率 f_L 将下降、上限频率 f_H 将上升，通频带变宽。在通常情况下，放大电路的“增益-带宽”之积为一常数，即：

$$A_f(f_{Hf}-f_{Lf})=A(f_H-f_L)$$

一般 $f_H \gg f_L$，所以 $A_f f_{Hf} \approx A f_H$。这表明，引入负反馈后，电压放大倍数下降多少倍，通频带就扩展多少倍。可见，引入负反馈能扩展通频带，但这是以降低放大倍数为代价的。

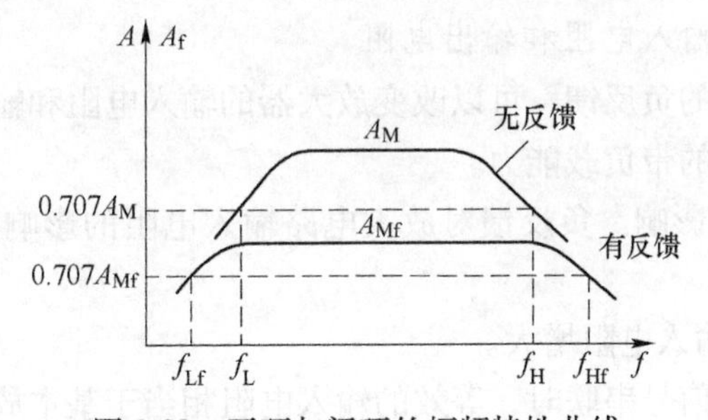

图 3-28 开环与闭环的幅频特性曲线

D 减小非线性失真

由于放大电路含有非线性器件，所以放大信号时会产生非线性失真。如图 3-29（a）所示，若输入为正弦信号，经放大电路放大后输出的信号正半周幅度大，负半周幅度小，出现了非线性失真，这是由于放大器件的非线性引起的。

引入负反馈后，反馈信号的波形与输出信号波形相似，也是正半周大，负半周小，经过比较环节，使净输入量变成正半周小、负半周大的波形，再通过放大电路放大，就把输出信号的正半周压缩，负半周扩大，结果使正负半周的输出幅度差距减小，输出波形接近正弦波，其波形如图 3-29（b）所示。减小非线性失真的程度也与反馈深度有关。应当指出，由于负反馈的引入，在减小非线性失真的同时，降低了输出幅度（即放大倍数下降）。此外输入信号本身固有的失真，是不能用引入负反馈来改善的。

E　抑制内部的干扰和噪声

在电声设备中，当没有信号输入时，扬声器也有杂音输出。这种输出的杂音，是放大电路内部的干扰和噪声引起的。内部干扰主要是直流电源的纹波引起的，内部噪声是电路元器件内部载流子不规则热运动产生的。噪声对放大电路是有害的，它的影响并不单纯由噪声本身的大小来决定。当外加信号的幅度较大时，噪声的影响较小；当外加的信号幅度较小时，就很难与噪声分开，有用信号会被噪声所“淹没”。工程上常用放大电路输出端的信号功率与噪声功率的比值来反映其影响，这个比值称为信噪比。

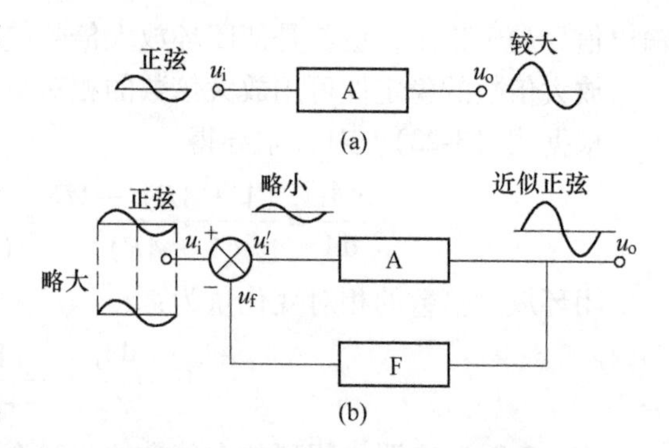

图 3-29　负反馈改善输出波形的原理
（a）无反馈量信号波形；（b）有反馈时信号波形

引入负反馈后，有用信号的功率与噪声功率同时减小，也就是说，负反馈虽然能使干扰和噪声减小，但同时将有用的信号也减小了，信噪比并没有改变。但是，有用信号的减小可以通过增大输入的有用信号来补偿，而噪声的幅度是固定的，从而使整个电路的信噪比增大，减小了干扰和噪声的影响。即哪一级的内部干扰和噪声大，就在哪一级引入深度负反馈。

需要指出的是，负反馈对来自外部的干扰和与输入信号同时混入的噪声是无能为力的。

F　负反馈能改变输入电阻和输出电阻

通过引入不同组态的负反馈，可以改变放大器的输入电阻和输出电阻，以实现电路的阻抗匹配和提高放大器的带负载能力。

（1）对输入电阻的影响。负反馈对放大电路输入电阻的影响主要取决于串联反馈还是并联反馈。

1）串联负反馈使输入电阻增大。

当输入信号与反馈信号串联时，等效的输入电阻相当于基本放大电路的输入电阻与反馈回路的输出回路串联，其等效电阻增加。所以串联负反馈使输入电阻增大。

2）并联负反馈使输入电阻减小。

当基本放大电路的输入端与反馈网络的输出回路并联时，等效的输入电阻相当于基本放大电路的输入电阻（开环输入电阻）与反馈回路的输出回路并联，其等效电阻减小。所以并联负反馈使输入电阻减小。

（2）对输出电阻的影响。负反馈对放大器输出电阻的影响主要取决于采用电压反馈还是电流反馈。

1）电压负反馈使输出电阻下降。

引入电压负反馈后，通过负反馈的自动调节，最终使输出电压稳定，而与输入端的连接方式无关。稳定输出电压相当于减小输出电阻，如输出电压不随负载而变，相当于输出电阻为零。对于负载R_L来说，电压负反馈放大电路相当于一个内阻很小的电压源，这个电压源的内阻就是电压负反馈放大电路的输出电阻。所以引入电压负反馈后输出电阻下降。引入电压负反馈后，输出电阻是开环输出电阻的$1/(1+AF)$。

2）电流负反馈使输出电阻增大。

引入电流负反馈后，通过负反馈的自动调节，最终使输出电流稳定。输出电流稳定相当于输出电阻高，当放大电路的输出电流不随负载变化时，放大电路输出电阻等效为无穷大。对负载R_L来说，电流负反馈放大电路相当于个内阻很大的电流源，这个内阻就是负反馈放大电路的输出电阻。引入电流负反馈后，将使输出电阻增大。

所以，四种负反馈组态的输入、输出电阻特点是：

电压串联负反馈的输入电阻大，输出电阻小；

电流串联负反馈的输入电阻大，输出电阻大；

电压并联负反馈的输入电阻小，输出电阻小；

电流并联负反馈的输入电阻小，输出电阻大。

3.6 项 目 实 现

3.6.1 具有恒流源的差动放大电路的连接与测试

3.6.1.1 训练目的

（1）学习差动放大电路静态工作点的测试方法。

（2）学习差动放大电路动态指针（单端输入，单端输出或双端输出时差模放大倍数A_{ud}、共模放大倍数A_{uc}以及共模抑制比K_{CMR}）的测试方法。

（3）熟悉双电源的接法以及用示波器观察信号波形的相位关系。

3.6.1.2 电路原理

电路如图3-30所示，是一个带恒流源的差动放大电路。它具有静态工作点稳定，对共模信号有高抑制能力，而对差模信号具有放大能力的特点。根据结构，该电路有四种形式：单端输入，单端输出；单端输入、双端输出；双端输入、单端输出和双端输入、双端输出。

其中，$R_b=4.7\text{k}\Omega$，$R_c=2\text{k}\Omega$，$R_e=100\Omega$，$R_{RP}=1\text{k}\Omega$，$R_0-R_{RP}=1.5\text{k}\Omega$，$VD_1$、$VD_2$型号为IN4007，$VT_1$、$VT_2$、$VT_3$型号为9013。

双端输出的差模放大倍数为：$\dot{A}_{ud}=-\dfrac{\beta R'_L}{R_b+r_{be}}$

而共模放大倍数$A_{uc}\approx 0$。共模抑制比$K_{CMR}=\left|\dfrac{A_{ud}}{A_{uc}}\right|\rightarrow\infty$，单端输出时，差模放大倍数为双端输出的一半，即$\dot{A}_{ud1}=-\dot{A}_{ud2}=\dfrac{-\beta R'_L}{2(R_b+r_{be})}\left|\dfrac{A_{ud}}{A_{uc}}\right|$。

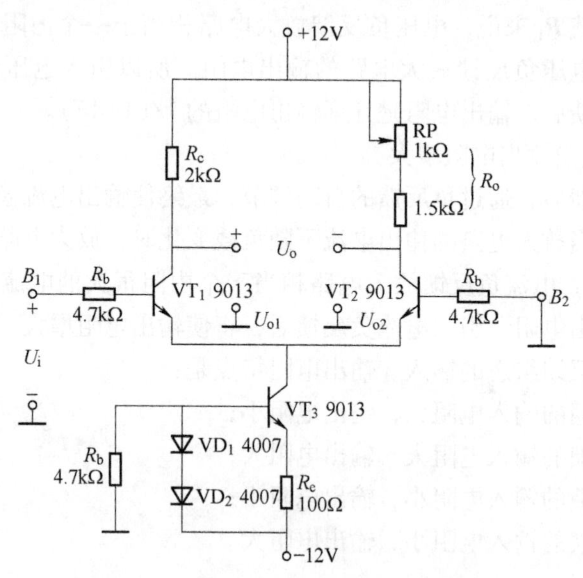

图 3-30　具有恒流源的差动放大电路图

而共模放大倍数 $\dot{A}_{uc} \approx -\dfrac{R_c}{2R'_e}$，$R'_e$ 为恒流源的等效电阻。

3.6.1.3　设备清单

项目实现所需设备清单见表 3-3。

表 3-3　项目实现所需设备清单

序号	名　称	数量	型　号
1	多功能交直流电源	1台	30221095
2	差动放大电路模块	1块	ST2020
3	短接桥和连接导线	若干	
4	9孔插件方板	1块	300mm×298mm
5	低频信号发生器	1台	
6	示波器	1台	
7	万用表	1只	

3.6.1.4　项目内容与步骤

（1）测试各级静态工作点。

1）在 ST2020 差动放大电路模块上进行实验，接通电源±12V，调节电位器 RP，使 $U_i=0$ 时（输入端对地短接），$U_o=0$（即 $U_{o1}=U_{o2}$）。然后，用万用表分别测量 U_{c1}、U_{c2}、U_{c3} 填入表中。

2）用万用表测出 R_e 两端电压 U_{Re}，然后计算出 I_{E3} 和 I_{C1}、I_{C2}（$I_{E3}=U_{Re}/R_e$，$I_{c1}=I_{c2}=\dfrac{1}{2}I_{E3}$），填入表 3-4 中。

表 3-4 测量表 1

I_{C1}/mA	I_{C2}/mA	I_{E3}/mA	U_{C1}/V	U_{C2}/V	$U_{C3}=U_{E1}=U_{E2}$/V

（2）测试单端输入、双端输出时差模电压放大倍数。

调节 XD-2 信号发生器，将 $U_{IPP}=100mV$，$f=1kHz$ 的音频信号送至晶体管 VT_1的输入端 B_1（B_2接地）。用示波器观察和测量 U_{IPP}与 U_{OPP}的大小及相位，算出差模放大倍数 A_{ud}，并与理论值比较，填入表 3-5 中。

注意：示波器的信号负端和信号源的信号负端均与电源地相接，故在测单入双出方式的 U_{OPP}时，必须使二者的电源地隔离，否则会引起短路。或者采用万用表或其他仪表代替示波器测试，但注意万用表测出的值是有效值。

表 3-5 测量表 2（$U_{IPP}=100mV$，$f=1kHz$）

输入 输出方式	U_{OPP}	A_{Od}	U_{O1PP}	U_{O2PP}	A_{ud1}	A_{ud2}
单入双出						
单入单出						

（3）测试单端输入、单端输出时差模放大倍数。

步骤同上，用示波器观察和测量 U_{O1PP}、U_{O2PP}（即集电极输出）的大小及相位，算出差模放大倍数 A_{ud1}和 A_{ud2}，并与理论值比较，填入表 3-5 中。

（4）测试单端输出的共模抑制比 K_{CMR}。

将差模电压改为共模电压，将 $U_{IPP}=100mV$，$f=1kHz$ 的信号同时送入晶体管 VT_1和 VT_2的输入端 B_1、B_2，用示波器测量 U_{O2PP}，算出 A_{uc2}及 $K_{CMR}=A_{ud2}/A_{uc2}$，填入表 3-6 中。

表 3-6 测量表 3（$U_{IPP}=100mV$，$f=1kHz$）

U_{O2PP}	A_{uc2}	$K_{CMR}=\dfrac{A_{ud2}}{A_{uc2}}$

（5）从 XD-2 信号发生器输出 $U_{IPP}=100mV$，$f=1kHz$ 的正弦波。

1）将信号送 B_1端，B_2端接地。观察并定性测绘出 U_{IPP}与 U_{o1}、U_{o2}波形及相位关系。

2）将信号送 B_2端，B_1端接地。观察并定性测绘出 U_{IPP}与 U_{o1}、U_{o2}波形及相位关系。

以上波形均绘于图 3-31 中。

3.6.1.5 分析与讨论

（1）差模放大器的差模输出电压是其与输入电压的差还是和成正比？

（2）加到差动放大器的两管基极的输入信号幅值相等、相位相同时，输出电压等于多少？

（3）差动放大器对差模输入信号起放大作用，还是起抑制作用？

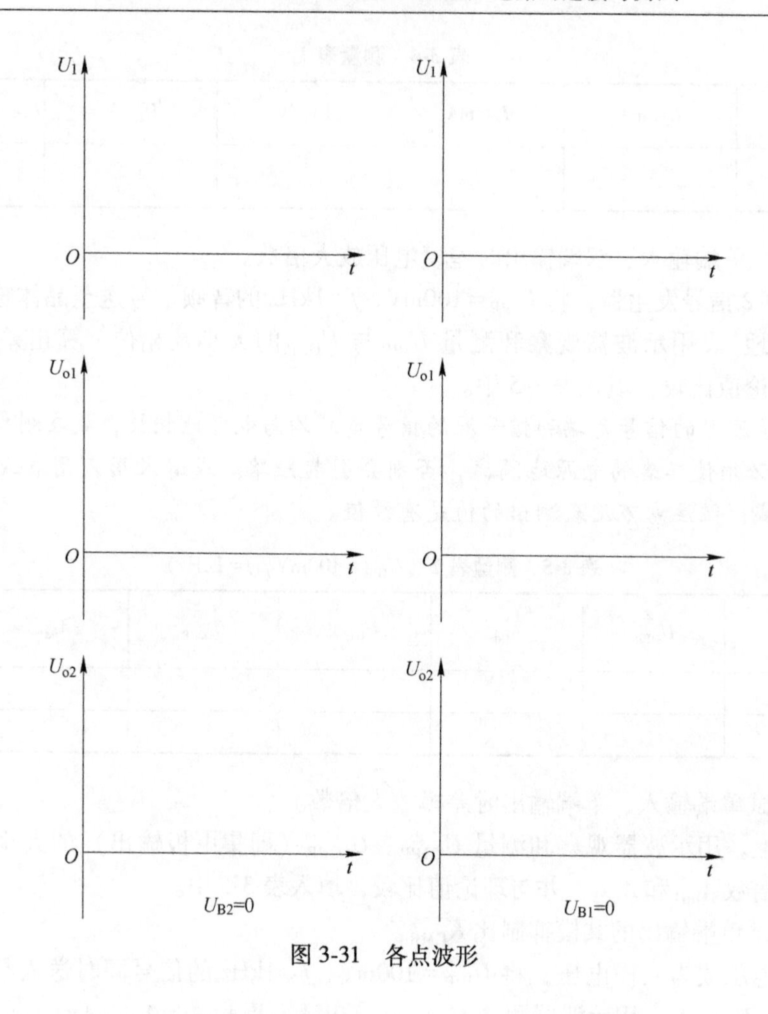

图 3-31　各点波形

3.6.2　集成运算放大器的连接与参数测试

3.6.2.1　训练目的

（1）通过对集成运算放大器主要参数的测试，了解其参数的意义及测试方法，加深对其参数定义的了解；

（2）掌握用示波器的 X-Y 显示观察传输特性的方法。

3.6.2.2　电路原理

（1）测试运算放大器的传输特性及输出电压的动态范围。

运算放大器输出电压的动态范围是指在不失真条件下所能达到的最大幅值。为了测试方便，在一般情况下就用其输出电压的最大摆幅 U_{OPP} 当作运算放大器的最大动态范围。其测试电路如图 3-32 所示。

图中 U_i 为正弦信号。当接入负载 R_L 后，逐步加大输入信号 U_i 的幅值，直至示波器上输出电压的波形顶部或底部出现削波为止。此时的输出电压幅度 U_{OPP} 就是运算放大器的最大摆幅。若将 U_i 送示波器的 X 轴，U_o 送 Y 轴，则可利用示波器的 X-Y 显示，观察到运

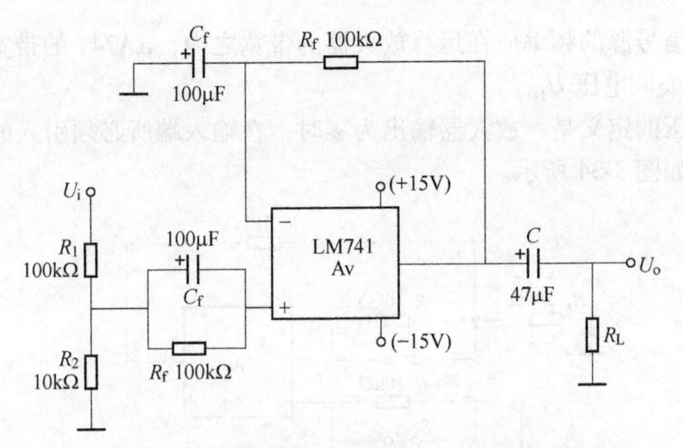

图 3-32 运算放大器输出电压最大摆幅的测试电路

算放大器的传输特性，并可测出 U_{OPP} 的大小。

U_{OPP} 与负载电阻 R_L 有关，不同的 R_L，U_{OPP} 也不相同。根据已知的 R_L 和 U_{OPP}，可以求出运算放大器的输出电流的最大摆幅：$I_{OPP}=U_{OPP}/R_L$。

运算放大器的 U_{OPP} 除与 R_L 有关外，还与电源电压 $\pm U_{cc}$ 和输入信号的频率有关。随着电源电压的降低和信号频率的升高，U_{OPP} 将降低。

如果示波器 *X-Y* 显示出运算放大器的传输特性，即表明该放大器是好的，可以进一步测试运算放大器的其他几项参数。

（2）测开环电压放大倍数 A_{Vo}。

开环电压放大倍数是指：运算放大器没有反馈时的差模电压放大倍数，即运算放大器输出电压 U_o 与差模输入电压 U_i 之比，测试电路如图 3-33 所示。R_f 为反馈电阻，通过隔直电容和电阻 R 构成闭环工作状态，同时与 R_1、R_2 构成直流负反馈，减少了输出端的电压漂移。

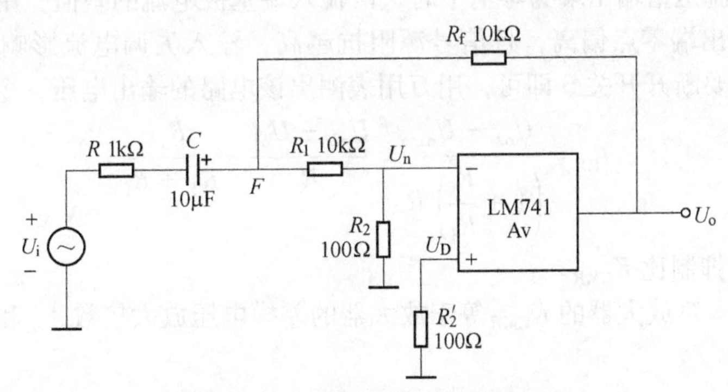

图 3-33 测开环电压放大倍数的电路

由图可知：

$$U_n = \frac{R_2}{R_1 + R_2} U_f$$

$$A_{Vo} = \left| \frac{U_o}{U_p - U_n} \right| \approx \left| \frac{U_o}{U_n} \right| = \frac{R_1 + R_2}{R_2} \left| \frac{U_o}{U_f} \right|$$

注意：此时信号源的频率应在运算放大器的带宽之内，μA741 的带宽约为 7Hz。

（3）测输入失调电压 U_{IO}。

输入失调电压的定义是：放大器输出为零时，在输入端所必须引入的补偿电压。根据定义，测试电路如图 3-34 所示。

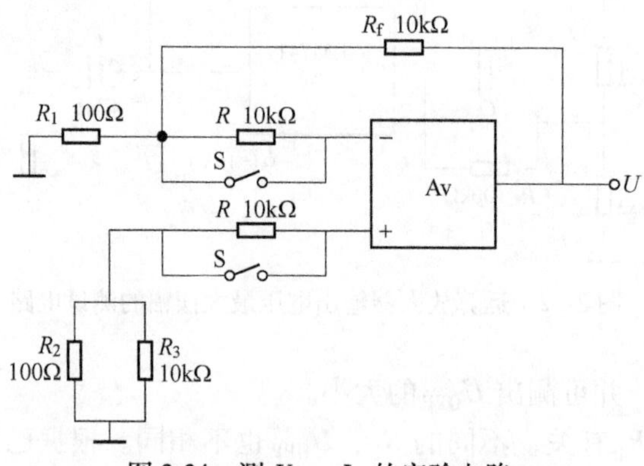

图 3-34 测 U_{IO}、I_{IO} 的实验电路

闭合开关 S，令此时测出的输出电压为 U_{o1}。

因为闭环电压放大倍数：

$$A_{vf} = \frac{U_{o1}}{U_{IO}} = \frac{R_f + R_1}{R_1}$$

所以，输入失调电压：

$$U_{IO} = \frac{R_1}{R_1 + R_f} U_{o1} = \frac{1}{101} U_{o1}$$

（4）测输入失调电流 I_{IO}。

输入失调电流是指输出端为零电平时，两输入端基极电流的差值，用 I_{IO} 表示。显然，I_{IO} 的存在将使输出端零点偏离，且信号源阻抗越高，输入失调电流影响越严重。测试电路同图 3-35，只要断开开关 S 即可，用万用表测出该电路的输出电压，令它为 U_{o2}，则：

$$I_{IO} = \frac{U_{o2} - U_{o1}}{\left(1 + \frac{R_f}{R_1}\right) R} = \frac{U_{o2} - U_{o1}}{R} \cdot \frac{R_1}{R_1 + R_f}$$

（5）测共模抑制比 K_{CMR}。

根据定义，运算放大器的 K_{CMR} 等于放大器的差模电压放大倍数 A_{ud} 和共模电压放大倍数 A_{uc} 之比，即

$$K_{CMR} = \left| \frac{A_{ud}}{A_{uc}} \right| \quad 或 \quad K_{CMR} = 20\lg \left| \frac{A_{ud}}{A_{uc}} \right|$$

测试电路如图 3-35 所示，运算放大器工作在闭环状态，对差模信号的电压放大倍数 $A_{ud} = \frac{R_f}{R_1}$，对共模信号的电压放大倍数 $A_{uc} = \frac{U_o}{U_i}$，所以只要测出 U_o 和 U_i，即可求出：

$$K_{CMR} = 20\lg \left| \frac{R_f}{R_i} \cdot \frac{U_i}{U_o} \right|$$

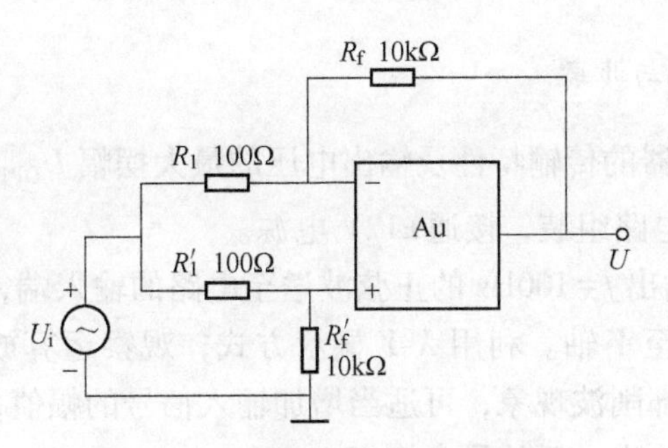

图 3-35 测量 K_{CMR} 的实验电路

为保证测量精度，必须使 $R_1=R_1'$，$R_f=R_f'$，否则会造成较大的测量误差。运算放大器的共模抑制比 K_{CMR} 越高，对电阻精度要求也就越高。经计算，如果运算放大器的 $K_{CMR}=80\text{dB}$，允许误差为 5%，则电阻相对误差 $\dfrac{\Delta R_1}{R_1}\times 100\% \leqslant 0.1\%$。

任务中选用 LM358 或 μA741 集成运算放大器，其外引线排列如图 3-36 所示。

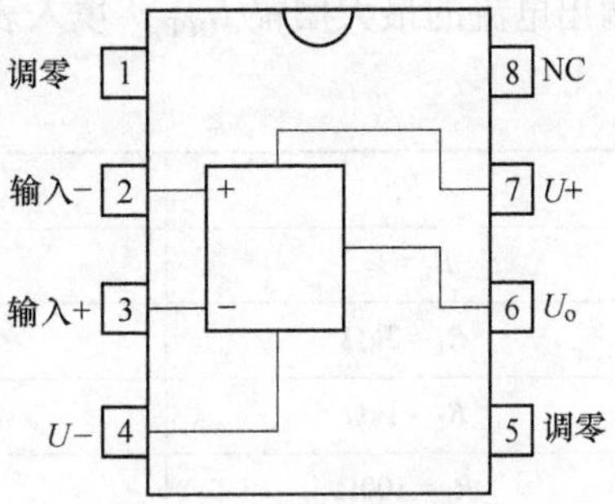

图 3-36 外引线排列图

3.6.2.3 设备清单

项目实现所需设备清单见表 3-7。

表 3-7 项目实现所需设备清单

序号	名 称	数量	型 号
1	多功能交直流电源	1 台	30221095
2	集成运算放大器	1 块	LM741
3	电阻	2 只	100Ω
4	电阻	1 只	1kΩ
5	电阻	4 只	10kΩ
6	电阻	3 只	100kΩ
7	电容	1 只	47μF
8	电容	1 只	10μF
9	电容	2 只	100μF
10	开关	2 只	单刀双投
11	短接桥和连接导线	若干	
12	9 孔插件方板	1 块	300mm×298mm
13	低频信号发生器	1 台	
14	示波器	1 台	
15	万用表	1 只	

3.6.2.4 任务内容与步骤

（1）测试运算放大器的传输特性及输出电压的最大摆幅 U_{OPP}。

1）按图3-32所示电路组装，接通±12V电源。

2）从信号发生器输出 f=100Hz的正弦波送至电路的输入端，并将其同时送至示波器的 X 轴输入端，输出接至 Y 轴。利用 X-Y 显示方式，观察运算放大器的传输特性。若示波器上未出现顶部或底部削波现象，可适当增加输入信号的幅值，直至出现削波为止。在示波器上直接读出此时输出电压的最大摆幅 U_{OPP}。

3）改变电阻 R_L 的数值，记录下不同 R_L 时的 U_{OPP}，并根据 R_L 的值，求出运算放大器输出电流的最大摆幅 I_{OPP}，填入表3-8中。

表3-8 测量表1

R_L	U_{OPP}	$I_{OPP}=U_{OPP}/R_L$
$R_L=\infty$		
$R_L=3\text{k}\Omega$		
$R_L=1\text{k}\Omega$		
$R_L=100\Omega$		

（2）测运算放大器的开环电压放大倍数 A_{Vo}。

电路如图3-33所示。在输入端加入组件说明书，允许频率的正弦波（μA741开环带宽为7Hz），用示波器测出 U_o、U_f，则：

$$A_{Vo}=20\lg\frac{U_o}{U_i}=20\lg\left(\frac{R_1+R_2}{R_2}\cdot\frac{U_o}{U_f}\right)$$

（3）测运算放大器的输入失调电压 U_{IO}。

测试电路如图3-34所示。闭合开关S，此时电阻 R 被短路。用万用表测运算放大器的输出电压，记为 U_{o1}，则运算放大器的输入失调电压：

$$U_{IO}=\frac{R_1}{R_1+R_f}\cdot U_{o1}=\frac{0.1}{0.1+10}\cdot U_{o1}=\frac{1}{101}\cdot U_{o1}$$

（4）测输入失调电流 I_{IO}。

电路如图3-34所示。断开开关S，此时电阻 R 被接入。用万用表测输出电压，记为 U_{o2}，则输入失调电流：

$$I_{IO}=\frac{U_{o2}-U_{o1}}{\left(1+\frac{R_f}{R_1}\right)R}=\frac{U_{o2}-U_{o1}}{R}\cdot\frac{R_1}{R_1+R_f}$$

式中，U_{o1} 为内容（3）中测出的输出电压。

（5）测运算放大器的共模抑制比 K_{CMR}。

电路如图3-35所示。加入 $f=100\text{Hz}$，$U_i=0.1\text{V}$ 的正弦信号，用万用表测出 U_o、U_i，则：

$$K_{CMR} = 20\lg\left|\frac{R_f}{R_1} \cdot \frac{U_i}{U_o}\right| = 20\lg\frac{10}{0.1} \cdot \frac{U_i}{U_o}$$

3.7 小 结

(1) 集成运放采用差动放大器解决了直接耦合放大器产生的温漂问题，衡量集成运放解决温漂能力的主要指标是共模抑制比。

(2) 理想集成运放电路的技术指标，与实际集成运放的各项技术指标相比，达到了工程要求。理想运放概念的引入，为实际电路分析带来了方便，并能满足实际工程计算的结果。

(3) 集成运放有两个工作区域。在线性区域，电路的输出与输入呈比例，在非线性区域，电路的输出具有两值性。

(4) 集成运放工作于线性区域时，有“虚短”和“虚断”的特点。

(5) 集成运放工作于非线性区时，有“虚断”但无“虚短”，两输入端的电位不再相等。

(6) 负反馈是实际放大器必须采用的技术，以提高和改善放大器的性能。闭环增益方程定量描述了放大器的开环增益和闭环增益的关系，对放大器的设计具有指导意义。

(7) 判断正负反馈的方法是瞬时极性法。要注意将反馈信号和输入信号在同一点上进行相位比较才有意义，同相为正反馈，反相为负反馈。

(8) 直流负反馈的作用是稳定工作点，交流负反馈的作用是改善放大器的性能。

(9) 交流负反馈降低了放大器的增益，提高了放大器增益的稳定性，降低了电路内部的噪声，改善了非线性失真，展宽了通频带，改变了放大器的输入电阻和输出电阻。

(10) 交流负反馈有四种组态，各种组态有不同的特点：

电压串联负反馈电路能稳定输出电压，输入电阻增大，输出电阻减小；

电压并联负反馈电路能稳定输出电压，输入电阻减小，输出电阻减小；

电流串联负反馈电路能稳定输出电流，输入电阻增大，输出电阻增大；

电流并联负反馈电路能稳定输出电流，输入电阻减小，输出电阻增大。

(11) 判断电压负反馈和电流负反馈的方法是负载短路法，判断串联负反馈和并联负反馈的方法是同点区分法。

练 习 题

3.1 填空题

(1) 由于不易制作大容量电容器，所以集成电路采用________耦合电路。

(2) ________耦合放大电路的零点漂移会被后级放大，采用差动放大电路的主要目的是____________________。

(3) 差动放大电路对________信号具有良好的放大作用，对________信号具有很强的抑制作用。

(4) 差模放大倍数 A_d 是________之比，共模放大倍数 A_c 是________之比。

(5) 共模抑制比 K_{CMR} 是____________________________之比，电路的 K_{CMR} 越大，表明电路____________________。

（6）长尾电路的对称性越________，R_E的值越________，则差动放大电路抑制零点漂移的能力越好，它的K_{CMR}就越________。

（7）差模电压增益A_{ud}等于________之比，A_{ud}越大，表示对________信号的放大能力越大。

（8）共模电压增益A_{uc}等于________之比，A_{uc}越大，表示对________信号的抑制能力越弱。

（9）在放大电路中为了减小输出电阻应引入________负反馈，为了增大输入电阻应引入________负反馈。

（10）在放大电路中为了减小输入电阻应引入________负反馈，为了增大输出电阻应引入________负反馈。

（11）电压串联负反馈能稳定输出________，并能使输入电阻________。

（12）电流并联负反馈能稳定输出________，并能使输入电阻________。

（13）放大电路中若引入负反馈，如信号源为电流源，则应引入________负反馈；若要求稳定输出电压，则应引入________负反馈；若要求向信号源索取的电流尽可能小、输出电流稳定，则应引入负反馈。

（14）深度负反馈的条件是____________________。

（15）并联负反馈的净输入量是____________________。

3.2　判断题

（1）若放大电路的放大倍数为负，则引入的反馈一定是负反馈。（　）

（2）若放大电路引入负反馈，则负载电阻变化时，输出电压基本不变。（　）

（3）在负反馈放大电路中，反馈深度越大，闭环放大倍数就越稳定。（　）

（4）在负反馈放大电路中，在反馈系数较大的情况下，只有尽可能地增大开环放大倍数，才能有效地提高闭环放大倍数。（　）

（5）在深度负反馈的条件下，闭环放大倍数$A_f \approx 1/F$，它与负反馈有关，而与放大器开环放大倍数A无关，故此可以省去放大通路，仅留下反馈网络，来获得稳定的放大倍数。（　）

（6）负反馈只能改善反馈环路内的放大性能，对反馈环路外无效。（　）

（7）若放大电路负载固定，为使其电压放大倍数稳定，可以引入电压负反馈，也可以引入电流负反馈。（　）

（8）电压负反馈可以稳定输出电压，流过负载的电流也就必然稳定，因此电压负反馈和电流负反馈都可以稳定输出电流，在这一点上电压负反馈和电流负反馈没有区别。（　）

（9）负反馈能减小放大电路的噪声，因此无论噪声是输入信号中混合的还是反馈环路内部产生的，加入负反馈后都能使输出电端的信噪比得到提高。（　）

（10）由于负反馈可展宽频带，所以只要负反馈足够深，就可以用低频管代替高频管组成放大电路来放大高频信号。（　）

3.3　集成运放的理想条件是什么？工作在线性区的理想运放有哪两个重要特点？工作在非线性区时又有什么不同？

3.4　两个直接耦合放大电路，A放大电路的电压放大倍数为100，当温度由20℃变到30℃时，输出电压漂移了2V；B放大电路的电压放大倍数为1000，当温度从20℃变到30℃时，输出电压漂移了10V，试问哪一个放大器的温漂小？为什么？

3.5 判断图3-37所示电路是否引入了反馈，如果引入了反馈，指出反馈元器件，并判断反馈是直流反馈还是交流反馈，是正反馈还是负反馈。

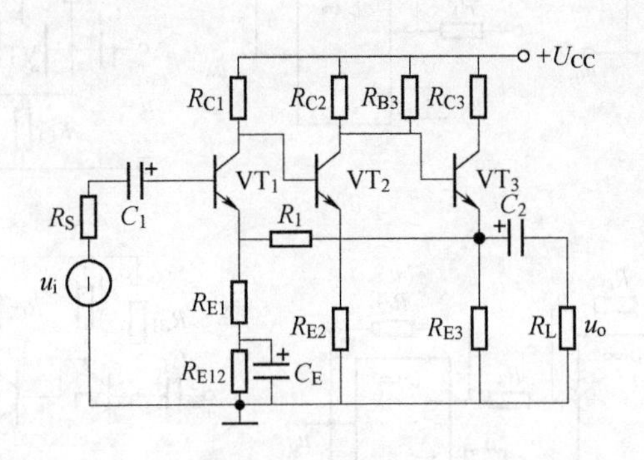

图3-37 题3.5图

3.6 电路如图3-38所示，判别反馈的组态。

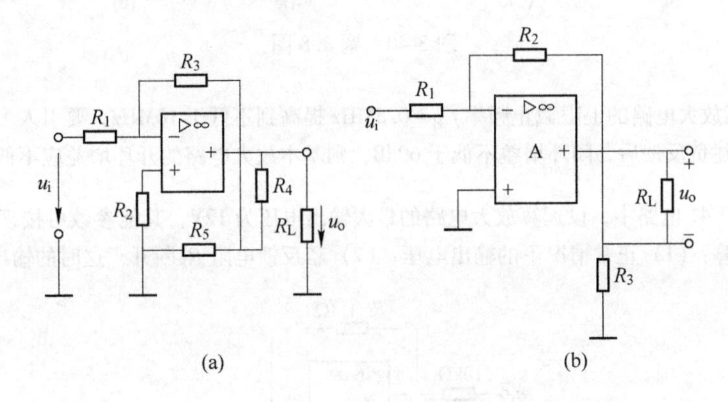

图3-38 题3.6图

3.7 判断图3-39所示电路的两级之间的反馈极性和反馈组态。

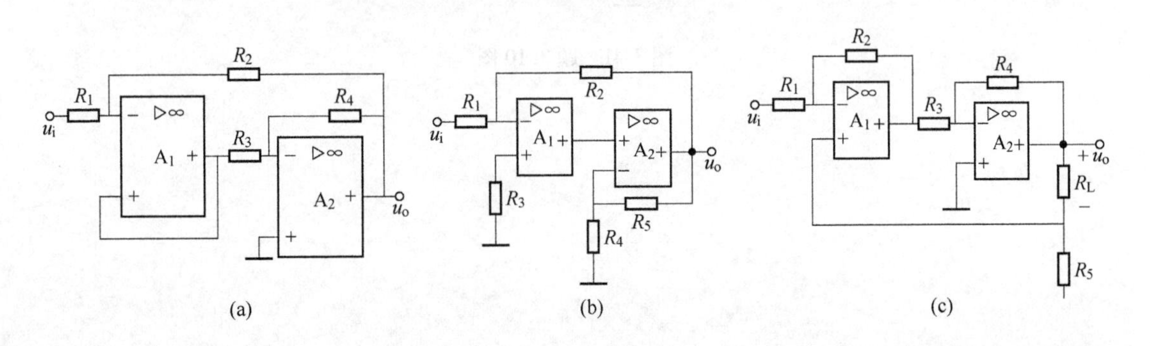

图3-39 题3.7图

3.8 指出图3-40所示电路有无反馈，若有反馈，试判别反馈的极性和类型（说明正、负、电压、电流、串、并联反馈），并说明是直流反馈还是交流反馈。设图中所有电容对交流信号均视为短路。

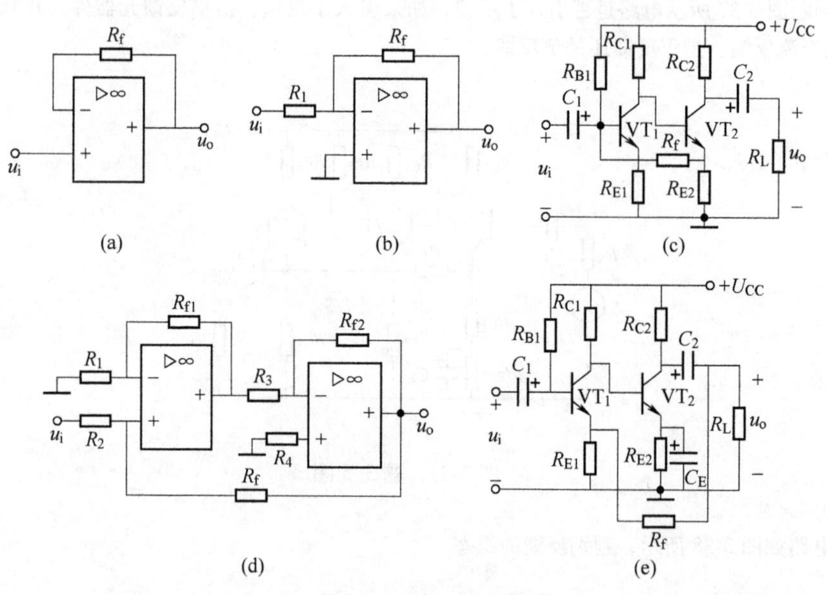

图 3-40　题 3. 8 图

3. 9　欲将某放大电路的上限截止频率 f_H = 0. 5MHz 提高到不低于 10MHz，要引入多深的负反馈？如果要求在引入上述负反馈后，闭环增益不低于 60dB，则基本放大电路的开环增益应不低于多少倍？

3. 10　在图 3-41 电路中，设运算放大电路的最大输出电压为 12V，其他参数可按理想情况考虑，若 u_I = +20mV，计算：(1) 正常情况下的输出电压；(2) 若反馈电阻 R_F 断开，这时的输出电压是多大？

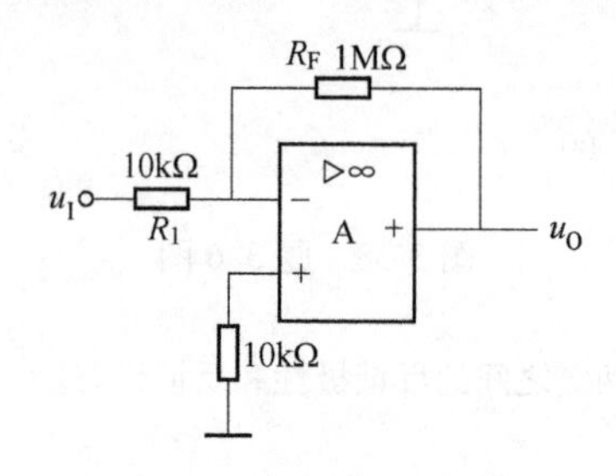

图 3-41　题 3. 10 图

项目 4　集成运放基本应用电路的连接与测试

4.1　知识目标

（1）了解集成运算放大器工作在线性区的条件。

（2）掌握反相比例放大器的组成和电路参数的计算。

（3）掌握同相比例放大器的组成和电路参数的计算。

（4）掌握反相比例求和放大器的组成和电路参数的计算。

（5）掌握倒相放大器和电压跟随器的组成和特点。

（6）了解微分计算和积分计算电路的组成。

（7）了解用集成运放组成的有源滤波器和精密整流电路。

4.2　技能目标

（1）会用集成运放组成反相比例放大器，能根据放大倍数选择电路元件的参数。

（2）会用集成运放组成同相比例放大器，能根据放大倍数选择电路元件的参数。

（3）会用集成运放组成反相比例求和放大器，能根据放大倍数选择电路元件的参数。

（4）会用集成运放组成倒相放大器和电压跟随器，了解其电路特点。

（5）会用集成运放组成有源滤波器和精密整流电路。

4.3　案例引入

案例 4-1　七管超外差调幅收音机中的滤波电路如图 4-1 所示。

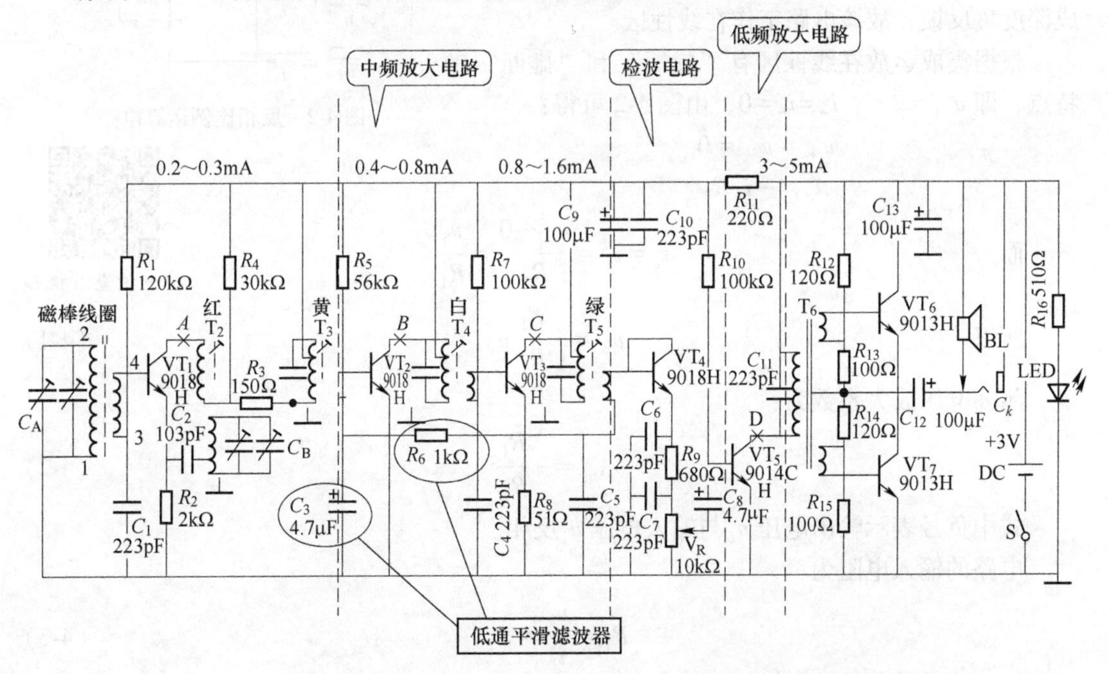

图 4-1　七管超外差调幅收音机中的滤波电路

4.4 知 识 链 接

4.4.1 集成运放组成的基本运算放大电路

集成运放的一个重要应用便是信号的运算，其最早应用于模拟信号的运算。当集成运放工作在线性区，即深度负反馈时，可以实现电路的输出和输入信号之间的数学运算关系。

4.4.1.1 模拟信号运算电路

运放工作在线性区时，其应用电路的输出、输入电压关系取决于反馈网络，可以模拟成 $y = f(x)$ 的数学方程式，其中 y 表示输出电压，x 表示输入电压。因此，反馈网络只要接入不同的元器件和采用不同的电路形式，就可以实现各种数学运算。这些基本的运算电路在自动调节系统、测量仪器中得到广泛的应用。

A 比例运算电路

实现输出信号与输入信号按一定比例运算的电路，称为比例运算电路。按输入信号加在集成运放不同的输入端，比例运算又分为：反相比例运算和同相比例运算，它们是构成各种复杂运算电路的基础，是最基本的运算电路。

(1) 反相比例运算电路。图 4-2 所示为反相比例运算电路。输入信号 u_i 通过 R_1 接于运放的反相输入端。输出信号 u_o 经反馈电阻 R_f 接回至反相输入端，形成深度负反馈，故该电路工作在线性区。

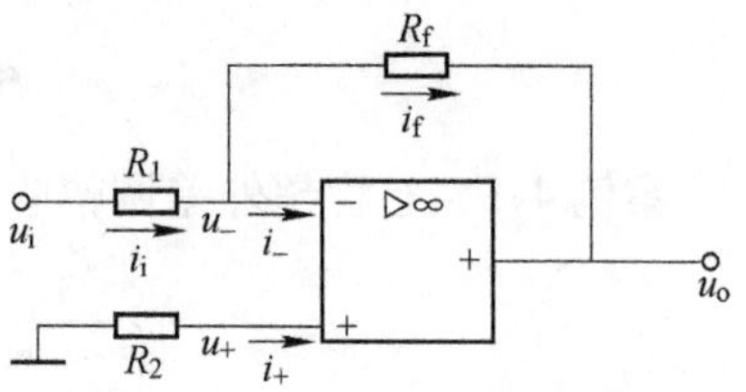

图 4-2　反相比例运算电路

扫一扫查看视频

根据集成运放在线性区有"虚短"和"虚断"的特点，即 $u_+ = u_-$，$i_+ = i_- = 0$，由图 4-2 可得：

$$u_+ = u_- = 0$$

$$u_o = -i_f R_f$$

而：

$$i_f = i_1 = \frac{u_i - 0}{R_1} = \frac{u_i}{R_1}$$

所以

$$u_o = -\frac{R_f}{R_1} u_i \tag{4-1}$$

闭环电压放大系数为：

$$A_{uf} = -\frac{R_f}{R_1} \tag{4-2}$$

式中负号表示输出电压 u_o 与输入电压 u_i 反相。

电路的输入电阻为：

$$R_i = \frac{u_i}{i_i} = R_1 \tag{4-3}$$

电路的输出电阻很小，可以认为：

$$R_o = 0 \tag{4-4}$$

综合以上分析，对反相比例运算电路可以归纳得出以下几点结论。

1）反相比例运算电路实际上是一个电压并联负反馈电路。在理想情况下，反相输入端的电位等于零，称为“虚地”，因此加在集成运放输入端的共模输入电压很小。

2）反相比例运算电路的电压放大倍数 $A_{uf} = -R_f/R_1$，即输出电压与输入电压的相位相反，比值 $|A_{uf}|$ 仅由 R_f 和 R_1 之比，而与集成运放的参数无关。只要 R_f 和 R_1 的阻值准确而稳定，就可以得到准确的比例运算关系，实现信号的反相比例运算。根据电阻取值的不同，比例 $|A_{uf}|$ 可以大于 1，也可以小于 1，这是这种电路一个很重要的特点。当 $R_f = R_1$ 时，$A_{uf} = -1$，此时的电路称为单位增益倒相器，也称为反相器，用于在数学运算中实现变号运算。

3）由于在电路中引入了电压并联负反馈，因此该电路的输入电阻不高，输出电阻很低。

4）为使集成运放中的差动放大电路的参数保持对称，应使两个差分对管的基极对地电阻尽量一致，以免静态基流过这两个电阻时，在集成运放的两个输入端产生附加的偏差电压。因此，要选择 R_2 的阻值为：$R_2 = R_1 // R_f$。R_2 称为平衡电阻。

【例 4-1】 在图 4-2 中，已知 $R_1 = 10\text{k}\Omega$，$R_f = 100\text{k}\Omega$，求电压放大倍数 A_{uf}、输入电阻 R_i 及平衡电阻 R_2。

解：

$$A_{uf} = -\frac{R_f}{R_1} = -\frac{100}{10} = -10$$

$$R_i = R_1 = 10\text{k}\Omega$$

$$R_2 = R_1 // R_f = \frac{10 \times 100}{10 + 100} = 9.1\text{k}\Omega$$

（2）同相比例运算电路。图 4-3 所示为同相比例运算电路。输入信号 u_i 通过 R_2 接于运放的同相输入端，反相输入端通过电阻 R_1 接地，R_2 是平衡电阻，且 $R_2 = R_1 // R_f$。

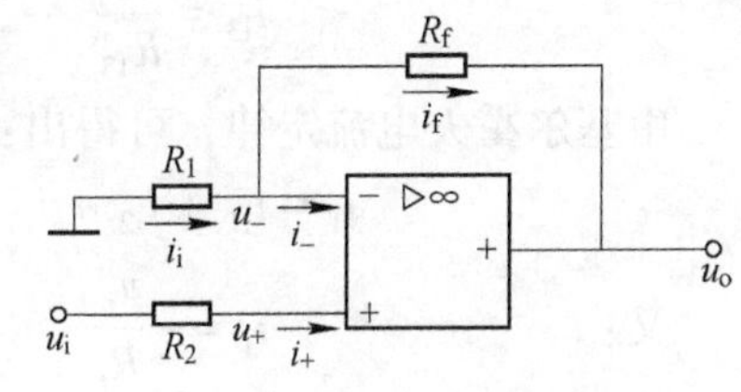

图 4-3 同相比例运算电路

根据“虚短”和“虚断”，有 $u_+ = u_- = u_i$，$i_+ = i_- = 0$，由图 4-3 可得：

$$i_f = i_1 = -\frac{u_-}{R_1} = -\frac{u_i}{R_1}$$

$$u_o = -i_f R_f - i_1 R_1 = \left(1 + \frac{R_f}{R_1}\right) u_i \tag{4-5}$$

则同相比例运算电路的电压放大倍数为：

$$A_{uf} = 1 + \frac{R_f}{R_1}$$

对同相比例运算电路分析可以得到以下几点结论。

1）同相比例运算放大电路是一个电压串联负反馈电路。因为 $u_+ = u_- = u_i$，所以不存在“虚地”现象，由于两输入端都不为地，使得集成运放的共模输入的电压值较高，因此在选用集成运放时要选用输入共模电压高的集成运放器件。

2）同相比例运算放大电路的电压放大倍数 $A_{uf}=1+R_f/R_1$，即输出电压与输入电压的相位相同。也就是说，电路实现了同相比例运算。比例值也只取决于电阻 R_f 和 R_1 之比，而与集成运放的参数无关，所以同相比例运算的精度和稳定性主要取决于电阻 R_f 和 R_1 的精确度和稳定度。值得注意的是，比例值恒大于等于 1，所以同相比例运算放大电路不能完成比例系数小于 1 的运算。当将电阻取值为 $R_f=0$ 或 $R_1=\infty$ 时，显然有 $A_{uf}=1$，这时的电路称为电压跟随器，在电路中用于驱动负载和减轻对信号源的电流索取，电压跟随器的电路如图 4-4 所示。

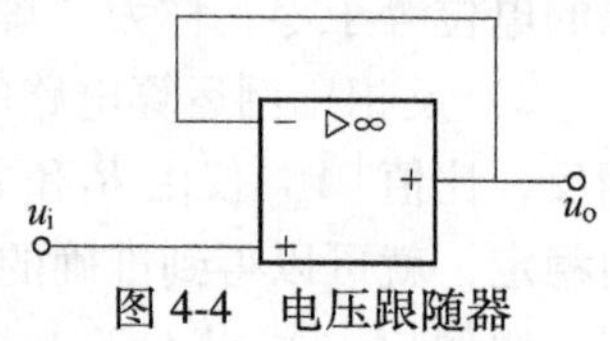

图 4-4　电压跟随器

3）由于在电路中引入了电压串联负反馈，因此同相比例运算放大电路的输入电阻很高，输出电阻很低，常用做阻抗变换器或缓冲器。

B　加法与减法运算

a　加法运算电路

如果在集成运放的反相输入端增加若干个输入支路，则构成反相加法运算电路，也称反相加法器，如图 4-5 所示。图中，R_2 是平衡电阻，一般满足 $R_2=R_{11}//R_{12}//R_{13}//R_f$。

扫一扫查看视频

在要求不高的场合也可将同相输入端直接接地。

根据“虚短”和“虚断”的特点，可知反相输入端“虚地”，可列出：

$$i_{i1}=\frac{u_{i1}}{R_{11}}$$

$$i_{i2}=\frac{u_{i2}}{R_{12}}$$

$$i_{i3}=\frac{u_{i3}}{R_{13}}$$

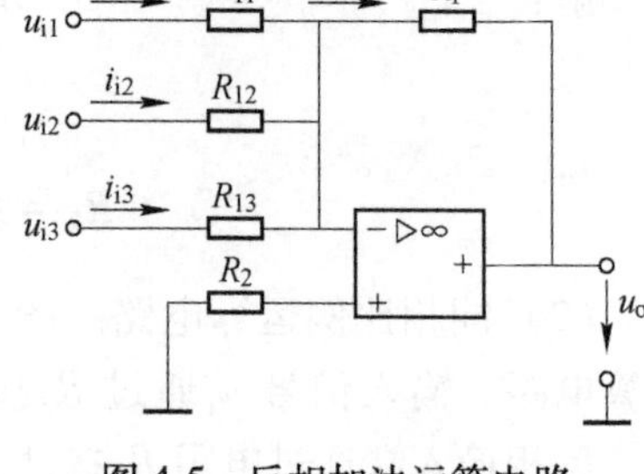

图 4-5　反相加法运算电路

由基尔霍夫电流定律，可得出：

$$i_f=i_{i1}+i_{i2}+i_{i3}$$

又：

$$i_f=-\frac{u_o}{R_f}$$

故有：

$$u_o=-\left(\frac{R_f}{R_{11}}u_{i1}+\frac{R_f}{R_{12}}u_{i2}+\frac{R_f}{R_{13}}u_{i3}\right) \tag{4-6}$$

式（4-6）表示输出电压等于各输入电压按照不同比例相加之和。若 $R_{11}=R_{12}=R_{13}=R_f$，则：

$$u_o=-(u_{i1}+u_{i2}+u_{i3})$$

实际应用时可适当增加或减少输入端的个数，也适应不同的需要。

【例 4-2】　在图 4-6 中，已知 $R_1=R_2=10\text{k}\Omega$，$R_f=20\text{k}\Omega$，$u_{i1}=0.3\text{V}$，$u_o=-2\text{V}$，试求 u_{i2} 的大小；若 $R_1=R_2=R_f=10\text{k}\Omega$，$u_{i2}=0.5\text{V}$，$u_{i1}$ 不变，求 u_o 的大小。

解： 由于：

$$u_o = -\left(\frac{R_f}{R_1}u_{i1} + \frac{R_f}{R_2}u_{i2}\right)$$

则： $-2 = -\left(\frac{20}{10} \times 0.3 + \frac{20}{10} \times u_{i2}\right)$

所以： $u_{i2} = 0.7\text{ V}$

当 $R_1 = R_2 = R_f = 10\text{k}\Omega$ 时：

$$u_o = -(u_{i1} + u_{i2}) = -(0.3 + 0.5)\text{V} = -0.8\text{V}$$

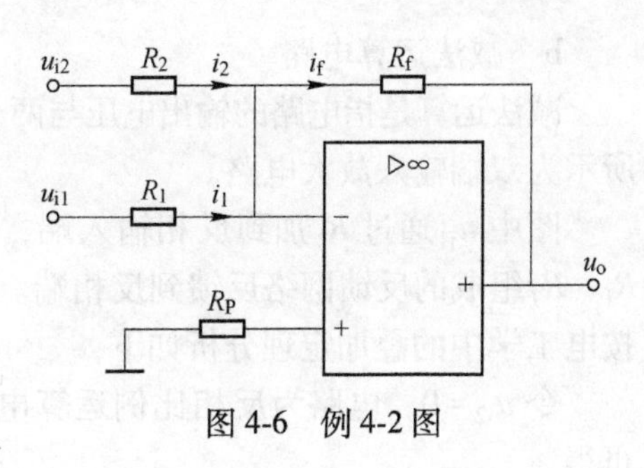

图 4-6 例 4-2 图

【例 4-3】 设图 4-7 中运放是理想的，试求它的输出电压与输入电压的关系。

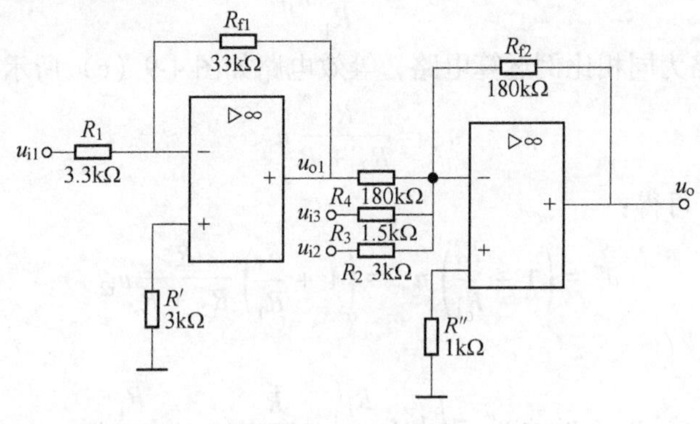

图 4-7 例 4-3 图

解：电路的第一级为反相比例运算电路，其输出电压为：

$$u_{o1} = -\frac{R_{f1}}{R_1}u_{i1} = -\frac{33}{3.3}u_{i1}$$

电路的第二级为反相加法运算电路，其输出电压为：

$$u_o = -\left(\frac{R_{f2}}{R_4}u_{o1} + \frac{R_{f2}}{R_2}u_{i2} + \frac{R_{f2}}{R_3}u_{i3}\right)$$

$$= \frac{180}{180} \times 10u_{i1} - \frac{180}{3}u_{i2} - \frac{180}{1.5}u_{i3}$$

$$= 10u_{i1} - 60u_{i2} - 120u_{i3}$$

由此可见，此电路是一个和差电路。

若在同相输入端增加若干个输入支路，则可构成同相加法运算电路，如图 4-8 所示，R_f 与 R_1 引入了电压串联负反馈，所以集成运放工作在线性区。

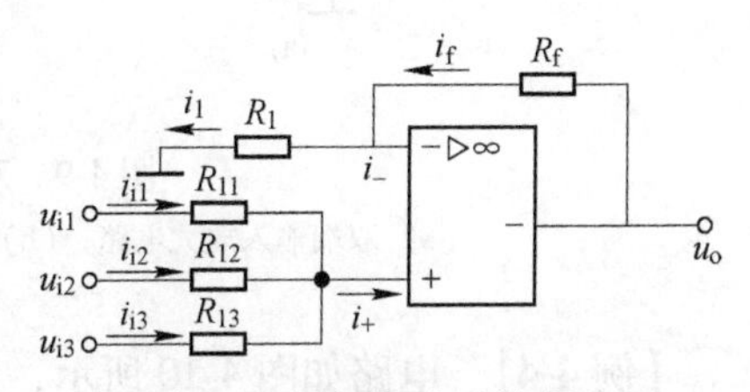

图 4-8 同相加法运算电路

同相加法电路的数学表达式比较复杂，而且在电路调试时，当需要改变某一项的系数而改变某一电阻值时，必须同时改变其他电阻的阻值，以保证满足电路的平衡条件。尽管同相求和电路与反相求和电路相比较，调试比较麻烦，但因为其输入电阻比较大，对信号源所提供的信号衰减小，因此在仪器仪表电路中仍得到广泛的使用。

b 减法运算电路

减法运算是指电路的输出电压与两个输入电压之差成比例，减法运算电路。图 4-9（a）所示为双端输入放大电路。

图中 u_{i1} 通过 R_1 加到反相输入端，u_{i2} 通过 R_2、R 分压后加到同相端。输出信号通过 R_f、R_1 组成的反馈网络反馈到反相端。双端输入放大电路的输出电压在线性工作条件下，按电工学中的叠加定理分析如下：

令 $u_{i2}=0$，电路为反相比例运算电路，等效电路如图 4-9（b）所示。根据式（4-1）可得：

$$u_o' = -\frac{R_f}{R_1}u_{i1}$$

令 $u_{i1}=0$，电路为同相比例运算电路，等效电路如图 4-9（c）所示。则：

$$u_+ = \frac{R}{R_2+R}u_{i2}$$

根据式（4-5）可得：

$$u_o'' = \left(1+\frac{R_f}{R_1}\right)u_+ = \left(1+\frac{R_f}{R_1}\right)\frac{R}{R_2+R}u_{i2}$$

则输出电压为：

$$u_o = u_o' + u_o'' = \left(1+\frac{R_f}{R_1}\right)\frac{R}{R_2+R}u_{i2} - \frac{R_f}{R_1}u_{i1} \tag{4-7}$$

在电路中，如果选取电阻满足 $R_1=R_2$，$R_f=R$，则式（4-7）经推导可得到如下关系式：

$$u_o = \frac{R_f}{R_1}(u_{i2}-u_{i1})$$

即输出电压与两个输入电压之差（$u_{i2}-u_{i1}$）成正比。

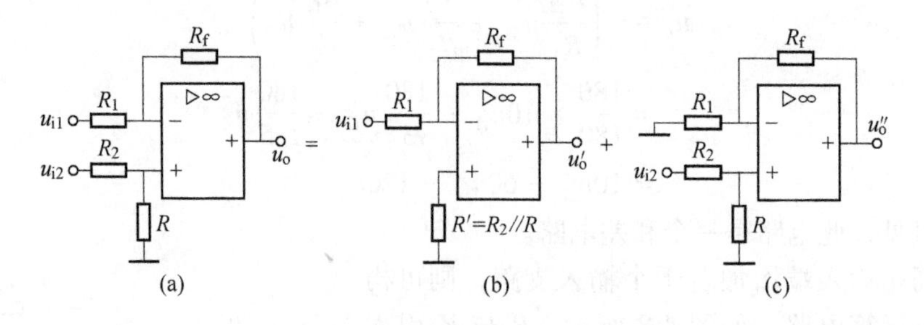

图 4-9 双端输入放大电路及分解图

（a）双端输入放大电路；（b）令 $u_{i2}=0$ 时放大电路；（c）令 $u_{i1}=0$ 时放大电路

【例 4-4】 电路如图 4-10 所示，已知 $R_1=10\text{k}\Omega$，$R_2=30\text{k}\Omega$，$u_{i1}=-2\text{V}$，$u_{i2}=1\text{V}$。求输出电压 u_o 的值。

解：由图 4-10 可得：

$$u_{o1} = u_- = u_{i1}$$

$$u_{o2}=\left(1+\frac{R_2}{R_1}\right)u_{i2}=\left(1+\frac{30}{10}\right)\times 1\text{V}=4\text{V}$$

则 $u_o=\dfrac{R_2}{R_1}(u_{o2}-u_{o1})=\dfrac{30}{10}\times[4-(-2)]\text{V}=18\text{V}$

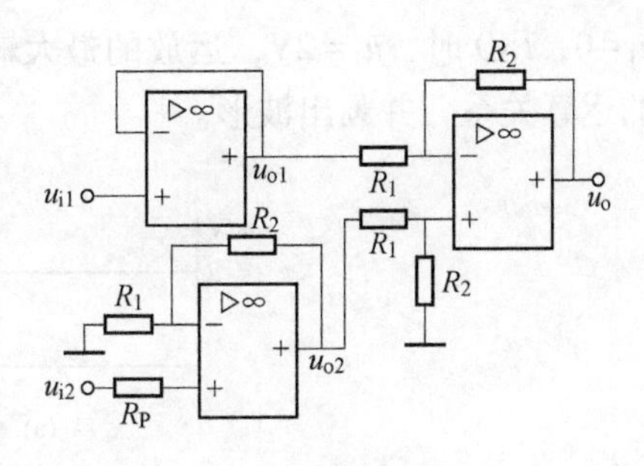

图 4-10　例 4-4 图

C　积分运算电路

积分运算电路是模拟计算机中的基本单元，利用它可以实现对积分方程的模拟，能对信号进行积分运算。除用于信号运算外，积分运算电路在信号波形变换、自动化控制和自动测量系统中也应用广泛。

在图 4-2 所示的反相比例运算电路中，将反馈电阻 R_f 换成电容 C_f，引入电压并联负反馈，就成积分运算电路，如图 4-11（a）所示。

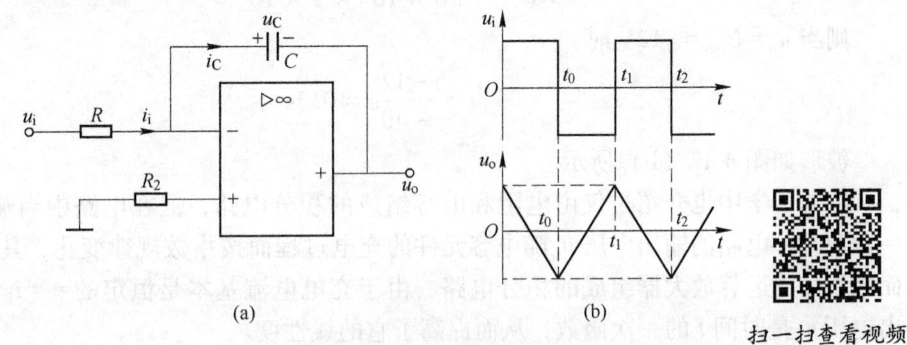

扫一扫查看视频

图 4-11　积分运算电路

（a）基本运算电路；（b）输入、输出波形

由于反相比例运算电路的反相输入端为“虚地”，所以输出电压只取决于反馈电流与反馈支路元件的伏安特性，输入电流只取决于输入电压与输入支路元件的伏安特性。

由于 $i_i=i_c$，可得：

$$u_o=-u_C=-\frac{1}{C}\int_{t_0}^{t}\frac{u_i}{R}\mathrm{d}t+u_C\big|_{t_0}=-\frac{1}{RC}\int_{t_0}^{t}u_i\mathrm{d}t+u_C\big|_{t_0} \tag{4-8}$$

上式表明，输出电压与输入电压对时间的积分成比例，实现了积分运算；式中的负号表示输出电压与输入电压两者在相位上是相反的；式中的 RC 称为积分时间常数；式中 $u_o\big|_{t_0}$是电容两端在 t_0 时刻时的电压，即电容的初始电压值。图中 R_2 是平衡电阻，一般 $R_2=R$。若输入为方波，则由式（4-7）可得输出波形如图 4-11（b）所示，积分运算电路可以将输入的方波转变为三角波输出。是 u_o 与 u_i 的积分成比例，式中的负号表示输出电压与输入电压两者在相位上是相反的。式中的 R_1C_F 称为积分时间常数。

当 u_i 为恒定电压 U，设 $u_o\big|_{t_0}=0$，代入式（4-7）中，可得：

$$u_o=-\frac{U}{RC}t \tag{4-9}$$

【例 4-5】　在图 4-12（a）中，$R=50\text{k}\Omega$，$C=1\mu\text{F}$，u_i 为一正向阶跃电压，当 $t<0$ 时，

$u_i=0$，$t>0$ 时，$u_i=2V$，运放的最大输出电压 $U_{om}=\pm 12V$，试求 $t\geqslant 0$ 范围内 u_o 与 u_i 之间的运算关系，并画出波形。

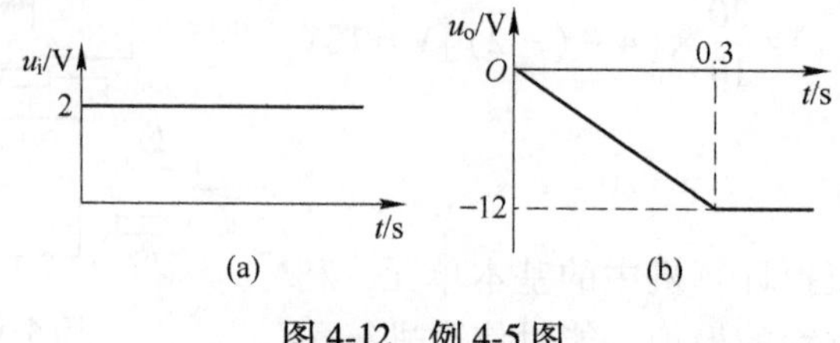

图 4-12　例 4-5 图

（a）输入信号 u_i；（b）输入信号 u_o

解：根据题意，$t\geqslant 0$ 时，$u_i=2V$，则由式（4-9）可得：

$$u_o=-\frac{u_i}{RC}t=-\frac{2}{50\times 10^3\times 1\times 10^{-6}}t=-40t$$

则当 $u_o=U_{om}=-12V$ 时：

$$t=\frac{-12}{-40}s=0.3s$$

波形如图 4-12（b）所示。

在电工学中也介绍过仅由电阻和电容组成的积分电路，但在电路中当输入信号 u_i 为一常数时，电路的输出电压 u_o 随电容元件的充电过程而按指数规律变化，其线性度较差。而采用集成运算放大器组成的积分电路，由于充电电流基本是恒定的 $i_c=i_i=u_i/R$，故输出电压 u_o 是时间 t 的一次函数，从而提高了它的线性度。

D　微分运算电路

微分是积分的逆运算，电路的输出电压与输入电压呈微分关系，将积分电路的电阻和电容位置互换，就可实现微分运算，其电路如图 4-13（a）所示。

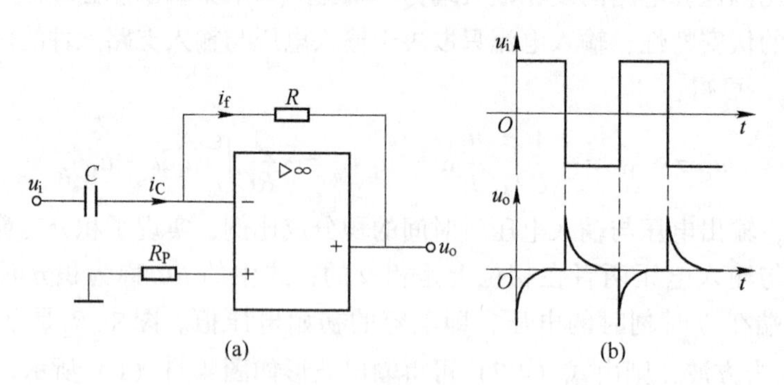

图 4-13　微分运算电路

（a）基本运算电路；（b）输入、输出波形

图中，反馈电阻 R 引入并联电压负反馈，保证集成运放工作在线性区。由于反相端是虚地，输入支路是电容，因此输入电流与输入电压成微分关系，即：

$$i_C=C\frac{du_i}{dt}$$

由于反馈支路是电阻，则有：

$$u_o = -i_f R = -i_C R = -RC\frac{du_i}{dt} \tag{4-10}$$

式（4-10）表明，输出电压 u_o与输入电压 u_i呈微分关系。

当输入电压为一矩形波时，在矩形波电压有变化处运放有尖脉冲输出，而当矩形波电压无变化时，运放将无电压输出，如图 4-13（b）所示。

由图 4-13（b）可知，*RC* 微分电路可把方波转换为尖脉冲波，即只有输入波形发生突变的瞬间才有电压输出，且输出的尖脉冲波形的宽度与 *RC*（即电路的时间常数）有关，*RC* 越小，尖脉冲波形越尖，反之则宽。而对输入波形的恒定部分则没有输出。此电路的 *RC* 必须远远小于输入波形的宽度，否则就失去了波形变换的作用，变为一般的 *RC* 耦合电路了，一般 *RC* 小于或等于输入波形宽度的 1/10 就可以了。

通过以上各种运算电路分析可知，运放大多采用反相输入方式。这是因为反相输入式放大电路的输出电压只取决于反馈电流与反馈支路的伏安特性；输入电流只取决于输入电压与输入支路元件的伏安特性；输入电流等于反馈电流。这些特性给组成运算电路带来极大方便。如果要实现 $y=f(x)$ 的运算，只要找到伏安特性符合 $y=f(x)$ 的元件接入反馈支路，电阻接入输入支路即可。若要实现逆运算，只要将两支路的元件互换即可。采用这种方法，可以实现对数运算、指数运算、乘法运算、除法运算等，这里不再叙述。

4.4.1.2 有源滤波电路

滤波电路的功能是让某些频率的信号比较顺利地通过，而其他频率的信号则被抑制。滤波电路可以只用一些无源元件 *R*、*L*、*C* 组成，也可以包含某些有源元件，如集成运放等。前者称为无源滤波电路，后者称为有源滤波电路。与无源滤波电路相比，有源滤波电路的主要优点是具有一定的信号放大和带负载能力，可以很方便地改变其特性参数；另外由于可以不使用电感元件，可减小滤波器的体积和重量。有源滤波器在信息处理、数据传输、抑制干扰等方面有着广泛的应用。但是由于通用型集成运放的带宽有限，所以目前有源滤波器的工作频率较低，一般在几千赫兹以下（采用特殊器件也可以做到几兆赫兹），而在频率较高的场合，常采用 *LC* 无源滤波器。

扫一扫查看视频

根据幅频特性所表示的通过或阻止信号的频率范围不同，滤波器可以分为低通滤波器（LPF）、高通滤波器（HPF）、带通滤波器（BPF）和带阻滤波器（BEF）。一般用幅频响应来表征滤波器的特性，把能通过的频带范围称为通带，而把受阻或衰减的频率范围称为阻带，通带和阻带的界限频率称为截止频率。各种滤波器理想的幅频特性如图 4-14 所示。

A 低通滤波电路

理想的低通滤波电路的幅频特性如图 4-14（a）所示，它表明允许低于 f_H的低频信号通过，高于 f_H的高频信号则被抑制，f_H称为上限截止频率。最简单的低通滤波电路是无源 *RC* 低通滤波电路，如图 4-15 所示。它使高频信号衰减的原因是：电容 *C* 的容抗随信号频率增加而减小，使输入信号 u_i 经滤波器处理后的 $A_u = U_o/U_i$ 值（U_o和 U_i表示输出电压和输入电压的有效值）也随频率的增加而下降，直至降到零，所以频率越高，U_o越小；而低频信号的衰减较小，易于通过，所以称为低通滤波器。这种电路的突出问题是带负载能

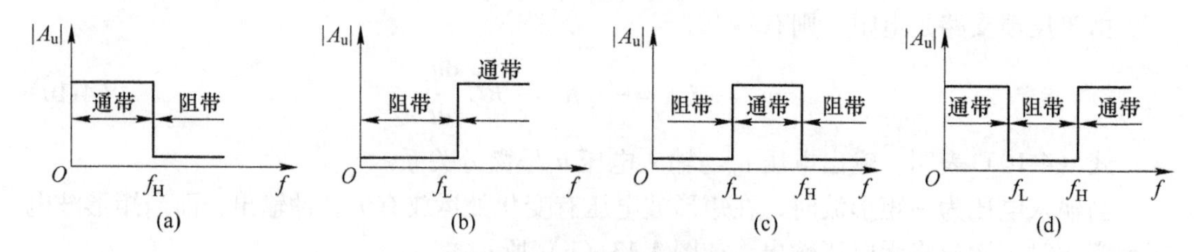

图 4-14　各种滤波器的理想幅频特性

（a）低通；（b）高通；（c）带通；（d）带阻

力差。为了克服这个缺点，可以在 RC 无源滤波电路和负载 R_L 之间接入一个由集成运放组成的电压跟随器，从而构成最简单的有源低通滤波器，如图 4-16（a）所示。有源滤波器是利用放大电路将经过无源滤波网络处理的信号进行放大，它不但可以保持原来的滤波特性（幅频特性），而且还可提供一定的信号增益。同时，运放 R_L 与滤波网络隔离，使 R_L 变化时不会影响 A_u 与通频带的范围，它的幅频特性如图 4-16（c）所示。

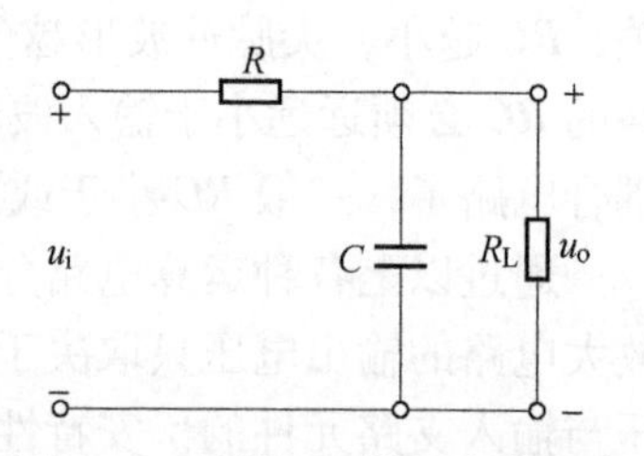

图 4-15　无源 RC 低通滤波电路

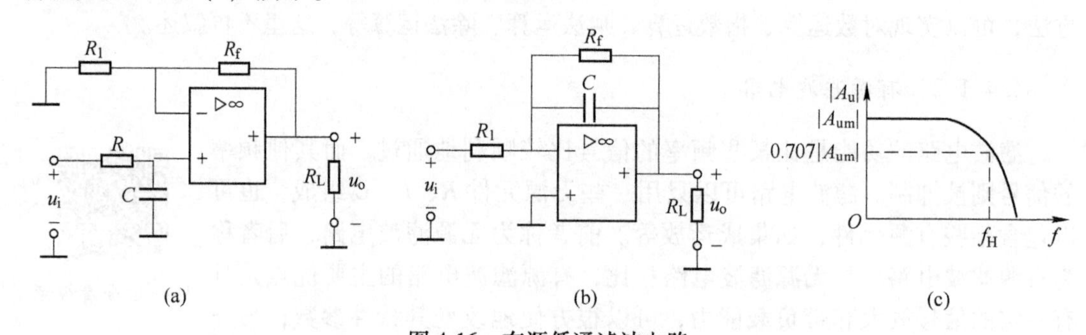

图 4-16　有源低通滤波电路

（a）基本电路；（b）接入反馈支路电路；（c）幅频特性

图 4-16（b）所示的有源低通滤波电路将 R、C 元件接入反馈支路。随着频率的增加，电容 C 的容抗下降，反馈加深，电压放大倍数下降，它的幅频特性的形状与图 4-16（c）一致。

B　高通滤波电路

理想的高通滤波电路的幅频特性如图 4-14（b）所示，它表明允许高于 f_L 的高频信号通过，低于 f_L 的低频信号则被抑制，f_L 称为下限截止频率。简单的无源高通滤波电路如图 4-17 所示。对于低频信号，由于电容 C 的容抗很大，输出电压很小；随着频率的增加，电容的容抗下降，输出电压升高。在无源高通滤波电路与负载之间加入集成运放，就得到了有源高通滤波电路，如图 4-18 所示，其幅频特性如图 4-19 所示。

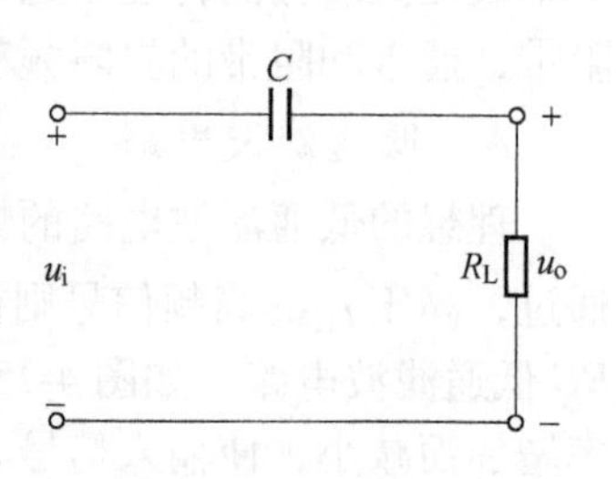

图 4-17　无源高通滤波电路

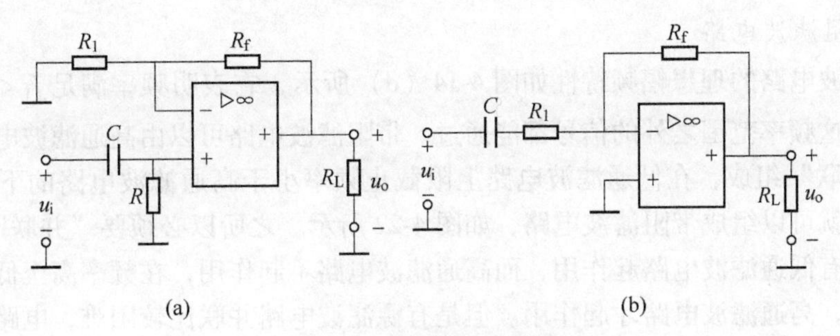

图 4-18　有源高通滤波电路

(a) 同相输入方式；(b) 反相输入方式

由图 4-18 所知，电容 C 的容抗随频率的升高而减小，因此，这两个电路的电压放大倍数随着频率的升高而增大。当频率很低时，容抗可视为无穷大，故电压放大倍数为零。当频率升高至一定值时，电容的容抗可视为零，此时电压放大倍数最大。

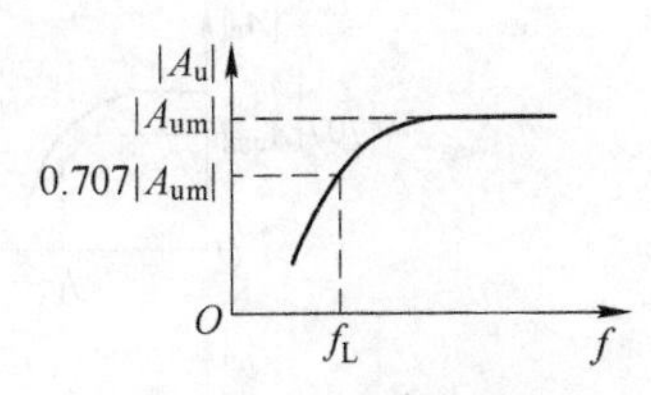

图 4-19　有源高通滤波电路的幅频特性

C　带通滤波电路

带通滤波电路的理想幅频特性如图 4-14（c）所示，它表明频率满足 $f_L<f<f_H$ 的信号可以通过，而在这范围外的信号则被阻断。把带通滤波电路的幅频特性与高通和低通滤波电路的幅频特性相比，不难看出，如果低通滤波电路的上限截止频率 f_H 高于高通滤波器的下限截止频率 f_L，如图 4-20 所示，把这样的低通滤波电路与高通滤波电路“串接”，就可组成带通滤波电路。此时，在低频时，整个滤波电路的幅频特性取决于高通滤波电路；而在高频时，整个滤波电路的幅频特性取决于低通滤波电路。图 4-21 是由低通滤波电路与高通滤波电路“串接”组成的带通滤波电路。

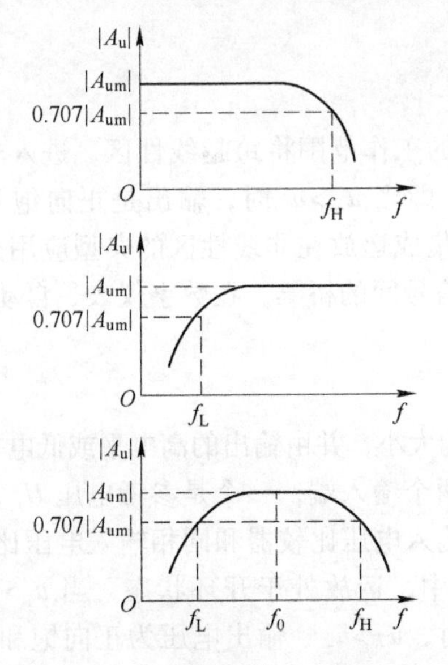

图 4-20　带通滤波电路幅频特性

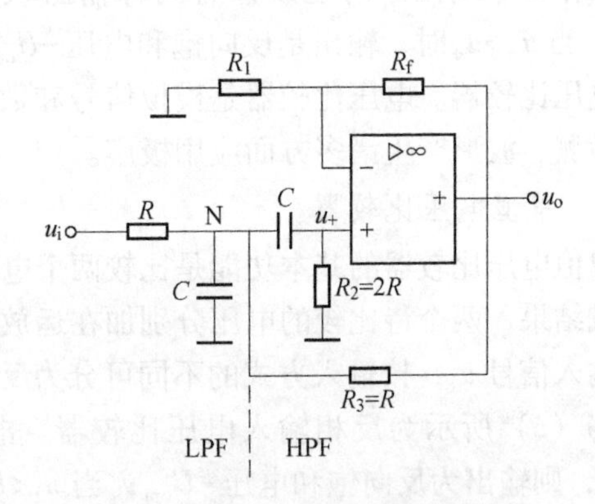

图 4-21　带通滤波电路

D 带阻滤波电路

带阻滤波电路的理想幅频特性如图 4-14（d）所示，它表明频率满足$f_L<f<f_H$的信号被阻断，而这频率范围之外的信号都能通过。带阻滤波电路可以由高通滤波电路和低通滤波电路“并联”组成，在低通滤波电路上限截止频率小于高通滤波电路的下限截止频率的条件下，就可以组成带阻滤波电路，如图 4-22 所示。之所以必须要“并联”，是因为在低频时，只有低通滤波电路起作用，而高通滤波电路不起作用，在频率高至低通滤波电路不起作用后，高通滤波电路才起作用。但是有源滤波电路并联比较困难，电路元器件也较多。因此，常用无源低通滤波电路和高通滤波电路并联，组成无源带阻滤波电路，再将它与集成运放组合成有源带阻滤波电路，图 4-23 所示为带阻滤波电路。

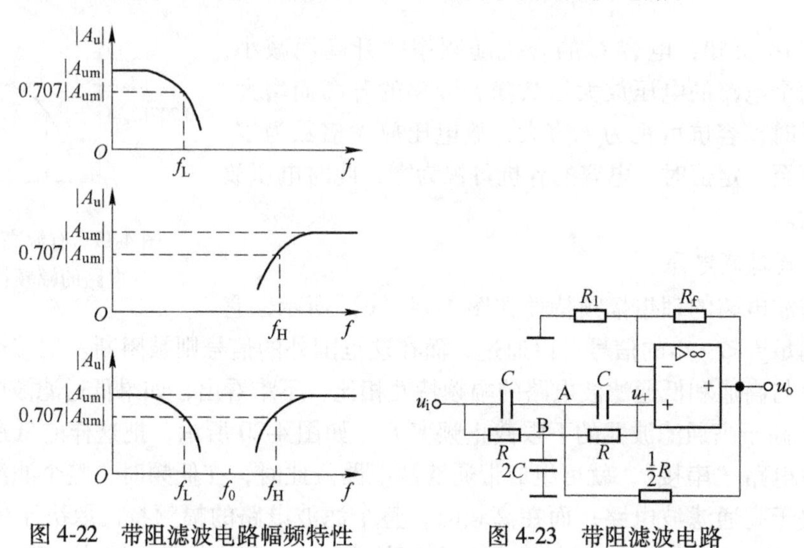

图 4-22 带阻滤波电路幅频特性　　图 4-23 带阻滤波电路

4.4.1.3 集成运放的非线性应用

当集成运放处于开环或正反馈方式时，运放的工作范围将跨越线性区，进入非线性区。工作在非线性区的运放只有两种输出状态，即当$u_+>u_-$时，输出是正向饱和电压$+U_{om}$，当$u_->u_+$时，输出是反向饱和电压$-U_{om}$，集成运放在非线性区的典型应用是构成各种电压比较器。电压比较器是模拟信号和数字信号间的桥梁，在数字仪表、自动控制、电平检测、波形产生诸多方面应用极广。

A 单值电压比较器

单值电压比较器的基本功能是比较两个电压的大小，并由输出的高电平或低电平来反映比较结果，两个待比较的电压分别加在运放的两个输入端，一个是参考电压U_R，另一个是输入信号u_i，按输入方式的不同可分为反相输入电压比较器和同相输入电压比较器，图 4-24（a）所示为反相输入电压比较器。电路中，运放处于开环状态，当$u_i>U_R$时，$u_->u_+$，则输出为反向饱和电压$-U_{om}$；当$u_i<U_R$时，$u_+>u_-$，输出电压为正向饱和电压$+U_{om}$。其传输特性如图 4-24（b）所示。可见，只要输入电压u_i与基准电压U_R相比稍有变化，输出电压u_o就在正、负最大值之间变化。比较器的输出电压从一个电平翻转到另一个电平时对应的输入电压值称为阈值电压或门限电压，用符号 U_{TH}表示，对于图4-24（a）所示电路，$U_{TH}=U_R$。若基准电压 $U_R=0V$，这时的比较器称为过零电压比较器。过零电压比较器及其传输特性如图4-25所示。

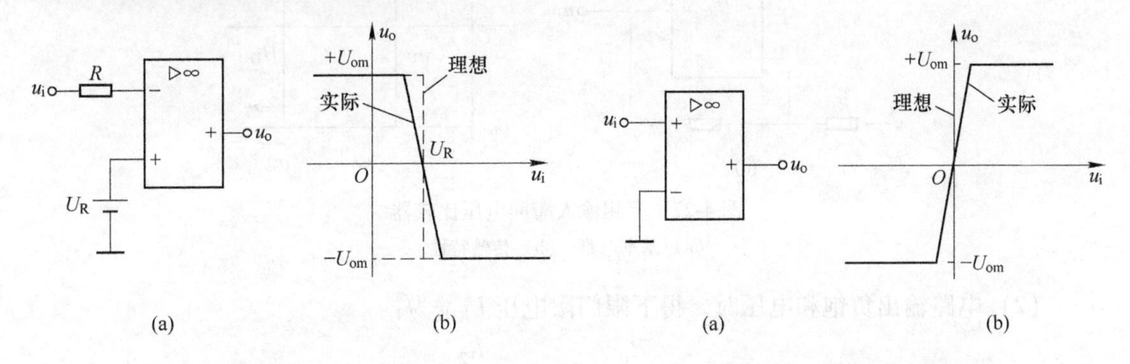

图4-24 单值电压比较电路
（a）基本电路；（b）传输特性

图4-25 过零电压比较器
（a）基本电路；（b）传输特性

【例4-6】 图4-24（a）所示的单值电压比较电路中，若输入信号 u_i图4-26所示的波形，试画出输出电压 u_o波形。

解： 根据单值电压比较器工作原理，当 $u_i>U_R$时，$u_->u_+$，则输出为反向饱和电压$-U_{om}$（$-U_Z$）；反之，当 $u_i<U_R$时，$u_+>u_-$，输出电压为正向饱和电压$+U_{om}$（U_Z）。因此可以得到 u_o的波形如图4-26所示。

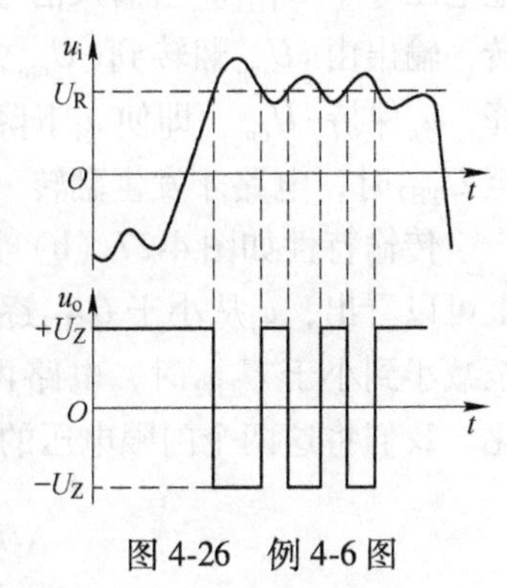

图4-26 例4-6图

当输入信号 u_i含有噪声或干扰信号时，由于 u_i在 U_R附近出现了干扰，使比较器产生误翻转，导致输出电压不稳定。如果用这个输出电压去控制电机，将出现电机频繁起停的现象，这是不允许的。因此虽然单值电压比较器只有一个比较电平，具有电路简单，灵敏度高等优点，但其抗干扰能力较差。为了克服这一缺点，实际应用中常采用抗干扰能力较强的滞回电压比较器、窗口比较器等多门限电压比较器。

B 滞回电压比较器

反相输入滞回电压比较器电路如图4-27所示，它将输出电压通过电阻 R_f再反馈到同相输入端，引入电压串联正反馈。因正反馈的引入，一方面可以加速输出电压翻转过程，另一方面这种比较器的门限电压随输出电压的变化而改变。图4-27中，基准电压 U_R接在同相输入端，同相输入端电压 u_+由基准电压 U_R和输出电压 u_o共同决定，u_o有$-U_{om}$和$+U_{om}$两个状态。

由叠加定理可以分析图4-27（a）所示电路的两个输入端触发电压：

（1）电路输出正饱和电压时，得上限门限电压 U_{TH1}为：

$$U_{TH1}=\frac{R_f}{R_2+R_f}U_R+\frac{R_2}{R_2+R_f}U_{om} \tag{4-11}$$

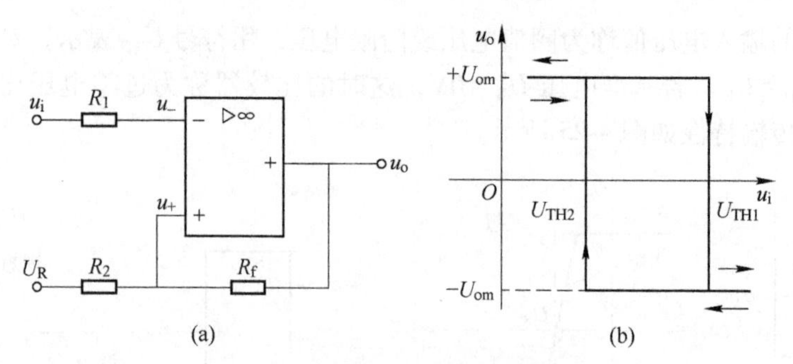

图4-27　反相输入滞回电压比较器

（a）基本电路；（b）传输特性

（2）电路输出负饱和电压时，得下限门限电压 U_{TH2} 为：

$$U_{TH2} = \frac{R_f}{R_2 + R_f} U_R - \frac{R_2}{R_2 + R_f} U_{om} \tag{4-12}$$

由以上两式可知，$U_{TH1} > U_{TH2}$，因此，当输入电压 $u_i > U_{TH1}$ 时，电路翻转而输出负饱和电压 $-U_{om}$；当输入 $u_i < U_{TH2}$ 时，电路再次翻转并输出正饱和电压 $+U_{om}$。

假设 u_i 初始时很低，低于 U_{TH2}，电路输出正饱和电压 $+U_{om}$，此时运放同相输入端对地电压等于 U_{TH1}。当输入信号 u_i 逐渐增大，刚刚超过上限门限电压 U_{TH1} 时，电路立即翻转，输出由 $+U_{om}$ 翻转到 $-U_{om}$，如 u_i 继续增大，输出电压不变，保持 $-U_{om}$。若 u_i 开始下降，u_o 保持 $-U_{om}$，即使 u_i 下降到 U_{TH1}，因为 $U_{TH1} > U_{TH2}$，所以电路仍不会翻转；当 u_i 降至 U_{TH2} 时，电路才发生翻转，输出由 $-U_{om}$ 翻转到 $+U_{om}$，u_+ 重新增大到 U_{TH1}。

传输特性如图4-27（b）所示，输出电压具有滞回特性，也称为施密特特性。从曲线上可以看出，u_i 从小于 U_{TH2} 逐渐增大到超过时，电路翻转；u_i 从大于 U_{TH1} 逐渐减小时，直至减小到小于 U_{TH2} 时，电路再次翻转，而 u_i 在 U_{TH1} 和 U_{TH2} 之间时，电路输出保持不变化。我们将这两个门限电压的差值称为回差电压，记为 ΔU_{TH}，则：

$$\Delta U_{TH} = U_{TH1} - U_{TH2} = 2U_{om} \frac{R_2}{R_2 + R_f} \tag{4-13}$$

上式表明，回差电压 ΔU_{TH} 与基准电压 U_R 无关。根据以上分析，只要干扰电压不超过回差电压，就不影响输出结果，因此回差电压的存在，可以大大提高电路的抗干扰能力。

滞回电压比较器也可以采用同相输入端输入的形式，如图4-28（a）所示，其电压传输特性与反相输入滞回电压比较器的输出特性正好相反，如图4-28（b）所示。

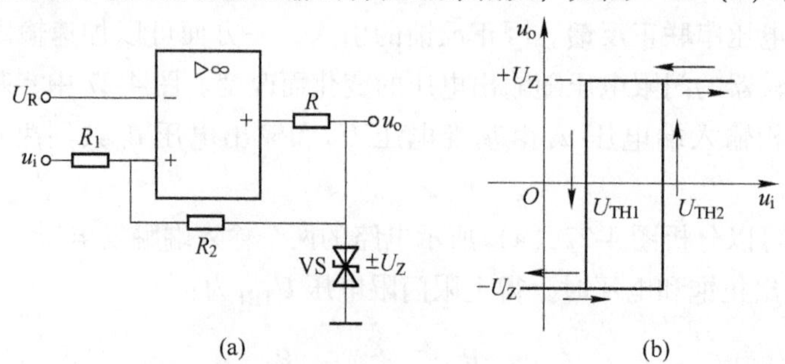

图4-28　同相输入滞回电压比较器

（a）基本电路；（b）电压传输特性

【例 4-7】 在图 4-29（a）所示电路中，已知稳压管的稳定电压 $U_Z=\pm9V$，$R_1=40k\Omega$，$R_2=20k\Omega$，基准电压 $U_R=3V$，输入电压 u_i 为图 4-29（b）所示的正弦波，试画出滞回电压比较器的输出波形。

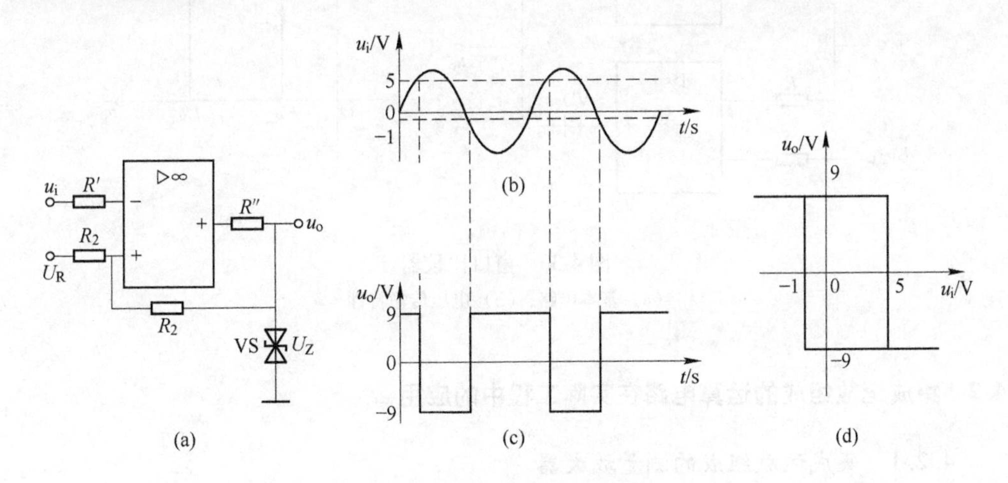

图 4-29 例 4-7 图
（a）基本电路；（b）输入电压波形图；（c）输出电压波形图；（d）电压传输特性

解： 图示为反相输入滞回电压比较电路，其输出的高、低电平分别为 $U_{om}=U_Z=\pm9V$。由式（4-11）和式（4-12）可得该电路的上限和下限门限电压分别为：

$$U_{TH1}=\frac{R_1}{R_1+R_2}U_R+\frac{R_2}{R_1+R_2}U_{om}=\frac{40}{40+20}\times3+\frac{20}{40+20}\times9=5V$$

$$U_{TH2}=\frac{R_1}{R_1+R_2}U_R-\frac{R_2}{R_1+R_2}U_{om}=\frac{40}{40+20}\times3-\frac{20}{40+20}\times9=-1V$$

在输入电压 u_i 的变化过程中，当 $u_i<+5V$，则输出电压 $u_o=+9V$；当 u_i 升高到+5V 时，电路才发生翻转，输出电压 $u_o=-9V$，若 u_i 再继续增大，输出电压不变。u_i 在减少过程中，在 $u_i>-1V$ 时，输出电压 $u_o=-9V$；只有当 u_i 下降到−1V 时，电路才发生翻转，输出电压 $u_o=+9V$，若 u_i 再继续减小，则输出电压也不变，保持在 $u_o=+9V$，输出电压 u_o 的波形如图 4-29（c）所示。

C 窗口比较器

单值电压比较器和滞回电压比较器只能检测一个电平，若要检测 u_i 是否在 U_{R1} 和 U_{R2} 两个电平之间，则需采用窗口比较器。图 4-30（a）所示电路是窗口比较器的基本电路，它具有如图 4-30（b）所示的传输特性，形似窗口，因此称其为窗口比较器。它用于工业控制系统时，当被测对象（如温度、液位等）超出标准范围时，便发出指示信号。

窗口比较器的工作原理如下：

当 $u_i<U_{R2}$ 时，A_1 输出为 $-U_{om}$，A_2 输出为 $+U_{om}$，二极管 VD_1 截止、VD_2 导通，输出电压 u_o 为 $+U_{om}$；当 $u_i>U_{R1}$ 时，A_1 输出为 $+U_{om}$，A_2 输出为 $-U_{om}$，二极管 VD_1 导通、VD_2 截止，输出电压 u_o 也为 $+U_{om}$；当 $U_{R2}<u_i<U_{R1}$ 时，A_1 输出为 $-U_{om}$，A_2 输出为 $-U_{om}$，二极管 VD_1、VD_2 均截止，输出电压 u_o 为 0。

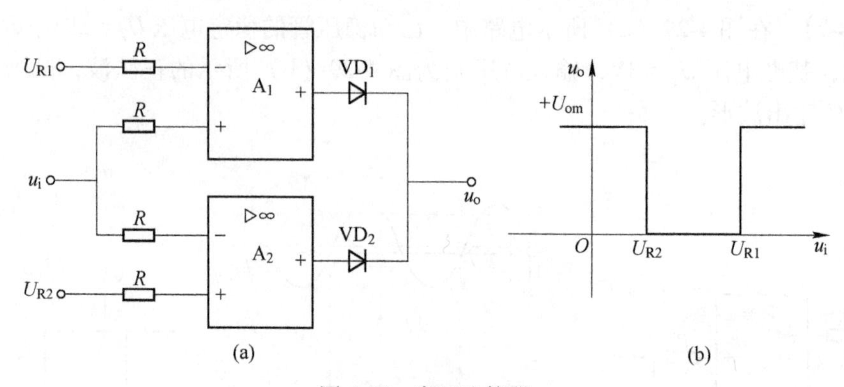

图4-30　窗口比较器

（a）基本电路；（b）电压传输特性

4.4.2　集成运放组成的运算电路在实际工程中的应用

4.4.2.1　集成运放组成的测量放大器

在自动控制和非电量测量等系统中，常用各种传感器将非电量（如温度、应变、压力等）的变化转变为电压信号，然后再输入系统。由于这些非电量的变化经常是比较缓慢，所以导致产生的电信号的变化量常常很小（一般只有几毫伏到几十毫伏），这就需要将电信号加以放大。最为实用的测量放大器（也称数据放大器或仪表放大器）的原理电路如图4-31所示。

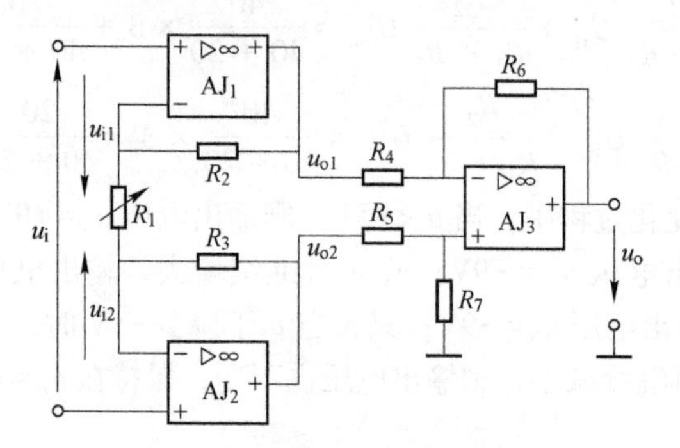

图4-31　测量放大器电路原理图

电路由三个集成运放组成，其中，每个集成运放都接成比例运算电路的形式。电路中包含了两个放大级，A_1、A_2组成第一级，二者均接成同相输入方式，因此整个电路的输入电阻很高，有利于接收微弱的电信号。由于电路在设计上是一种对称的结构，使各个集成运放的温度漂移和失调都有互相抵消的作用。A_3接成双端差分输入、单端输出的形式，可以将无极性信号转换为有极性的信号输出，以方便驱动负载。

在图4-31中，当加上差模输入信号u_1时，若集成运放A_1和A_2的参数对称，且$R_2 = R_3$，则电阻R_1的中点将为地电位，此时A_1、A_2的工作情况如图4-32所示。

因为：

$$\frac{u_{o1}}{u_{i1}} = 1 + \frac{R_2}{R_1/2} = 1 + \frac{2R_2}{R_1}$$

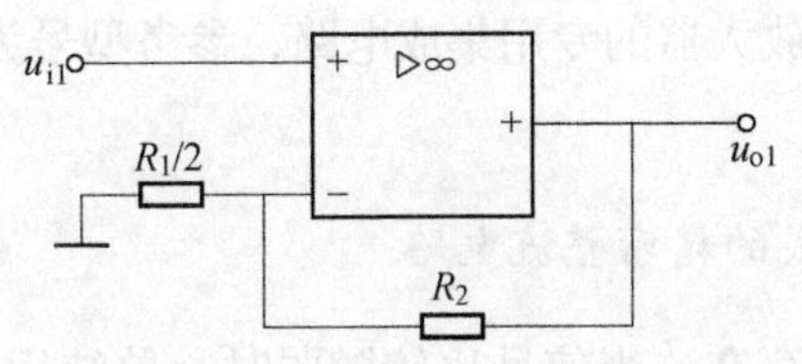

图 4-32 A_1、A_2 的工作情况分析

则：
$$u_{o1}=\left(1+\frac{2R_2}{R_1}\right)u_{I1}$$

同理：
$$u_{o2}=\left(1+\frac{2R_3}{R_1}\right)u_{I2}=\left(1+\frac{2R_2}{R_1}\right)u_{I2}$$

因此：
$$u_{o1}-u_{o2}=\left(1+\frac{2R_2}{R_1}\right)(u_{I1}-u_{I2})=\left(1+\frac{2R_2}{R_1}\right)u_I$$

则第一级放大器的电压放大倍数为：

$$\frac{u_{o1}-u_{o2}}{u_i}=1+\frac{2R_2}{R_1}$$

由上式可知，只要改变电阻 R_1 的取值，即可灵活地调节测量放大器的增益。当 R_1 开路时：

$$\frac{u_{o1}-u_{o2}}{u_i}=1$$

得到单位增益。

A_3 为差分输入比例放大电路，在设计中，通常取 $R_4=R_5$，$R_6=R_7$，则可得到表达式：

$$\frac{u_o}{u_{o1}-u_{o2}}=-\frac{R_6}{R_4}$$

因此，该测量放大器总的电压放大倍数为：

$$A_u=\frac{u_o}{u_i}=\frac{u_o}{u_{o1}-u_{o2}}\cdot\frac{u_{o1}-u_{o2}}{u_i}=-\frac{R_6}{R_4}\left(1+\frac{2R_2}{R_1}\right)$$

由于测量放大器的差模输入电阻等于两个同相比例电路的输入电阻之和，在电路参数对称的条件下，可得：

$$R_i=2(1+A_{od}F)R_{id}$$

式中，A_{od} 和 R_{id} 分别是集成运放 A_1 和 A_2 的开环差模增益和差模输入电阻；F 为反馈系数。由图 4-31 可知：

$$F=\frac{R_1/2}{R_1/2+R_2}=\frac{R_1}{R_1+2R_2}$$

所以，测量放大器的输入电阻为：

$$R_i=2\left(1+\frac{R_1}{R_1+2R_2}A_{od}\right)R_{id}$$

必须指出，在测量放大器中，R_4、R_5、R_6、R_7 四个电阻必须采用高精密度的电阻，并且要精确匹配，否则不仅给放大器的增益带来误差，而且将降低整个电路的共模抑制比。

现在，已经有用于测量放大器的专用集成电路，参考型号为 AD622、AD622AN，其效果相当好，使用也非常方便。

4.4.2.2　集成运放组成的精密整流电路

由于 PN 结死区电压的存在，当信号比较微弱时，单纯用二极管组成的整流电路就不能输出信号。将二极管和集成运放结合起来，可以实现对微弱信号的整流，在信号检测和自动化控制系统中有着广泛的应用，尤其在航天领域，信号极其微弱，不采用精密整流电路，是无法检测出信号的。

A　精密半波整流电路

精密半波整流电路如图 4-33（a）所示，可以将其看成一个包括整流二极管在内的反向比例放大器。

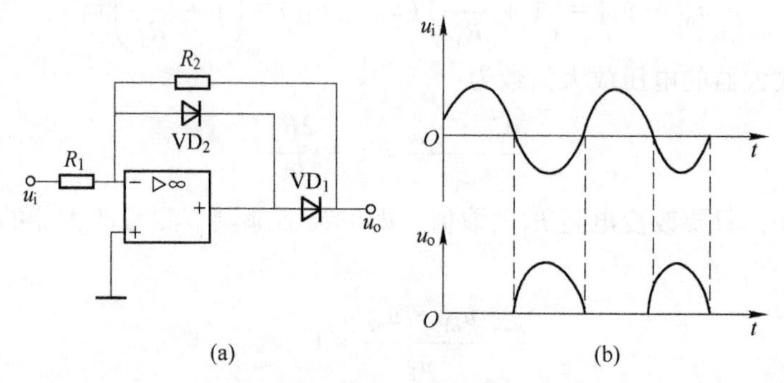

图 4-33　精密半波整流电路

（a）基本电路；（b）输入输出波形

当输入信号 u_i 大于零时，集成运放的输出小于零，二极管 VD_2 导通，集成运放的输出电压被钳位在-0.7V 左右。这时整流二极管 VD_1 反偏截止，电路的输出电压 u_o 等于零。

当输入信号 u_i 小于零时，集成运放的输出大于零，二极管 VD_1 导通、VD_2 截止，VD_1 和 R_2 构成放大器的反馈通路，组成了反向比例放大器。由“虚地”的概念，可得到输出电压为：

$$u_o = -\frac{R_2}{R_1}u_i(u_i \leqslant 0)$$

可见，电路在输入信号的负半周期间产生按比例放大的整流输出电压。若将整流二极管反接（此时 VD_2 也应反接），电路就能在输入信号的正半周产生按比例放大的整流输出电压。

B　精密全波整流电路

精密全波整流电路如图 4-34（a）所示。此电路由集成运放 A_1 构成的精密半波整流电路和集成运放 A_2 构成的反向输入比例求和电路组成。

在输入信号的正半周，A_1 的输出为 $-2u_i$，在 A_2 的输入端与 u_i 求和（A_2 的比例系数为 1），则 A_2 的输出为：

$$u_o = -(-2u_i + u_i) = u_i$$

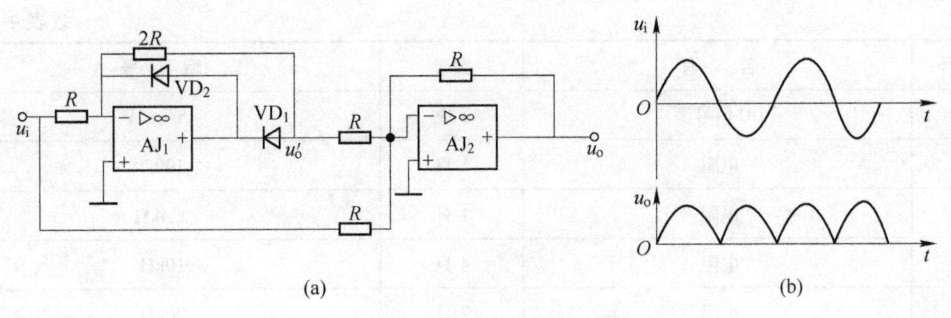

图4-34 精密全波整流电路

（a）基本电路；（b）输入输出波形

在输入信号的负半周，A_1没有输出，A_2只有一个信号输入为$-u_i$，经过A_2倒相后，A_2的输出为：

$$u_o = u_i$$

由此可见，电路实现了全波整流输出，在信号特别微弱时，这种电路对提高仪器检测信号的灵敏度有很重要的意义。

当输入信号不是正弦波而是很微弱的且随着时间变化比较缓慢的直流信号时，精密整流电路同样有输出，只不过输出信号是按比例反向放大的直流信号，此时把这种电路称为折点函数发生器。用几个折点函数发生器可以将变化非常缓慢的直流信号变成模拟曲线，以反映信号的变化规律，这是在实际工程和实验分析中常用的方法。

4.5 项目实现

4.5.1 比例、求和运算电路的连接与测试

4.5.1.1 训练目的

用集成运算放大器等元件构成反相比例放大器、同相比例放大器、电压跟随器、反相求和电路及同相求和电路，通过实验测试和分析，进一步掌握它们的主要特点和性能及输出电压与输入电压的函数关系。

4.5.1.2 设备清单

项目实现所需设备清单见表4-1。

表4-1 项目实现所需设备清单

序号	名　称	数量	型　号
1	多功能交直流电源	1台	30221095
2	低频信号发生器	1台	
3	示波器	1台	
4	万用表	1只	

续表 4-1

序号	名　称	数量	型　号
5	DC 信号源	1 块	−5～+5V
6	电阻	1 只	100Ω
7	电阻	1 只	2. 4kΩ
8	电阻	4 只	10kΩ
9	电阻	2 只	20kΩ
10	电阻	2 只	100kΩ
11	电阻	1 只	1MΩ
12	集成块芯片	1 只	LM741
13	晶体管毫伏表	1 只	
14	短接桥和连接导线	若干	P8-1 和 50148
15	实验用 9 孔插件方板		

4. 5. 1. 3　项目内容与步骤

比例、求和运算电路都应先进行以下两项。

（1）按电路图接好线后，仔细检查，确保正确无误。

将各输入端接地，接通电源，用示波器观察是否出现自激振荡。若有自激振荡，则需更换集成运放电路。

（2）调零：各输入端仍接地，调节调零电位器，使输出电压为零（用数字电压表 200mV 挡测量，输出电压绝对值不超过 5mV）。

A　反相比例放大器

（1）反相比例放大器实验电路如图 4-35 所示。

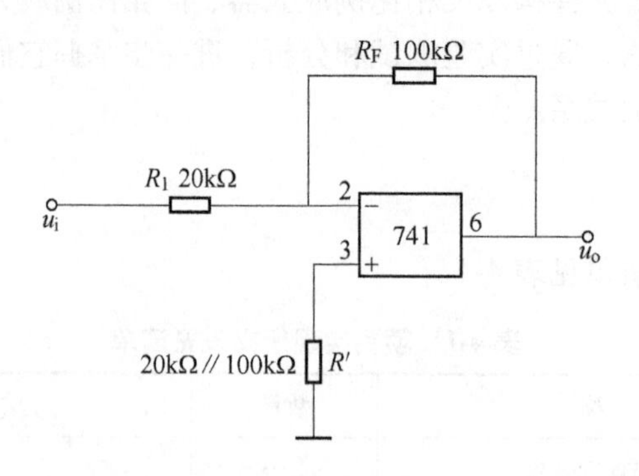

图 4-35　反相比例放大器

（2）分析图 4-35 反相比例放大器的主要特点（包括反馈类型），求出表 4-2 中的理论估算值。

表 4-2 反相比例放大器输出电压值

直流输入电压 u_i/V		0.3	0.5	1	2
输出电压 u_o	理论估算值/V				
	实测值/V				
	误差				

B 同相比例放大器

(1) 同相比例放大器实验电路如图 4-36 所示。

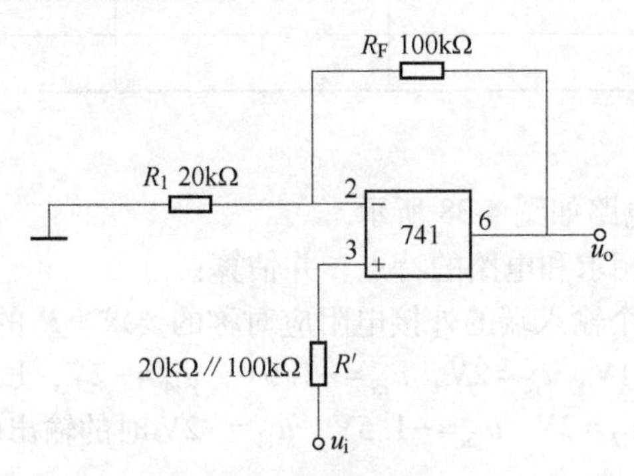

图 4-36 同相比例放大器

(2) 分析图 4-36 同相比例放大器的主要特点（包括反馈类型），求出表 4-3 中各理论估算值，并定性说明输入电阻和电阻的大小。

表 4-3 同相比例放大器输出电压值

直流输入电压 u_i/V		0.3	0.5	1	2
输出电压 u_o	理论估算值/V				
	实测值/V				
	误差				

C 电压跟随器

(1) 电压跟随器实验电路如图 4-37 所示。

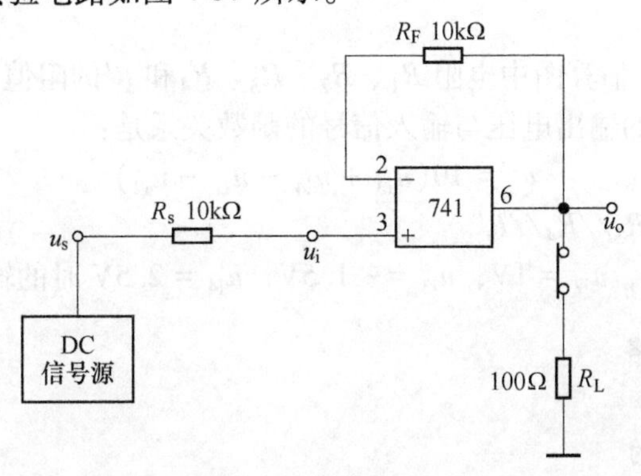

图 4-37 电压跟随器

（2）分析图 4-37 电路的特点，求出表 4-4 中各条件下的 u_o值。

表 4-4 电压跟随器输出电压值

u_i/V		0.5		1	
测试条件		$R_s=10k\Omega$ $R_F=10k\Omega$ R_L开路	$R_s=10k\Omega$ $R_F=10k\Omega$ $R_L=100\Omega$	$R_s=100k\Omega$ $R_F=100k\Omega$ R_L开路	$R_s=100k\Omega$ $R_F=100k\Omega$ $R_L=100\Omega$
u_o	理论估算值				
	实测值				
	误差				

D 反相求和电路

（1）反相求和实验电路如图 4-38 所示。

（2）分析图 4-38 反相求和电路的特点，并估算：

1）按静态时运放两个输入端的外接电阻应对称的要求，R'的阻值应多大；

2）设输入信号 $u_{i1}=1V$，$u_{i2}=2V$，$u_{i3}=-1.5V$，$u_{i4}=-2V$，试求出 u_o的理论估算值。

（3）测出 $u_{i1}=1V$，$u_{i2}=2V$，$u_{i3}=-1.5V$，$u_{i4}=-2V$ 时的输出电压值。

E 双端输入求和电路

（1）双端输入求和实验电路如图 4-39 所示。

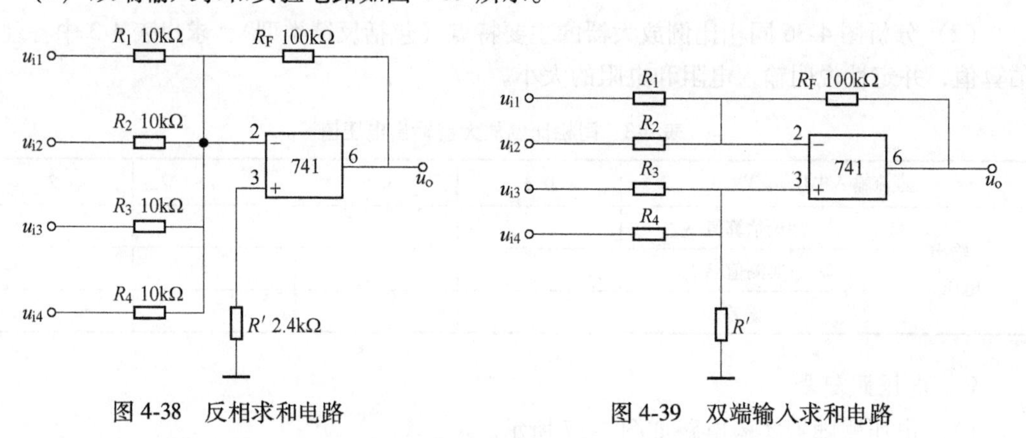

图 4-38 反相求和电路　　图 4-39 双端输入求和电路

（2）分析图 4-39，估算图中电阻 R_1、R_2、R_3、R_4和 R'的阻值，要求如下。

1）使该求和电路的输出电压与输入信号的函数关系是：

$$u_o = 10(u_{i3} + u_{i4} - u_{i1} - u_{i2})$$

2）$R_1//R_2//R_F = R_3//R_4//R'$。

（3）测出 $u_{i1} = 1V$，$u_{i2} = 1V$，$u_{i3} =-1.5V$，$u_{i4} = 2.5V$ 时的输出电压值。

4.5.2 积分、微分电路

4.5.2.1 训练目的

学习用运放、电容、电阻等构成积分电路和微分电路，进一步熟悉它们的特性和性能。

4.5.2.2 设备清单

项目实现所需设备清单见表4-5。

表4-5 项目实现所需设备清单

序号	名 称	数量	型 号
1	多功能交直流电源	1台	30221095
2	低频信号发生器	1台	
3	示波器	1台	
4	万用表	1只	
5	DC信号源	1块	−5~+5V
6	电阻	1只	2kΩ
7	电阻	4只	10kΩ
8	电阻	1只	1MΩ
9	电容	1只	2200pF
10	电容	2只	0.1μF
11	集成块芯片	1组	LM741×2或LM358×1
12	双向稳压二极管	1只	2.5V
13	二极管	2只	4007
14	短接桥和连接导线	若干	P8-1和50148
15	实验用9孔插件方板		

4.5.2.3 内容与步骤

A 积分电路

实验电路如图4-40所示。由于这个电路加了电阻R_F，因此实际上它是一个近似积分电路。

任务操作前，通过分析图4-40，需完成以下问题：

设积分电路输入信号u_i的频率为250Hz，幅度为±3V的方波，分析下面两种情况下u_o的波形（包括幅度）。

(1) $R = R' = 10k\Omega$。

(2) R和R'均改为1kΩ。

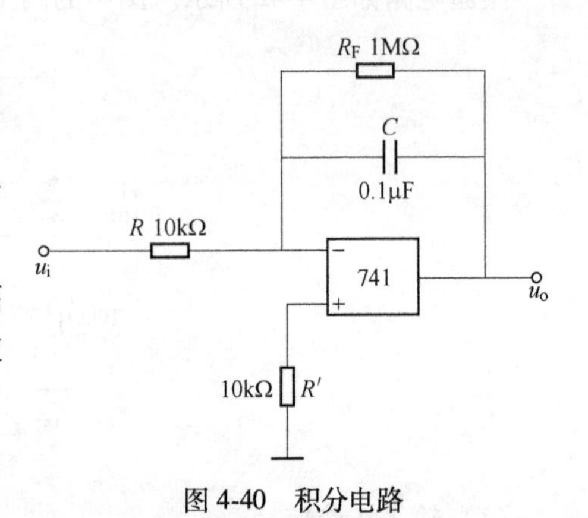

图4-40 积分电路

实验任务：

(1) 调零。

1) 将电阻R_F开路，用数字电压表测u_o，调整调零电位器，观察是否可使u_o=0；

2) 接上R_F，调零。

（2）输入方波信号。

方波信号可由函数发生器产生，也可由图 4-41 所示电路产生（图中的正弦波频率为 250Hz，有效值约 1V）。

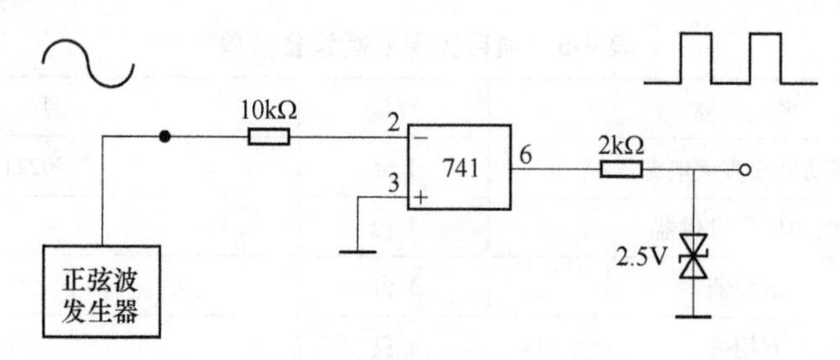

图 4-41　方波信号产生电路

1）将积分电路的输入端接频率为 250Hz，幅度为±3V 的方波信号，用双踪示波器观察 u_o和 u_i的波形，记录它们的形状、周期、幅度等特征；

2）将积分电路中的电阻 R 和 R' 都改为 1kΩ，重做 1）中的实验内容；

3）积分电路的输入信号同 1），但将积分电路中的电阻 R_F开路，用示波器观察 u_o的波形。

（3）输入正弦波。

先将实验线路改动的部分恢复原状，使之与图 4-40 一致，然后：

1）将积分电路的输入端接频率为 160Hz，有效值为 1V 的正弦波，用双踪示波器观察 u_o与 u_i的波形与相位差，并用数字万用表交流电压挡测量输入电压的有效值；

2）改变正弦波输入信号的频率（50~300Hz），观察 u_o与 u_i的相位关系是否变化，u_o与 u_i的幅值是否变化。

B　微分电路

实验电路如图 4-42 所示。图中的两个二极管起保护作用。

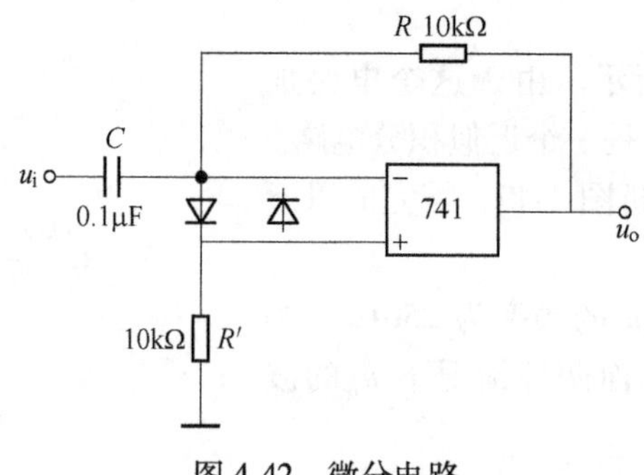

图 4-42　微分电路

（1）输入正弦信号。

1）将微分电路的输入端接频率为 160Hz，有效值为 1V 的正弦波信号，用双踪示波器观察 u_o与 u_i的相位差，并用数字万用表交流电压挡测量输入电压；

2）改变正弦波输入信号的频率（50~300Hz）。观察 u_o与 u_i的相位有效值是否变化，u_o与 u_i的幅度比值是否变化。

（2）输入方波信号。

1）在微分电路中电阻 R 的两端并联一个 2200pF 的电容；

2）将微分电路的输入端接频率为 250Hz，幅度为±3V 的方波信号（该方波信号可由函数发生器产生，也可由图 4-41 电路产生，图中的正弦波频率为 250Hz，有效值约 1V），用示波器观察 u_o 的波形。

C 积分—微分电路

实验电路如图 4-43 所示。

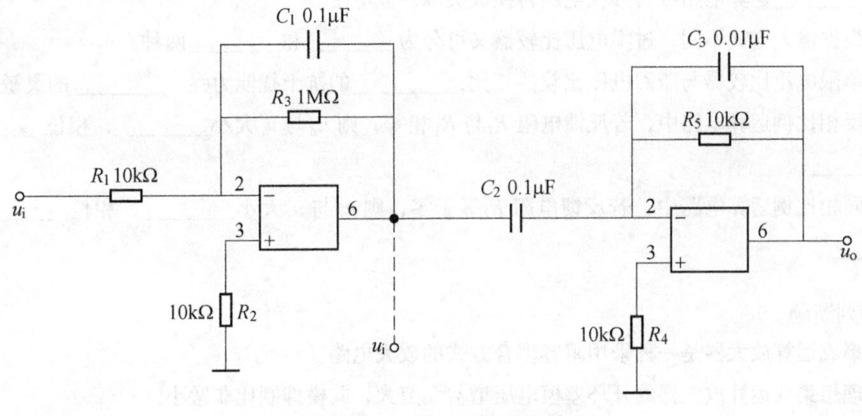

图 4-43 积分—微分电路

（1）分别调节每一个放大器的零点；

（2）将图 4-43 积分—微分电路的输入端接频率为 250Hz，幅度为±3V 的方波信号（该方波信号可由函数发生器产生，也可由图 4-41 电路产生），用双踪示波器观察 u_i 和 u_o 的波形，读出其幅值。

4.6 小 结

（1）集成运放工作于线性区域时，有“虚短”和“虚断”的特点。

（2）集成运放线性运用的条件是必须有负反馈，若是开环或是有正反馈，则集成运放就工作在非线性区。

（3）集成运放在线性运用方面的实际应用主要之一是运算。主要有反向比例运算、反向比例求和运算、同相比例运算、微分运算和积分运算。

（4）反向比例运算和同相比例运算还用于对信号进行精确的放大。微分运算和积分运算还用于对信号波形的变换。

（5）滤波器分成高通、低通、带通和带阻四种。有源滤波器极大地改善了滤波器的性能，采用二阶滤波器可以得到理想的滤波特性，这也是集成运放的一个重要应用领域。

（6）精密整流电路可以实现对小信号的检波，采用精密全波整流可以提高对信号检波的灵敏度。

练 习 题

4.1　填空题

（1）________运算电路可实现 $A_u>1$ 的放大。

（2）________运算电路可实现 $A_u<0$ 的放大。

（3）________运算电路可将方波电压转换成三角波电压。

（4）________运算电路可将方波电压转换成尖脉冲波电压。

（5）根据输入方式不同，过零电压比较器又可分为________和________两种。

（6）单限电压比较器与滞回电压比较器相比，________的抗干扰能力强，________的灵敏度高。

（7）反相比例运算电路中，若反馈电阻 R_f 与 R_1 相等，则 u_o 与 u_i 大小________，相位________，电路称为________。

（8）同相比例运算电路中，若反馈电阻 R_f 等于零，则 u_o 与 u_i 大小________，相位________，电路称为________。

4.2　判断题

（1）集成运算放大器是一种采用阻容耦合方式的放大电路。　（　）

（2）理想集成运算放大器的开环差模电压增益无穷大，共模抑制比非常小。　（　）

（3）对于理想运放，无论它工作在线性状态还是非线性状态，均有“虚断”特性。　（　）

（4）电压比较器中的集成运放一定工作于非线性状态。　（　）

（5）集成运放的输入失调电压是两输入端偏置电压之差。　（　）

（6）集成运放的输入失调电流是两输入端偏置电流之差。　（　）

（7）直流放大器有零点漂移，而交流放大器没有零点漂移。　（　）

（8）集成运放只能放大直流信号，不能放大交流信号。　（　）

4.3　集成运放通常包括哪几个组成部分？对各部分的要求是？

4.4　理想运算放大器工作在非线性区时有什么特点？

4.5　什么是“虚短”和“虚断”？什么是“虚地”？“虚地”与平常所说的接地有什么区别？

4.6　写出图 4-44 所示各电路的名称，分别计算它们的电压放大系数 A_u。

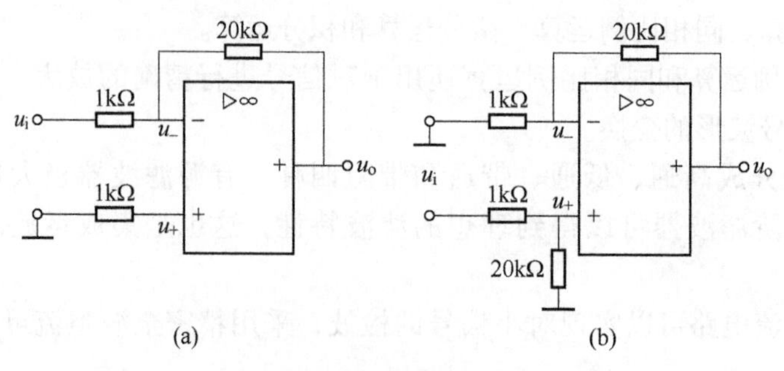

图 4-44　题 4.6 图

4.7 已知电路如图 4-45 所示，当 $u_{i1}=1\text{V}$，$u_{i2}=2\text{V}$，$u_{i3}=3\text{V}$ 时，试求输出电压 u_o。

4.8 电路如图 4-46 所示，若输入电压 $u_i=-0.5\text{V}$，则输出电流 i 为多少？

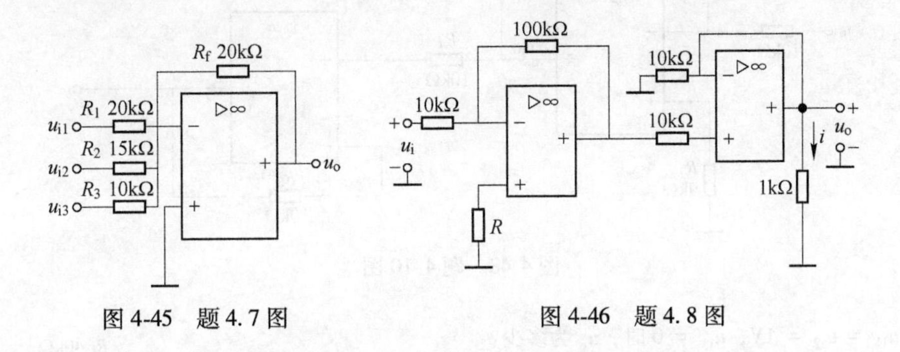

图 4-45 题 4.7 图　　　图 4-46 题 4.8 图

4.9 分别求出图 4-47 所示各电路输出电压与输入电压的运算关系。

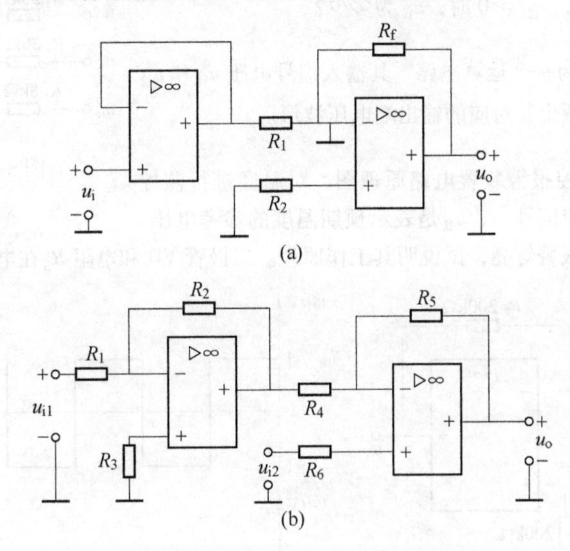

(a)

(b)

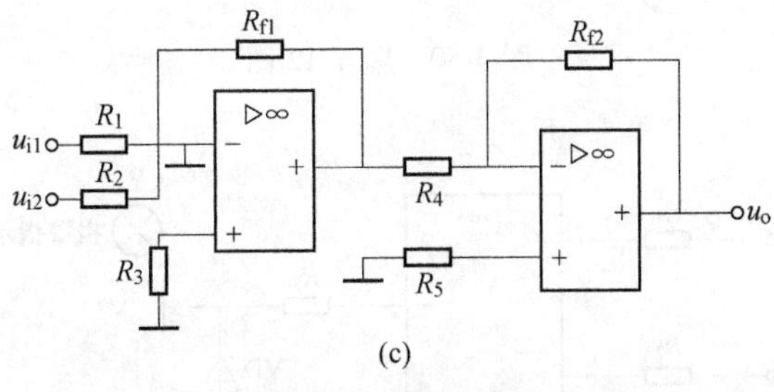

(c)

图 4-47 题 4.9 图

4.10 由运放组成的两级放大电路如图 4-48 所示，求该电路的电压放大倍数。

4.11 已知图 4-49 所示运算放大电路及参数，试求：

(1) $u_{i1}=1\text{V}$，$u_{i2}=u_{i3}=0$ 时，u_o 为多少？

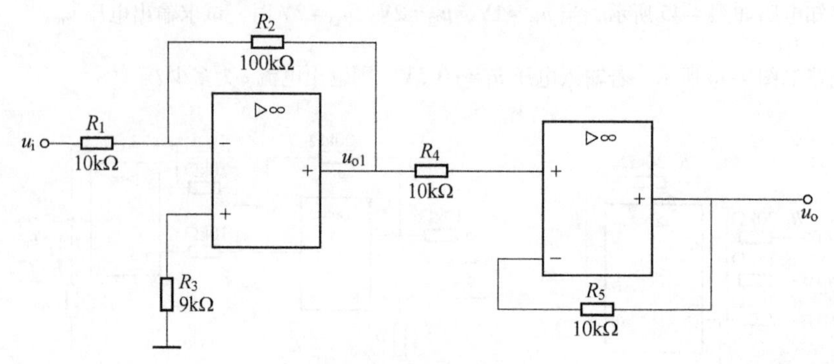

图 4-48　题 4.10 图

(2) $u_{i1} = u_{i2} = 1V$，$u_{i3} = 0$ 时，u_o 为多少？

(3) $u_{i1} = u_{i2} = 0$，$u_{i3} = 1V$ 时，u_o 为多少？

(4) $u_{i1} = u_{i3} = 1V$，$u_{i2} = 0$ 时，u_o 为多少？

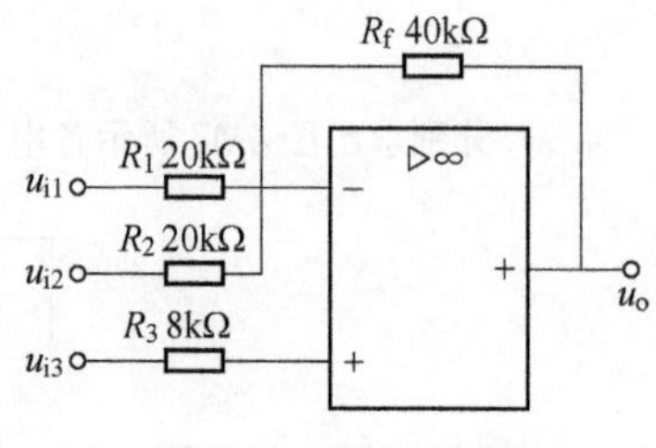

图 4-49　题 4.11 图

4.12　图 4-50 所示为一个运算电路，其输入信号电压 u_{i1} 和 u_{i2} 的波形如图中所示。试画出其对应的输出端电压波形。

4.13　图 4-51 是监控报警装置电路原理图。对温度进行监控时，可由传感器取得监控信号 u_i，u_R 是表示预期温度的参考电压。当 u_i 超过预期温度时，报警灯亮，试说明其工作原理。二极管 VD 和电阻 R_3 在电路中起何作用？

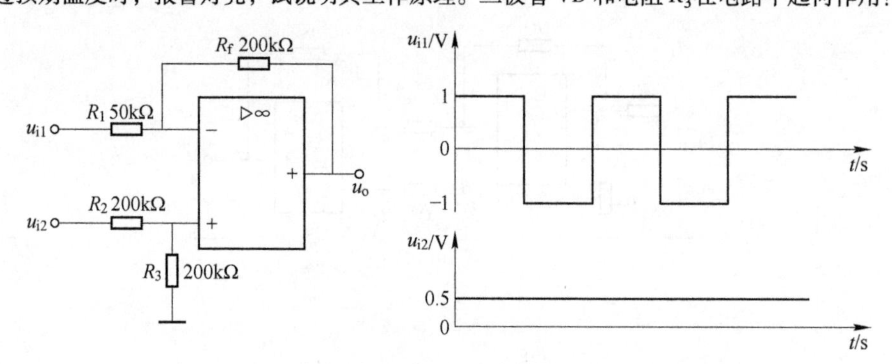

图 4-50　题 4.12 图

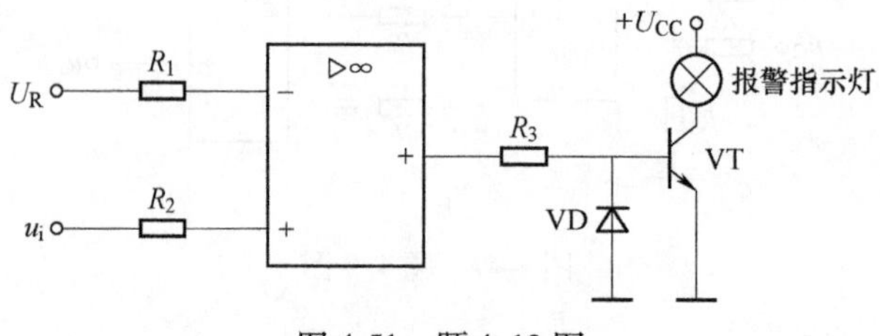

图 4-51　题 4.13 图

项目5　功率放大电路及其应用

5.1 知识目标

(1) 学习功率放大电路的基本知识，了解功率放大电路的主要技术指标。
(2) 熟悉常用集成功率放大电路的型号和用途。
(3) 掌握集成功率放大电路的典型应用。

5.2 技能目标

(1) 能用目视法判断识别常见集成功率放大器。
(2) 对集成功率放大器上标识的型号能正确识读，知道该集成功率放大器的用途。
(3) 能按照电路图安装调试集成功率放大器。

5.3 初识功率放大器

功率放大器简称“功放”，是指在给定失真率条件下，能产生最大功率输出以驱动某一负载（例如扬声器）的放大器，其作用主要是将音源器材输入的较微弱信号进行放大后，产生足够大的电流去推动扬声器进行声音的重放。可以说功率放大器是各类音响器材中最大的一个家族了，它在整个音响系统中起到了“组织、协调”的枢纽作用，是影响着整个系统能否提供良好的音质输出的主要因素。

集成功率放大器的封装有多种，最常用的封装材料有塑料、陶瓷及金属三种；其封装外形最多的是圆筒形金属壳封装、扁平形陶瓷封装及双列直插形塑料封装。图 5-1 所示是常用的集成功率放大器的封装外形。

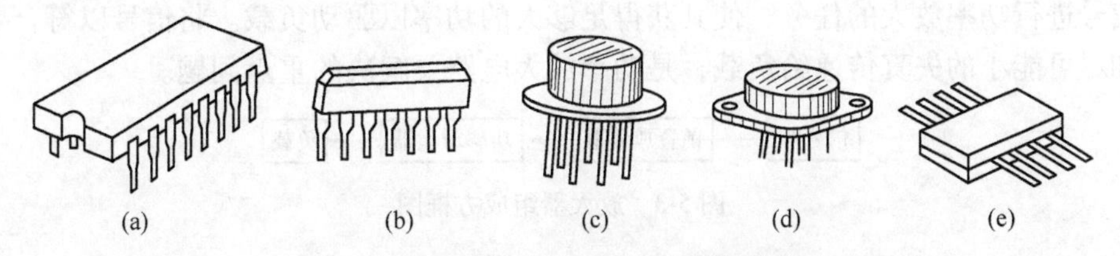

图 5-1　常用的集成功率放大器的封装外形
(a) 双列直插式封装；(b) 单列直插式封装；(c) TO-5 型封装；(d) F 型封装；(e) 陶瓷扁平封装

集成功率放大器在使用时，一般都需要加装散热片，散热片的尺寸需要按照集成功率放大器型号的要求来配备。

5.4 案例引入

案例 5-1　七管超外差调幅收音机中的功率放大电路如图 5-2 所示。

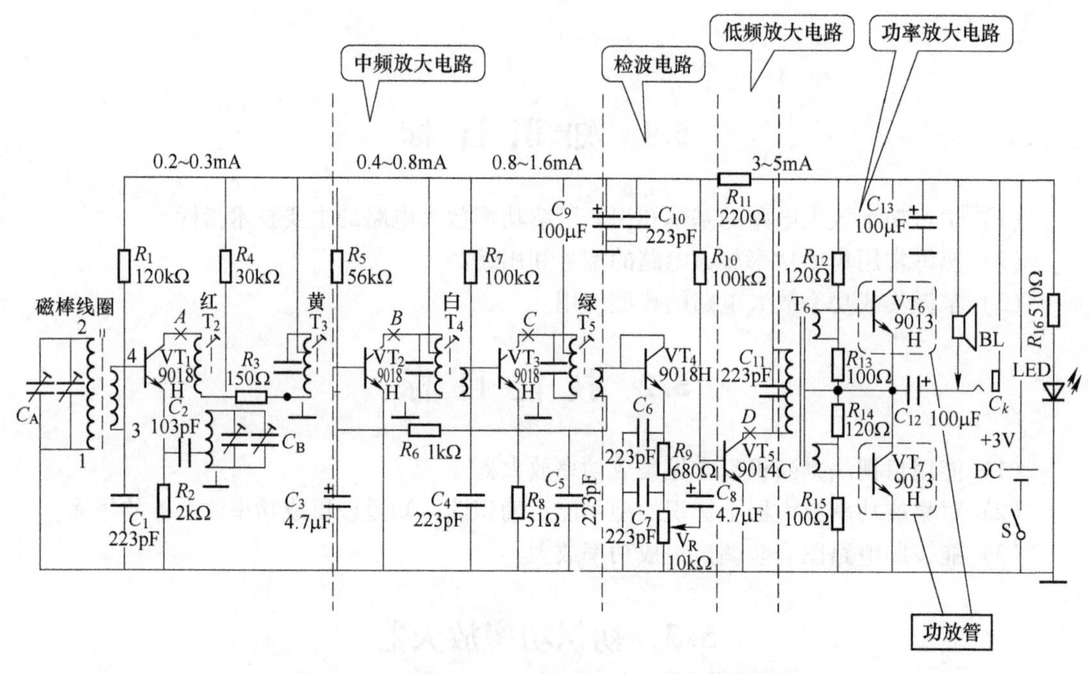

图 5-2　七管超外差调幅收音机中的功率放大电路

5.5 知识链接

5.5.1 功率放大电路

电子设备和自动控制系统中的放大器一般由前置放大器和功率放大器两部分组成，如图 5-3 所示。功率放大器一般在放大器的末级或末前级，担负着对前置电压放大器送来的电压信号进行功率放大的任务，使其获得足够大的功率以驱动负载。将信号以符合要求的功率和尽可能小的失真传递给负载，是功率放大电路要解决的重点问题。

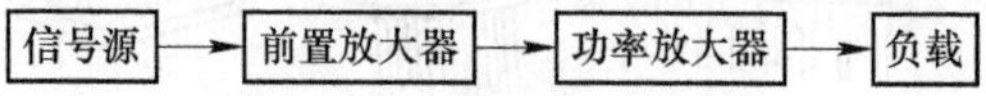

信号源 → 前置放大器 → 功率放大器 → 负载

图 5-3　放大器组成方框图

5.5.1.1　功率放大电路的要求

功率放大电路的主要任务是在允许失真限度内，尽可能高效率地向负载提供足够大的功率。这一点与前面讨论的各种电压放大电路不同，对功率放大电路的探讨的内容与分析方法有如下要求。

(1) 输出功率大。为此要求放大电路的输出电压和输出电流都要有足够大的变化量，所以，功放晶体管工作在极限状态，要求它的极限参数I_{CM}、$U_{(BR)CEO}$、P_{CM}等应满足实际电路工作时的需要，并要留有一定的富余量。

(2) 具有较高的效率。放大电路输出给负载的功率是由直流电源提供的。在输出功率比较大的情况下，效率问题尤为突出。如果功率放大电路的效率不高，不仅造成能量的浪费，而且消耗在电路内部的电能将转换成为热量，使各元器件等温度升高，因而要求选用较大容量的功放晶体管和其他设备，很不经济。放大电路的效率为：

$$\eta = \frac{P_O}{P_E} \times 100\%$$

式中，P_O为放大电路输出给负载的功率；P_E为直流电源所提供的功率。

(3) 尽量减小非线性失真。由于在功率放大电路中，功放晶体管的工作点在较大范围内变化，使管子特性曲线的非线性问题充分暴露出来，因此输出波形的非线性失真比小信号放大电路要严重得多。在实际的功率放大电路中，应根据负载的要求来规定允许的失真度范围。

(4) 性能指标分析以功率为主。着重计算输出功率、管子消耗功率、电源供给功率和效率。由于功放晶体管处于大信号工作状态，分析计算时只能采用图解法估算，不能用微变等效电路法分析。

(5) 功放晶体管的散热问题。功放电路中很大一部分功率被集电结消耗掉，使结温上升，为了在同样的结温下输出足够大的功率，散热非常重要。所以功放晶体管在使用时一般要加散热器，以降低结温，确保功放晶体管安全地工作。

5.5.1.2 功率放大电路的种类

A 按照功放管静态工作点分类

功率放大电路按照功放管静态工作点的不同，可分为甲类、乙类和甲乙类，在高频功放中还有丙类和丁类之分。设正弦波周期为T，管子导通时间为t。

(1) 甲类功放。晶体管的静态工作点在放大区的中间，在输入正弦波电压信号的整个周期内，管子都处于导通状态。甲类工作时，$t = T$。

(2) 乙类功放。晶体管的静态工作点在放大区与截止区的交线上，在输入正弦波电压信号的一个周期内，管子只在半个周期内导通，另外半个周期截止。乙类工作时，$t = T/2$。

(3) 甲乙类功放。晶体管的静态工作点在靠近截止线的放大区内，在输入信号的一个周期内，管子有半个多周期内导通，截止时间小于半个周期。甲乙类工作时，$T/2 < t < T$。

(4) 丙类功放。管子的导通时间小于半个周期，大部分时间是截止的。丙类工作时，$t < T/2$。

(5) 丁类功放。又称开关型功放，管子工作于开关状态，即“饱和导通—完全截止”两个极端状态。

甲类放大电路的优点是波形失真小，但由于静态工作电流大，故管耗大，放大电路效率低，所以主要应用于小功率放大电路中。乙类与甲乙类放大电路由于管耗小，放大电路效率高，在功率放大器中已获得广泛的应用。

目前，甲类、乙类和甲乙类功放在音频功率放大电路中应用广泛，几乎覆盖着半导体放大器的绝大多数；丙类功放一般用于射频放大，很难找到用于音频的实例；丁类功放是数字功放，理论上来说效率很高，可用于音频放大，但因其集电极电流失真严重，必须采取措施消除失真，所以实际应用时困难还是非常大的。在实际大功率放大电路中，均采用推挽电路来减小失真和增大输出功率。

B　按功放电路中输出信号与负载的耦合方式分类

按功放电路中输出信号与负载的耦合方式，可分成变压器耦合功放电路、OTL 功放电路、OCL 功放电路和 BTL 电路等。

（1）变压器耦合功率放大电路。

传统的功率放大电路常常采用变压器耦合方式的功率放大电路，图 5-4 所示为典型的变压器耦合功率放大电路的原理图及工作波形图。

在图中 T_1 为输入变压器，T_2 为输出变压器。当输入电压 u_i 为正半周时，VT_1 导通，VT_2 截止；当输入电压 u_i 为负半周时，VT_2 导通，VT_1 截止。两个晶体管的集电极电流 i_{c1} 和 i_{c2} 均只有半个正弦波，但通过输出变压器 T_2 耦合到负载上，负载电流 i_L 和输出电压 u_o 则基本上是正弦波。

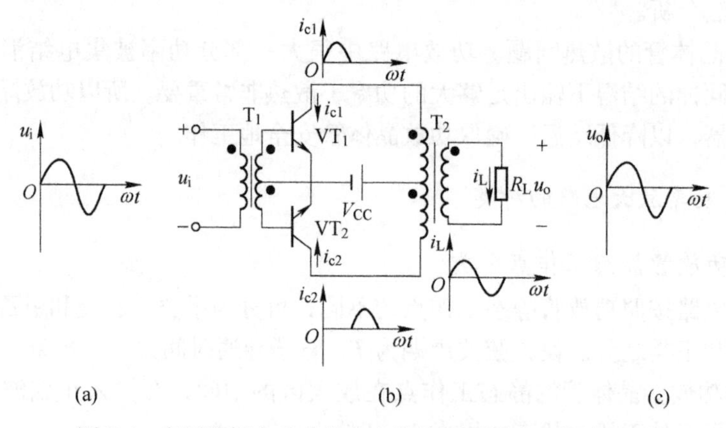

图 5-4　变压器耦合功率放大电路的原理图及工作波形图

（a）输入信号；（b）原理图；（c）输出波形

功率放大电路采用变压器耦合方式的主要优点是便于实现阻抗匹配，有利于信号的最大传输。但变压器体积庞大，比较笨重，消耗有色金属，而且其低频和高频特性不好，在引入负反馈时还容易产生自激，所以除了对频率特性要求不高的电路（如实训用的单波段收音机）外，一般都不采用这种功放电路。

（2）双电源互补对称功率放大电路——OCL 电路。

射极输出器有输入电阻高、输出电阻低、带负载能力强等特点，很适宜作为功率放大电路使用，但单管射极输出器静态功耗大，为了解决这个问题，多采用双电源互补对称功率放大电路，简称为 OCL 电路。

扫一扫查看视频

采用正、负电源构成的乙类互补对称功率放大电路如图 5-5 所示，

VT_1和VT_2是两个特性相同的晶体管，分别为NPN型管和PNP型管，两管的基极和发射极分别连接在一起，信号从基极输入，从发射极输出，R_L为负载。要求两管特性相同，且$U_{CC}=U_{EE}$。

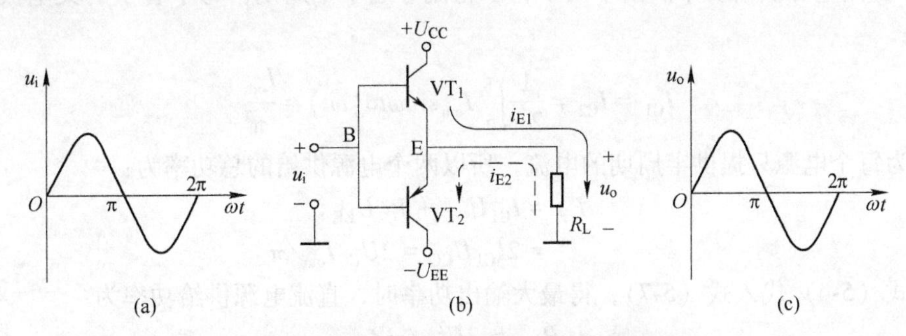

图5-5 OCL乙类互补对称功率放大电路

（a）输入信号；（b）基本电路；（c）输出波形

静态时，即$u_i=0$，VT_1、VT_2发射结均零偏置，两晶体管的I_{BQ}、I_{CQ}均为零，因此输出电压$u_o=0$，此时电路不消耗功率。

当放大电路有正弦信号u_i输入时，在u_i的正半周，VT_2因发射结反偏而截止，VT_1发射结正偏导通，U_{CC}通过VT_1向R_L提供电流i_{E1}，产生输出电压u_o的正半周；在u_i的负半周，VT_1发射结反偏截止，VT_2发射结正偏导通，$-U_{EE}$通过VT_2向R_L提供电流i_{E2}，产生输出电压u_o的负半周。VT_1、VT_2管轮流导通，相互补充对方缺少的半个周期，R_L上仍得到与输入信号波形相近的输出信号波形，如图5-5（c）所示，故称这种电路为乙类互补对称功率放大电路。又因为静态时公共发射极电位为零，不必采用电容耦合，所以此电路也称为无输出电容的功率放大电路。由图5-5（b）可见，互补对称放大电路是由两个工作在乙类的射极输出器组成，所以输出电压u_o的大小基本与输入电压u_i的大小相等，即$u_i\approx u_o$，又因为射极输出器输出电阻很低，所以，互补对称放大电路具有较强的带负载能力，即它能向负载提供较大的功率，实现功率放大作用，所以又把这种电路称为乙类互补对称功率放大电路。电路参数计算如下。

1）输出功率P_O。负载R_L上的电流i_o和电压u_o有效值的乘积就是放大电路的输出功率，即：

$$P_O=\frac{I_{om}}{\sqrt{2}}\times\frac{U_{om}}{\sqrt{2}}=\frac{1}{2}I_{om}U_{om} \tag{5-1}$$

由于$I_{om}=U_{om}/R_L$，所以式（5-1）也可写成：

$$P_O=U_{om}^2/(2R_L)=I_{om}^2R_L/2 \tag{5-2}$$

由图5-5（b）可知，乙类互补对称放大电路的最大不失真输出电压幅度为：

$$U_{om}=U_{CC}-U_{CES}\approx U_{CC} \tag{5-3}$$

式中，U_{CES}为晶体管的饱和压降，通常很小，可以略去。

最大不失真输出电流的幅度为：

$$I_{om}=U_{om}/R_L\approx U_{CC}/R_L \tag{5-4}$$

所以，放大电路最大输出功率为：

$$P_{om}=\frac{I_{om}}{\sqrt{2}}\times\frac{U_{om}}{\sqrt{2}}\approx\frac{U_{CC}^2}{2R_L} \tag{5-5}$$

2）直流电源供给功率。由于两个管子轮流导通半个周期，每个管子的集电极电流平均值为：

$$I_{C1}=I_{C2}=\frac{1}{2\pi}\int_0^{\pi}I_{om}\sin\omega t\mathrm{d}(\omega t)=\frac{I_{om}}{\pi} \tag{5-6}$$

因为每个电源只提供半周期的电流，所以两个电源供给的总功率为：

$$\begin{aligned}P_E&=I_{C1}U_{CC}+I_{C2}U_{EE}\\&=2I_{C1}U_{CC}=2U_{CC}I_{om}/\pi\end{aligned} \tag{5-7}$$

将式（5-4）代入式（5-7），得最大输出功率时，直流电源供给功率为：

$$P_{Em}=2U_{CC}^2/\pi R_L \tag{5-8}$$

3）效率。效率是负载获得的信号功率 P_0 与直流电源供给功率 P_E 之比。则：

$$\eta=P_0/P_E=\frac{\pi}{4}\times\frac{U_{om}}{U_{CC}} \tag{5-9}$$

乙类互补对称功放电路的最高效率为：

$$\eta_m=\frac{\pi}{4}\times\frac{U_{om}}{U_{CC}}=\frac{\pi}{4}\times\frac{U_{CC}}{U_{CC}}\approx\frac{\pi}{4}\approx78.5\% \tag{5-10}$$

实际的放大电路很难达到最大效率，由于受饱和压降及元器件损耗等因素的影响，乙类互补对称功放电路的效率仅能达到60%左右。

4）管耗。直流电源提供的功率除了使负载获得的功率外，其余的被 VT_1、VT_2 消耗，即管耗，用 P_v 表示。由式（5-8）和式（5-2）可得每个晶体管的管耗为：

$$\begin{aligned}P_{v1}=P_{v2}&=(P_E-P_0)/2=(1/2)(2U_{om}U_{CC}/\pi R_L-U_{om}^2/2R_L)\\&=(U_{om}/R_L)(U_{CC}/\pi-U_{om}/4)\end{aligned} \tag{5-11}$$

可见，管耗 P_v 与输出电压 U_{om} 有关。为求管耗最大值与输出电压幅度的关系，令：

$$\frac{\mathrm{d}P_{v1}}{\mathrm{d}U_{om}}=0$$

则得：

$$\frac{\mathrm{d}P_{v1}}{\mathrm{d}U_{om}}=\frac{1}{R_L}\left(\frac{U_{CC}}{\pi}-\frac{U_{om}}{2}\right)=0 \tag{5-12}$$

由此可见，当 $U_{om}=2U_{CC}/\pi\approx0.6U_{CC}$ 时，P_{v1} 达到最大值，由式（5-9）可得此时的效率 $\eta=50\%$，所以当管耗为最大时，而输出功率却不是最大。将此关系代入式（5-11）得每管的最大管耗为：

$$P_{vm}=U_{CC}^2/(\pi^2R_L) \tag{5-13}$$

由于 $P_{om}=U_{CC}^2/2R_L$，所以最大管耗和最大输出功率的关系为：

$$P_{vm}=2P_{om}/\pi^2\approx0.2P_{om} \tag{5-14}$$

由此可见，每管的最大管耗约为最大输出功率的1/5。因此在选择功放晶体管时，最大管耗不应超过晶体管的最大允许管耗，即：

$$P_{vm}=0.2P_{om}<P_{cm} \tag{5-15}$$

由于上面的计算是在理想情况下进行的，所以应用式（5-15）选择管子时，还需留有充分裕量。

【例 5-1】 已知互补对称功率放大电路如图 5-5（b）所示，已知 $U_{CC}=U_{EE}=24V$，$R_L=6\Omega$，试估算该放大电路最大输出功率 P_{om} 及此时电源供给的功率 P_{Em} 和管耗 P_V，并说明该功率放大电路对功放晶体管的要求。

解： 1）求 P_{om}、P_{Em} 及 P_V。

略去功放晶体管饱和压降，最大不失真输出电压幅度为 $U_{om}\approx U_{CC}=24V$，所以最大输出功率为：

$$P_{om}=\frac{U_{om}^2}{2R_L}=\frac{24^2}{2\times 6}\text{W}=48\text{W}$$

电源供给功率为：
$$P_{Em}=\frac{2U_{CC}^2}{\pi R_L}=\frac{2\times 24^2}{6\pi}\text{W}=61.1\text{W}$$

此时每管的管耗为：
$$P_V=\frac{1}{2}\times(61.1-48)\text{W}=6.6\text{W}$$

2）功放晶体管的选择。

该功放晶体管实际承受的最大管耗 P_{vm} 为：

$$P_{vm}=U_{CC}^2/(\pi^2 R_L)=(24^2/6\pi^2)\text{W}=9.7\text{W}$$

因此，为了保证功放晶体管不损坏，要求功放晶体管的集电极最大允许损耗功率 P_{cm} 为：

$$P_{cm}>P_{vm}=9.7\text{W}$$

由于乙类互补对称功率放大电路中一只晶体管导通时，另一只晶体管截止，由图 5-5（b）可知，当输出电压 u_o 达到最大不失真输出幅度时，截止的晶体管所承受的反向电压最大，且近似等于 $2U_{CC}$。为了保证功放晶体管不致被反向电压所击穿，因此要求功放晶体管的集-射反向击穿电压为：

$$U_{(BR)CEO}>2U_{CC}=2\times 24V=48V$$

放大电路在最大功率输出状态时，集电极电流幅度达最大值 I_{om}，为使放大电路失真不致太大，则要求功放晶体管最大允许集电极电流 I_{CM} 满足：

$$I_{CM}>I_{om}=U_{CC}/R_L=4A$$

扫一扫查看视频

严格来说，乙类双电源互补对称功率放大电路输入信号很小时，达不到功放晶体管的开启电压，功放晶体管不导电。因此在正、负半周交替过零处会出现一些非线性失真，这个失真称为交越失真，如图 5-6 所示。

图 5-6 交越失真波形

为了消除交越失真，可分别给两只功放晶体管的发射结加很小的正偏电压，使两只功放晶体管处于微导通状态，即让管子工作在甲乙类工作状态。如图 5-7（a）所示。两管轮流导通时，交替得比较平滑，从而减小了交越失真。

图 5-7（a）所示电路利用两只二极管的正向压降和电阻 R_3 上的直流压降作为两只功放晶体管基极间直流偏压，其值略大于两管（VT_1、VT_2）发射结开启电压之和，从而使

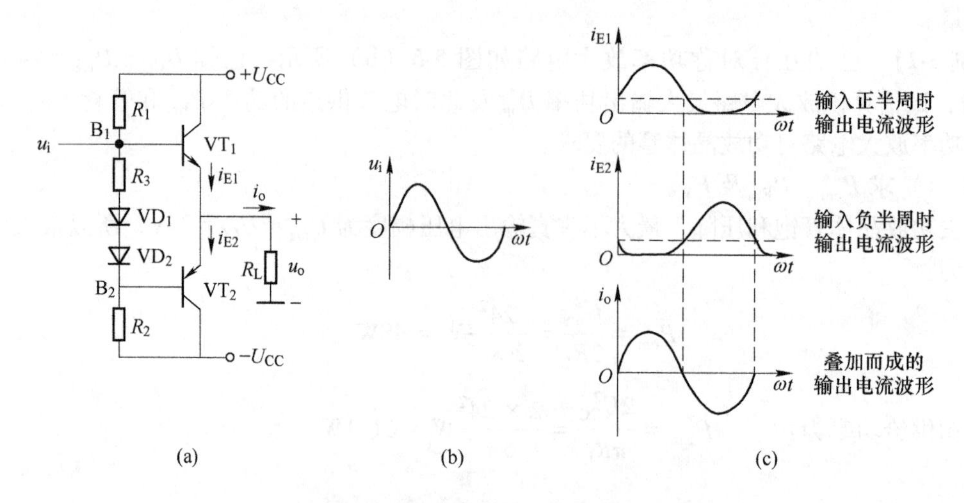

图5-7　甲乙类互补对称功率放大电路

（a）工作电路；（b）输入信号；（c）工作波形

两管处于微导通的甲乙类工作状态，它们的工作点都进入放大区。调整 R_3 可调整 VT_1、VT_2 发射结的偏压，从而改变 VT_1、VT_2 的静态工作电流，达到消除交越失真的目的。由于 I_{CQ} 的存在，甲乙类功放电路的效率较乙类推挽功放电路低一些。加上输入交流信号 u_i 后，由于二极管的动态电阻很小，而且电阻 R_3 阻值也很小，故 B_1 和 B_2 点之间的交流压降很小，这样可近似认为加在两管基极的电压相等，均为 u_i。在信号 u_i 作用下，i_{E1} 和 i_{E2} 的波形如图5-7（c）所示。负载上获得的电流 i_o 为 i_{E1} 与 i_{E2} 之差，从图5-7（c）中可以看出负载上的电压波形得到改善，交越失真大大减小。

在实际电路中，静态电流通常取得很小，所以定量分析甲乙类互补对称功率放大电路时，仍可以用乙类互补对称功率放大电路的有关公式近似估算输出功率和效率等指标。

（3）单电源互补对称功率放大电路——OTL电路。

OCL电路采用双电源供电，给使用和维修带来不便，为此可在放大电路输出端接入一个电容 C，利用这个电容的充放电来代替负电源，称为单电源互补对称功率放大电路（或无输出变压器功率放大电路），简称OTL电路。甲乙类单电源互补对称功率放大电路的组成如图5-8所示。

两个晶体管 VT_1 和 VT_2 的发射极连在一起，然后通过大电容 C 接至负载电阻 R_L；两个晶体管的类型不同，分别为NPN型和PNP型；电路中只需要一路直流电源 U_{CC}；电阻 R_1、R_2 和RP的作用是确定放大电路的静态电位。

假设调整电阻RP的值，使静态时两管的发射极电位为 $U_{CC}/2$，则电容 C 两端的电压 U_C 也等于 $U_{CC}/2$。加入正弦波输入电压 u_i 时，如果电容足够大，可认为当输入电压按正弦规律变化时，电容两端电压保持 $U_{CC}/2$ 的数值不变。在 u_i 的正半周，NPN型晶体管 VT_1 导电，PNP型晶体管 VT_2 截止。i_{E1} 经 VT_1 和电容后流过负载至公共端（接地端）。此时 VT_1 集电极回路的直流电源电压为 U_{CC} 与电容上电压之差，即等于 $U_{CC}/2$。在 u_i 的负半周，VT_2 导电，VT_1 截止。VT_2 导通依靠电容上的电压供电，i_{E2} 从电容的正端流出，经 VT_2 流至公共端，再流过负载，然后回到电容的负端。VT_2 集电极回路的电源电压等于 $-U_{CC}/2$。由

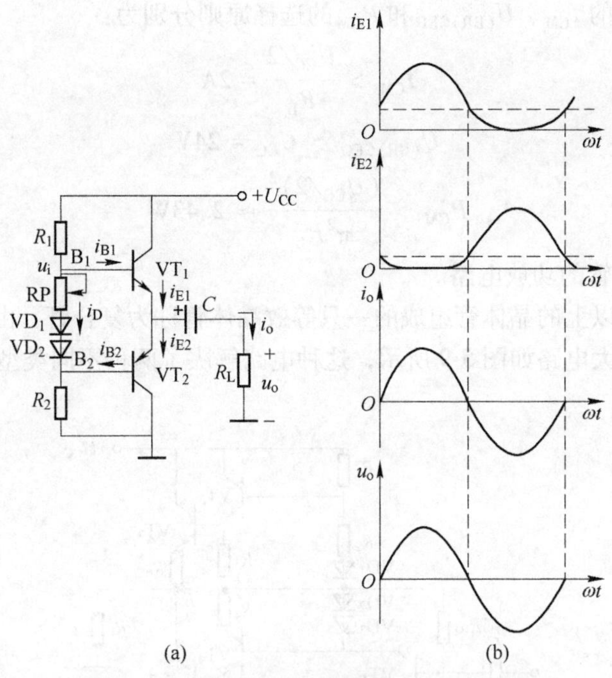

图 5-8 甲乙类单电源互补对称功率放大电路

（a）工作电路；（b）工作波形

图 5-8（a）可见，无论 VT_1 或 VT_2，均工作在射极输出器状态。与 OCL 乙类互补对称电路类似，虽然 VT_1 和 VT_2 各导通半周，但因 $i_o = i_{E1} - i_{E2}$，所以合成之后，i_o 和 u_o 基本上是正弦波，如图 5-8（b）所示。

由于这种放大电路不用输出变压器，且两个晶体管 VT_1 和 VT_2 轮流导通，每管导通角略大于 180°，二者的电流互补，电路结构形式对称，所以称为 OTL 甲乙类互补对称电路。

在 OTL 电路中有关输出功率、效率、管耗等指标的计算与 OCL 电路相同，但 OTL 电路中每只晶体管的工作电压仅为 $U_{CC}/2$，因此在应用 OCL 电路的有关公式时，应用 $U_{CC}/2$ 取代 U_{CC}。

【例 5-2】 已知 OTL 甲乙类互补对称功率放大电路如图 5-8（a）所示，已知 $U_{CC} = 24V$，$R_L = 6\Omega$。

1）若 VT_1 和 VT_2 的饱和管压降 $|U_{CES}| = 3V$，输入电压足够大，则电路的最大输出功率 P_{om} 和效率 η 各为多少？

2）VT_1 和 VT_2 的 I_{CM}、$U_{(BR)CEO}$ 和 P_{CM} 应如何选择？

解：1）最大输出功率和效率分别为：

$$P_{om} = \frac{\left(\frac{1}{2}U_{CC} - |U_{CES}|\right)^2}{2R_L} = 6.75W$$

$$\eta = \frac{\pi}{4} \times \frac{\frac{1}{2}U_{CC} - |U_{CES}|}{\frac{1}{2}U_{CC}} \approx 58.9\%$$

2）VT_1和 VT_2的 I_{CM}、$U_{(BR)CEO}$和 P_{CM}的选择原则分别为：

$$I_{CM} > \frac{U_{CC}/2}{R_L} = 2A$$

$$U_{(BR)CEO} > U_{CC} = 24V$$

$$P_{CM} > \frac{(U_{CC}/2)^2}{\pi^2 R_L} \approx 2.43W$$

（4）采用复合管的功放电路。

由两只或两只以上的晶体管组成的一只等效晶体管称为复合管，由复合管组成的甲乙类互补对称功率放大电路如图 5-9 所示，这种电路解决了两种不同类型的大功放管不好配对的问题。

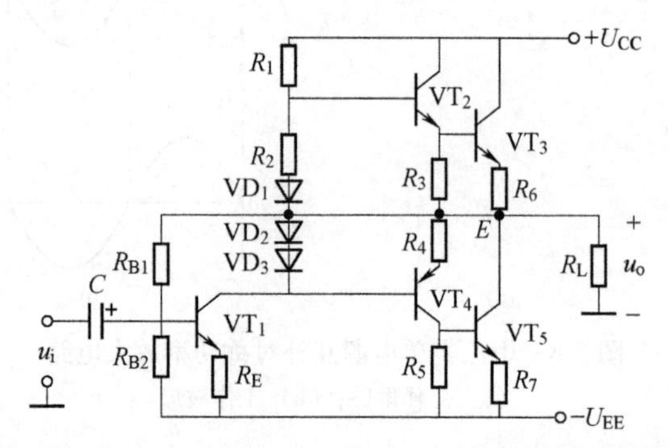

图 5-9　由复合管组成的甲乙类互补对称功率放大电路

各元器件的作用如下。

1）VT_1、R_{B1}、R_{B2}、R_E组成前置电压放大级，R_{B1}接至 E 点，构成电压并联负反馈，并且是交、直流负反馈，既改善了电路的性能，又用来稳定电路的静态工作点。

2）VT_3、VT_5为同一类型的大功放管，分别与 VT_2、VT_4 组成复合管，以实现大功率输出。由于 VT_3、VT_5为同一类型的大功放管，因此电路有较好的对称性。将输出管为同一类型的电路称为“准互补对称功率放大电路”。

3）R_2、VD_1、VD_2、VD_3构成输出级的小正偏电路，用来消除交越失真。

4）R_3、R_5是泄放电阻，给小功放管的穿透电流提供回路，以免使之流入大功放管，可以提高复合管的温度稳定性。

5）R_4是 VT_2、VT_4的平衡电阻，可保证 VT_2、VT_4的输入电阻对称。

6）R_6、R_7是阻值很小的电阻，具有负反馈作用，以提高电路的工作稳定性，同时还具有过流保护作用。

5.5.2　常用集成功率放大器及应用

集成功率放大器除具有一般集成电路的特点外，还具有温度稳定性好、电源利用率高、功耗低、非线性失真小等优点。有时还将各种保护电路如过流保护、过压保护、过热保护等电路集成在芯片内部，使集成功率放大器的使用更加安全可靠。

集成功放的种类很多，从用途上划分，有通用型功放和专用型功放；从芯片内部的电路构成划分，有单通道功放和双通道功放；从输出功率划分，有小功率功放和大功率功放等。

5.5.2.1 LM386——小功率通用型集成功率放大器

LM386是目前应用较广的一种小功率通用型集成功率放大电路，其特点是电源电压范围宽（4~16V）、功耗低（常温下是660mW）、频带宽（300kHz）。此外，电路的外接元器件少，应用时不必加散热片，广泛应用于收音机、对讲机、双电源转换、方波和正弦波发生器等。

A LM386的引脚功能

图5-10所示为LM386的引脚功能和典型应用电路图。LM386采用8脚双列直插式塑料封装，引脚1和8之间外接的阻容电路可改变集成功放的电压放大倍数（20~200）。当1脚和8脚间开路时，电路的电压放大倍数为20；当1脚和8脚间短路时，电路的电压放大倍数为200。

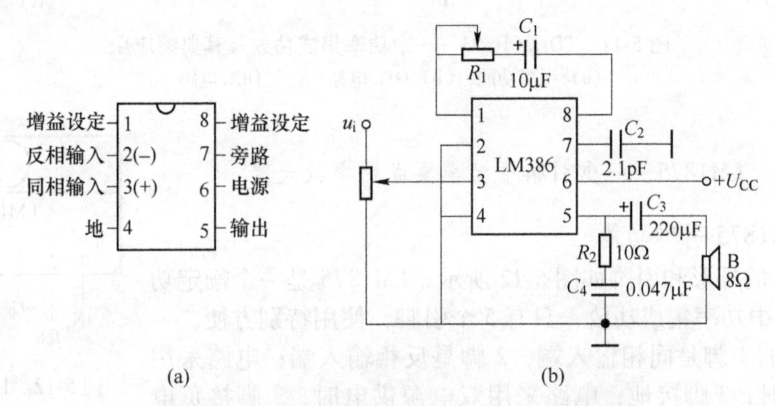

图5-10 LM386的引脚功能和典型应用电路图
（a）引脚功能；（b）典型应用电路图

B LM386的典型应用电路

图5-10（b）为LM386的典型应用电路，用于对音频信号的放大。图中的R_1、C_1用来调节电路的电压放大倍数，C_2是去耦电路，它可防止电路产生自激。R_2、C_4组成容性负载，用以抵消扬声器部分的感性负载，可以防止在信号突变时扬声器感应出较高的瞬时电压而导致器件的损坏，且可改善音质。C_3为功放的输出电容，使集成电路构成OTL功放电路。整个电路使用单电源，降低了对电源的要求。

5.5.2.2 TDA2616/Q——中功率集成功率放大器

TDA2616/Q是PHILIPS公司生产的具有静噪功能的12W双声道高保真功率放大器，主要用于对音频信号的放大，多用在立体声录音机中。

A TDA2616/Q的引脚功能

TDA2616/Q采用9脚单列直插式封装，各引脚功能如图5-11（a）所示。其中2脚为静音控制端，当该脚接低电平时，TDA2616/Q处于静音状态，输出端停止输出；2脚接高电平时，TDA2616/Q处于工作状态。TDA2616/Q的最大输出功率为15W，失真度不大于0.2%。

B　TDA2616/Q 的应用电路

TDA2616/Q 既可以使用单电源供电，也可采用双电源供电，这是它的一个特点，非常方便使用。采用单电源供电时的应用电路如图 5-11（b）所示，这时电路构成了 OTL 电路；采用双电源供电时的应用电路如图 5-11（c）所示，这时电路构成了 OCL 电路。当然这两种形式的电路其输出功率是不同的。

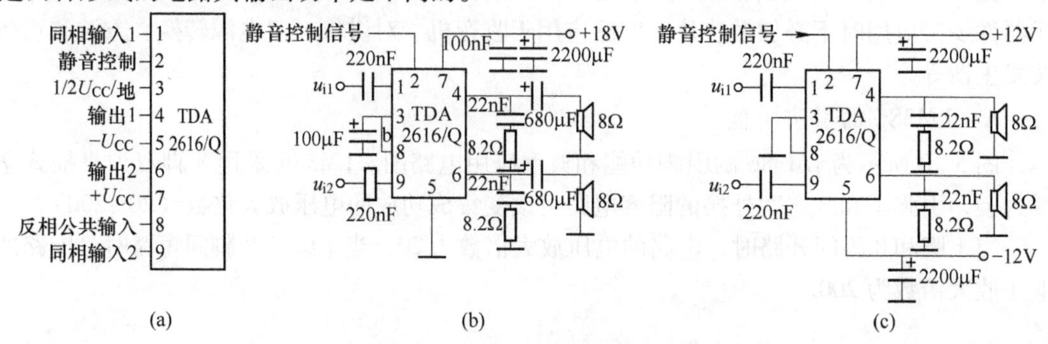

图 5-11　TDA2616/Q——中功率集成功放及其典型应用
（a）引脚功能；（b）OTL 电路；（c）OCL 电路

5.5.2.3　LM1875——少引脚中功率集成功率放大器

A　LM1875 引脚功能

LM1875 的外形和引脚如图 5-12 所示，LM1875 是一个额定功率为 30W 的中功率集成功放，只有 5 个引脚，使用特别方便。

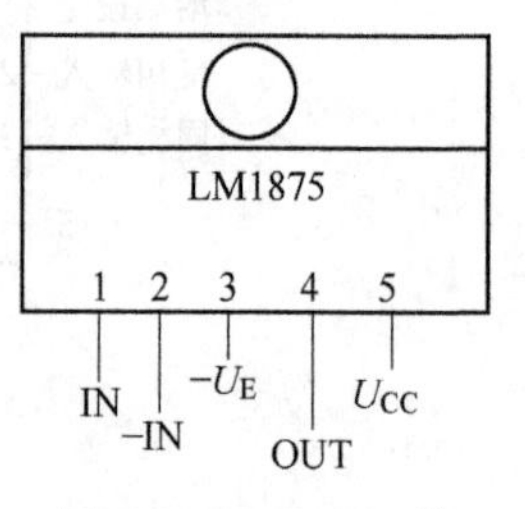

图 5-12　LM1875 的外形和引脚

LM187 的 1 脚是同相输入端，2 脚是反相输入端；电路采用单电源供电时，3 脚接地；电路采用双电源供电时，3 脚接负电源；4 脚是输出端，5 脚接正电源。

B　LM1875 的典型应用电路

LM1875 适合用在音频放大、伺服放大、测试系统中的功率放大场合，其外围元件少，最大不失真功率达 30W，最大输出电流 4A，用单电源和双电源均能工作，且电源范围在 16~60V 都可以工作。

集成电路内还自备过载、过热以及抑制反电动势的安全保护电路（用于感性负载时）。

用 LM1875 集成功率放大器构成的 OTL 电路如图 5-13 所示，构成的 OCL 电路如图 5-14 所示。

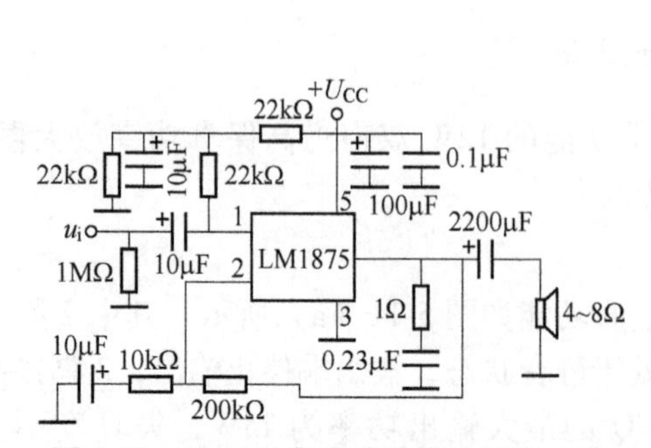

图 5-13　LM1875 集成功放构成 OTL 电路

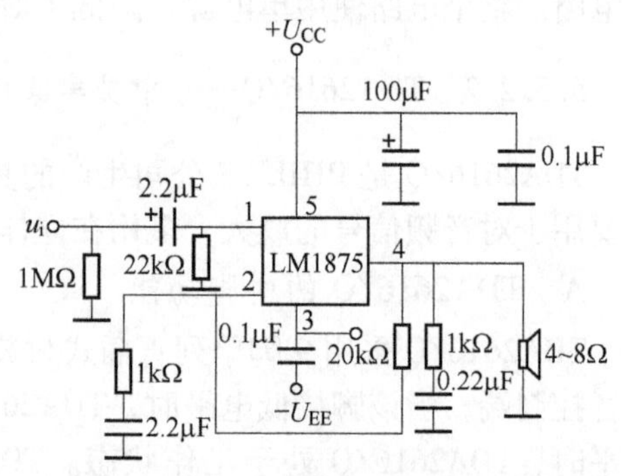

图 5-14　LM1875 集成功放构成 OCL 电路

用LM1875做成的音响放大电路其音域宽广、音色诱人，输出的功率与性能均优于同类产品。

5.6 项 目 实 现

5.6.1 训练目的

（1）测量OTL互补对称功率放大器的最大输出功率、效率。

（2）了解自举电路原理及其对改善OTL互补对称功率放大器性能所起的作用。

5.6.2 电路原理

图5-15所示为OTL低频功率放大器，当有信号输入时，输入信号经VT_1放大后，同时作用到VT_2、VT_3管的基极，由于在静态时，VT_2和VT_3管基本上处于截止状态，因此，在输入信号的正半周，VT_1管的集电极电位变负，使VT_3管（PNP型）导通，VT_2管（NPN型）截止，只有电流i_{c2}流经负载；而在输入信号的负半周，VT_3管截止，VT_2管导通，只有电流i_{c3}流经负载。因VT_2、VT_3管轮流导通，且i_{c2}和i_{c3}在负载R_L中流动的方向是相反的，所以在一个周期内，流过负载的电流是i_{c2}和i_{c3}合并起来的一个完整信号。

图5-15中的RP是VT_1管的偏置电阻，用来调整VT_1管的集电极电位。C_3和R_2组成自举电路，用于提高电路的功率效益，增大了最大不失真输出功率。二极管VD_1、VD_2的作用是消除交越失真。

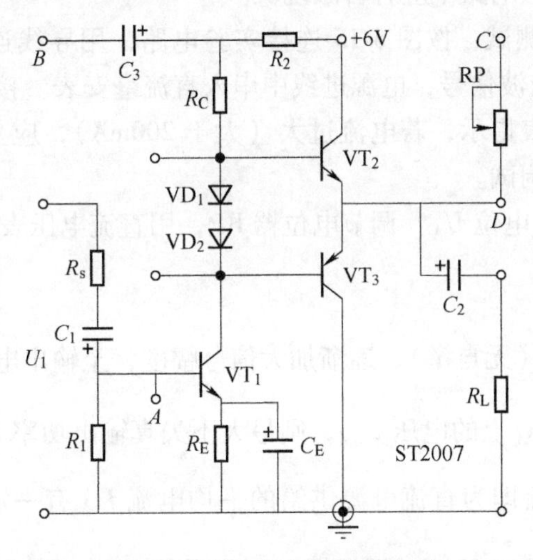

图5-15 OTL低频功率放大器

其中：$R_1=5.1\text{k}\Omega$，$R_2=150\Omega$，$R_c=680\Omega$，$R_E=R_s=51\Omega$，$R_L=8.2\Omega$，$R_{RP}=47\text{k}\Omega$，VD_1、VD_2型号为1N4007，$C_2=C_3=470\mu\text{F}/50\text{V}$，$C_E=47\mu\text{F}/50\text{V}$，$C_1=10\mu\text{F}/50\text{V}$，$C_5=0.1\mu\text{F}$，$VT_1$型号为9013，$VT_2$型号为BD137，$VT_3$型号为BD138。

5.6.3　设备清单

项目实现所需设备清单见表5-1。

表5-1　项目实现所需设备清单

序号	名　称	数 量	型　号
1	多功能交直流电源	1台	30221095
2	低频信号发生器	1台	
3	示波器	1台	
4	万用表	1只	
5	毫安表	1只	
6	OTL功率放大模块	1块	ST2007
7	短接桥和连接导线	若干	P8-1和50148
8	实验用9孔插件方板		300mm×298mm
9	扬声器	1只	15003025

5.6.4　内容与步骤

在整个测试过程中，电路不应有自激现象。

（1）静态工作点的测试：按图5-15连接实验电路，用导线连接 A、C 点，调节信号源为频率 $f=1\text{kHz}$ 的正弦波信号，电源进线中串入直流毫安表。接通+6V电源，注意电源极性和幅值，观察毫安表指示，若电流过大（大于200mA），应立即断开电源检查原因。如无异常现象，可开始调试。

1）调节输出端中点电位 U_A：调节电位器RP，用直流电压表测量 D 点电位，使 $U_D=\frac{1}{2}U_{CC}$。

2）B、D 点不连接（无自举），逐渐加大信号幅度，至输出电压波形将出现临界失真时，用万用表测出负载 R_L 上的电压 U_{om}，则最大不失真输出功率 $P_{om}=\frac{U_{om}^2}{R_L}$。读出直流毫安表中的电流值，此电流即为直流电源供给的平均电流 I（有一定误差），由此可近似求得直流电源的平均功率 $P_V=U_{CC}I$，再根据上面测得的 P_{om}，即可求出输出效率 $\eta=\frac{P_{om}}{P_V}$，理想情况下，$\eta_{max}=78.5\%$。将实验数据记录在表5-2中并画出输出电压波形。

（2）短接 VD_1、VD_2，用示波器观察此时 VT_2、VT_3 管的发射极有无正偏压及信号交越失真的情况，画出输出电压波形，与 VD_1、VD_2 不短接时比较。VT_2、VT_3 管消耗的功率 $P_T=P_V-P_{om}$。

（3）连接 B、D 点（加入自举），重复步骤（2）和（3）的实验内容。

表 5-2 测量表 1

变量	U_{om}/V	I/mA	U_{CC}/V	P_{om}/W	P_V/W	P_T/W	η
加入自举							
无自举							

5.7 小 结

（1）功率放大器的任务是向负载提供符合要求的交流功率，因此主要考虑的是输出功率要大，效率要高，主要技术指标是输出功率和效率。

（2）提高功率放大电路输出功率的途径是提高直流电源电压，应选用耐压高、允许工作电流大的功放管。

（3）互补对称功率放大电路（OCL、OTL）由两个管型相反的射极输出器组合而成，功率晶体管工作在大信号状态；可利用复合管获得大电流增益和较为对称的输出特性。电路组成可采用互补对称功率放大电路。

（4）集成功率放大器是当前功率放大器的发展方向，在应用集成功放电路时，应注意查阅器件手册，按手册提供的典型应用电路连接外围元件。

（5）功放管的散热和保护十分重要，关系到功放电路能否输出足够的功率，并且是不以损坏功放管作为前提条件。

练 习 题

5.1 填空题

（1）功率放大器的任务是____________，主要性能指标有____________。

（2）功率放大电路按晶体管静态工作点的位置可分为____________类、____________类和____________类。

（3）为了保证功率放大电路中功放管的使用安全，功放管的极限参数____________、____________、____________应足够大，且应注意____________。

5.2 选择题

（1）与甲类功率放大器相比较，乙类互补推挽功放的主要优点是____________。

A. 无输出变压器　　B. 能量转换效率高　　C. 无交越失真

（2）功放电路的能量转换效率主要与____________有关。

A. 电源供给的直流功率　　B. 电路输出信号最大功率　　C. 电路的类型

（3）甲类功率放大电路的能量转换效率最高为____________。

A. 50%　　B. 78.5%　　C. 100%

（4）对甲类功率放大电路（参数确定）来说，输出功率越大，则电源提供的功率____________。

A. 不变　　B. 越大　　C. 越小

（5）甲类功率放大电路功放管的最大管耗出现在输出电压的幅值为____________时。

A. 0　　B. 最大　　C. 电源电压的一半

（6）乙类互补功放电路存在的主要问题是____________。

A. 输出电阻太大　　B. 能量转换效率低　　C. 有交越失真

（7）为了消除交越失真，应当使功率放大电路的功放管工作在____________状态。

A. 甲类　　B. 甲乙类　　C. 乙类

5.3　判断题

（1）在乙类功放电路中，输出功率最大时，管耗也最大。　（　）

（2）功率放大电路的主要作用是在信号失真允许的范围内，向负载提供足够大的功率信号。　（　）

（3）在 OCL 电路中，输入信号越大，交越失真也越大。　（　）

（4）OCL 电路的最大输出功率只与电源电压及负载有关，而与功放管的参数无关。　（　）

（5）所谓电路的最大不失真输出功率，是指输入正弦信号幅度足够大，而输出信号基本不失真，并且输出信号的幅度最大时，负载上获得的最大直流功率。　（　）

（6）在推挽功率放大电路中，由于总有一只晶体管是截止的，故输出波形必然失真。　（　）

（7）在推挽式功率放大电路中，只要两只晶体管具有合适的偏置电流，就可以消除交越失真。　（　）

（8）实际的甲乙类功放电路，电路的效率可达 78.5%。　（　）

（9）在输入电压为零时，甲乙类互补对称电路中的电源所消耗的功率是零。　（　）

（10）当 OCL 电路的最大输出功率为 1W 时，功放晶体管的集电极最大耗散功率应大于 1W。　（　）

5.4　简答题

（1）功率放大电路的主要任务是什么？

（2）功率放大电路与电压放大电路相比有哪些区别？

（3）与甲类相比，乙类互补对称功率放大电路的主要优点是什么？

（4）功放管在使用中应注意什么？

（5）大功率放大电路中为什么要采用复合管？

（6）什么是交越失真，如何克服交越失真？

（7）功率放大电路采用甲乙类工作状态的目的是什么？

（8）OTL 电路与 OCL 电路有哪些主要区别，使用中应注意哪些问题？

（9）集成功放内部主要由哪几级电路组成，每级的主要作用是什么？

项目 6　正弦波振荡电路的设计与制作

6.1 知识目标

（1）掌握 *RC* 振荡电路的组成，熟悉各组成部分的作用。
（2）了解一般振荡电路组成的四部分及各部分的作用。
（3）熟悉振荡电路的起振条件。
（4）掌握振荡电路频率计算公式。

6.2 技能目标

（1）能正确连接电路，识别检测所用元件，正确使用电路仪表（示波电路、万用表）。
（2）具有分析电路功能、排除电路故障能力。
（3）能对电路进行参数调试和测试。
（4）能计算振荡电路的振荡频率。

6.3 案例引入

案例 6-1　七管超外差调幅收音机中的振荡电路如图 6-1 所示。

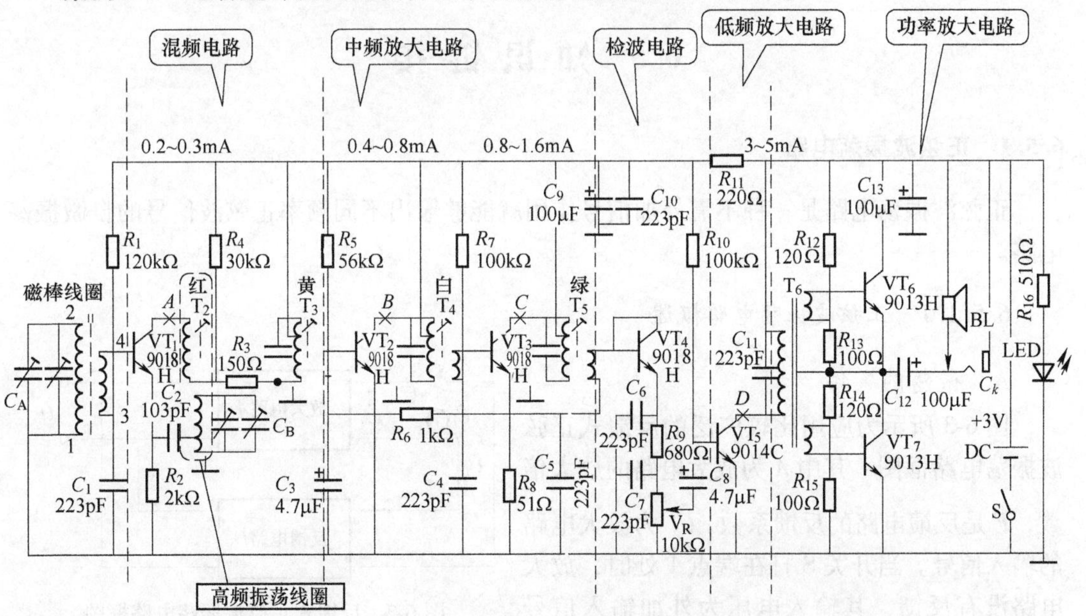

图 6-1　七管超外差调幅收音机中的振荡电路

6.4 初识正弦波振荡电路

波形发生电路和波形变换电路在测量、自动控制、通信、无线电广播和遥测遥感等许多技术领域中有着广泛的应用。如无线发射机中的载波信号源、超外差式收音机中的本振信号源、电子测量仪电路中的正弦波信号源、数字系统中的时钟信号源等，波形发生电路又称为振荡电路或振荡电路，包括正弦波振荡电路和非正弦波振荡电路，它们不需要外加输入信号就能产生各种周期性的连续波形，例如正弦波、方波、三角波和锯齿波等，如图6-2所示，其中最常用的就是正弦波，电子琴、音乐合成电路等电子乐电路能发出各种美妙的声音，尤其是近年来智能手机发出的和弦声令人回味无穷，这些声音都是由正弦波振荡电路产生的，无线通信也是建立在正弦波振荡电路基础上的。另外波形变换电路能将这种波形变换成另一种波形，例如将方波变换成三角波，将三角波变换成锯齿波或正弦波等。

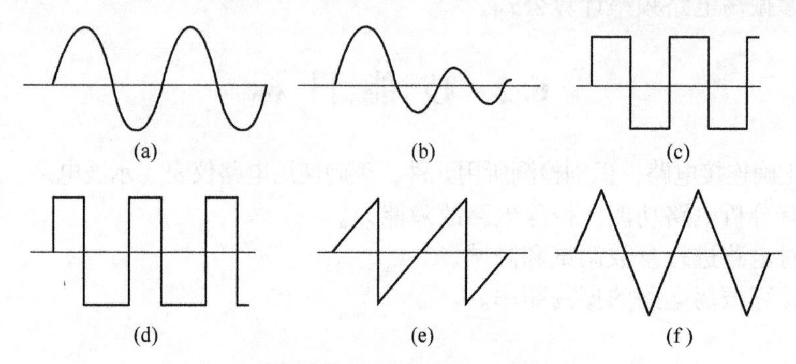

图6-2 周期性连续波形

(a) 正弦波；(b) 阻尼震荡波形；(c) 方波；(d) 矩形波；(e) 锯齿波；(f) 三角波

6.5 知识链接

6.5.1 正弦波振荡电路

正弦波振荡电路是一种不需外加信号作用就能够输出不同频率正弦波信号的自激振荡电路。

6.5.1.1 正弦波振荡电路概述

A 振荡的条件

图6-3所示为应用比较广泛的反馈式正弦波振荡电路框图，其中A为放大电路的放大倍数，F是反馈电路的反馈系数，$\dot{U}_i'$为放大电路的输入信号。当开关S打在端点1处时，放大电路没有反馈，其输入电压为外加输入信号

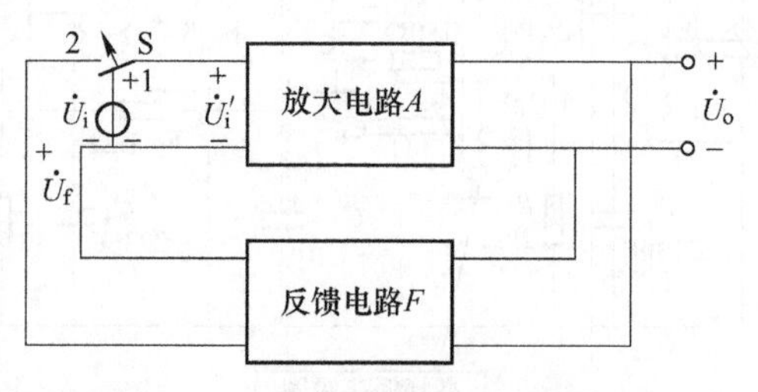

图6-3 反馈式正弦波振荡电路框图

（设正弦信号）$\dot{U}_i$，经放大后，输出电压为 $\dot{U}_o$，如果通过正反馈引入的反馈信号 $\dot{U}_f$ 与 $\dot{U}'_i$ 的幅值和相位相等，即 $\dot{U}_f = \dot{U}'_i$，那么，可以用反馈电压代替外加输入电压，这时如果将开关 S 打到 2 上，即使去掉输入信号 $\dot{U}'_i$，仍能维持稳定输出。这时电路就成为不需要输入信号就有输出信号的自激振荡电路。

由框图可知，产生振荡的基本条件是反馈信号与输入信号大小相等、相位相同。而：

$$\dot{U}_f = \dot{U}_i \rightarrow \dot{U}_f = F\dot{U}_o = FA\dot{U}_i = \dot{U}_i \rightarrow AF = 1 \tag{6-1}$$

具体可表述为以下两点。

（1）相位平衡条件：u_f 与 u_i 必须同相位，也就是要求反馈信号与输入信号相位差是 180°的偶数倍，即：

$$\varphi_A + \varphi_F = 2n\pi \quad (n = 0,\ 1,\ 2,\ 3,\ \cdots) \tag{6-2}$$

式中，φ_A 为开环增益的相角；φ_F 为反馈系数的相角。

（2）幅值平衡条件：u_f 与 u_i 必须大小相等，即：

$$|AF| = 1 \tag{6-3}$$

式中，A 是放大电路的开环增益；F 是反馈电路的反馈系数。

以上就是振荡电路工作的两个基本条件。为了获得某一指定频率 f_0 的正弦波，可在放大电路或反馈电路中，加入具有选频特性的网络，使只有某一选定频率 f_0 的信号满足振荡条件，而其他频率的信号则不满足振荡条件。

B　振荡电路的起振

当电路中满足 $\dot{U}_f = \dot{U}'_i$ 的条件时，振荡电路就有稳定的信号输出，那么最初的原输入信号 $\dot{U}'_i$ 是怎么产生的呢?

当振荡电路刚接通电源时，随着电路中的电流从零开始突然增大，电路中就产生了电冲击，它包含了从低频到高频的各种频率成分，其中必有一种频率的信号满足振荡电路的相位平衡条件，产生正反馈。

如果此时放大电路的放大倍数足够大，满足 $|AF|>1$ 的条件，则经过电路的不断放大后，输出信号在很短的时间内就会由小变大，由弱变强，使电路振荡起来。振荡建立的过程称为起振。

C　振荡电路的稳幅

随着电路输出信号的增大，晶体管的工作范围进入了截止区和饱和区，电路的放大倍数 A 自动地逐渐减小，从而限制了振荡幅度的无限增大，最后当 $|AF| = 1$ 时，电路就有稳定的信号输出。振荡电路稳定的过程称为稳幅。

从电路的起振到形成稳幅振荡所需的时间是极短的，大约经历几个振荡周期的时间即可实现稳定。振荡电路的起振与稳幅过程如图 6-4 所示。

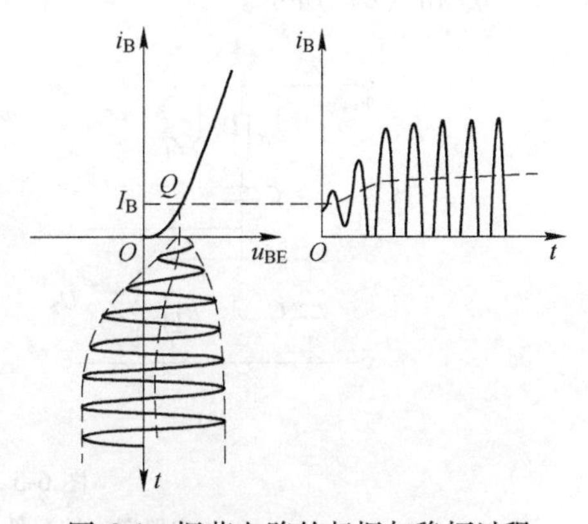

图 6-4　振荡电路的起振与稳幅过程

D　振荡电路各个组成部分的要求

根据振荡电路对起振、稳幅和振荡频率的要求，振荡电路的各个组成部分应该满足以下要求。

（1）对放大电路的要求。具有放大信号的作用，并将电源的直流电能转换成振荡信号的交流能量。

（2）对反馈网络的要求。反馈网络必须要形成正反馈，这样才能满足振荡电路的相位平衡条件。

（3）对选频网络的要求。在正弦波振荡电路中，选频网络的作用是选择某一频率 f_0，使之满足振荡条件，形成单一频率的振荡。

（4）对稳幅电路的要求。稳幅电路能稳定振荡电路输出信号的振幅，并能改善波形失真。

E　振荡电路的分析

对振荡电路的分析，主要包含以下内容。

（1）检查振荡电路是否具有放大电路、反馈网络、选频网络和稳幅电路，特别是要检查前三项在电路组成上是否满足要求。

（2）检查放大电路的静态工作点是否合适，是否满足放大条件。

（3）判断振荡电路能否振荡。

一般说来，振荡电路的幅度平衡条件容易满足，主要是检查电路的相位平衡条件，即判断电路是否有正反馈，可用瞬时极性法来加以判断。

6.5.1.2　*RC* 正弦波振荡电路

根据正弦波振荡电路中选频网络使用元件的不同，正弦波振荡电路分为 *RC* 正弦波振荡电路、*LC* 正弦波振荡电路和石英晶体正弦波振荡电路。

RC 正弦波振荡电路常用于输出从零点几赫兹到数百千赫兹的低频信号，目前常用的低频信号发生电路大多采用 *RC* 桥式振荡电路，它以 *RC* 串并联网络作为选频网络。

A　*RC* 正弦波振荡电路的组成

RC 串并联网络如图 6-5（a）所示，它具有选频作用，其低频、高频等效电路如图 6-5（b）和（c）所示。

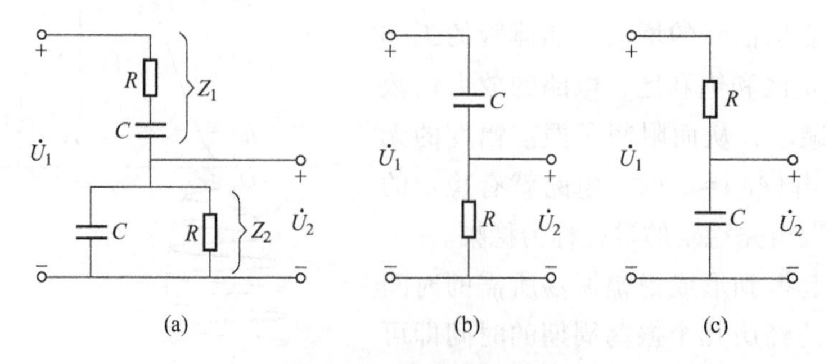

图 6-5　*RC* 串并联网络

（a）电路图；（b）低频等效电路；（c）高频等效电路

输入信号频率低，选频网络可以看作 RC 高通电路，频率越低，输出电压越小。

输入信号频率高，选频网络可以看作 RC 低通电路，频率越高，输出电压越小。

RC 串并联选频网络的幅频特性及相频特性曲线如图 6-6 所示。在 $\omega=\omega_0=1/RC$ 时，$F=U_2/U_1$ 达最大值，等于 1/3，即输出电压是输入电压的 1/3；经推导，在 RC 正弦波振荡电路中的 $R=X_C$ 时，相位角 $\varphi_F=0$，即输出电压与输入电压正好同相位，满足相位平衡条件。

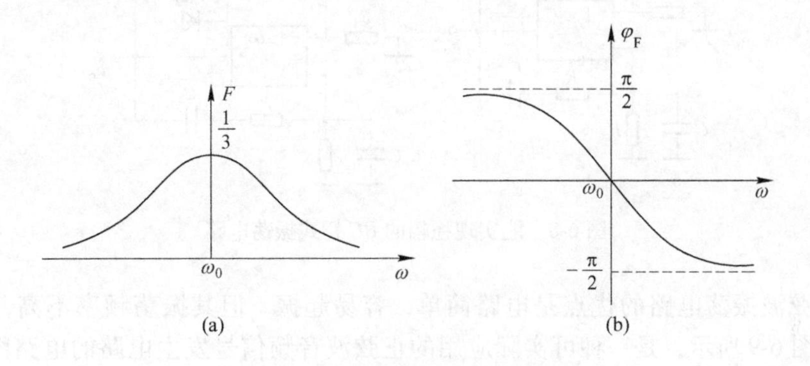

图 6-6 RC 串并联网络的选频特性
（a）幅频特性；（b）相频特性

RC 正弦波振荡电路如图 6-7 所示，它由集成运放构成放大电路，电路中，RC 串并联网络作为选频电路，同时还作为正反馈电路。R_2 组成的负反馈电路作为稳幅电路，并能减小失真。电路中，RC 串并联网络的串联支路和并联电路以及反馈支路的 R_2、R_1 恰好组成电桥电路，因而也把这种振荡电路称为 RC 桥式振荡电路。

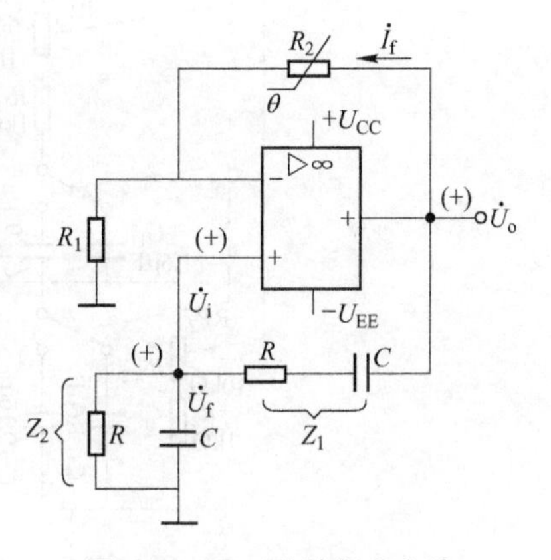

图 6-7 RC 正弦波振荡电路

用瞬时极性法判断可知，当 $\omega=\omega_0=1/RC$ 时，电路满足相位条件。即：

$$\varphi_A+\varphi_F=2n\pi \quad (n=0,\ 1,\ 2,\ 3,\ \cdots)$$

由前文可知，此时 $|F|=1/3$，考虑到 $|A_uF|>1$，所以要求图 6-7 所示的电压串联负反馈放大电路的电压放大倍数 $A_u=1+R_2/R_1$ 应略大于 3，即若 R_2 略大于 $2R_1$，就能顺利起振；若 $R_2<2R_1$，即 $A_u<3$，电路不能振荡；若 $A_u\gg 3$，输出 U_o 的波形失真，变成近于方波。

B RC 桥式振荡电路的振荡频率

理论分析得出，RC 桥式振荡电路的振荡频率为：

$$f_0=\frac{1}{2\pi RC} \tag{6-4}$$

可见，改变 R、C 的参数值，就可以调节振荡频率。为了保证相位角 $\varphi_F=0$，必须同时改变 R_1 和 R_2 的值或 C_1 和 C_2 的值，可采用双联电位器或双联可变电容器来实现。为了实现稳幅，可在 RC 桥式振荡电路加上二极管或热敏电阻，通过它们来改变负反馈深度，从而实现稳幅的目的。

C　能实现稳幅的 *RC* 桥式振荡电路

能实现稳幅的 *RC* 桥式振荡电路如图 6-8 所示。

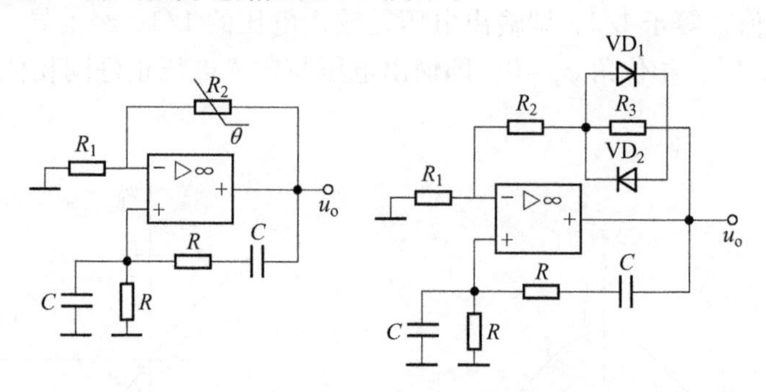

图 6-8　能实现稳幅的 *RC* 桥式振荡电路

RC 正弦波振荡电路的优点是电路简单，容易起振，但其振荡频率不高，一般小于 1MHz。如图 6-9 所示，是一种可实际应用的正弦波音频信号发生电路的电路图。在这个电路中，采用双刀四掷波段开关切换电容来实现频率的粗调，采用双连同轴电位电路来实现频率的细调。二者配合使用，可实现在音频范围内输出信号频率的连续可调。

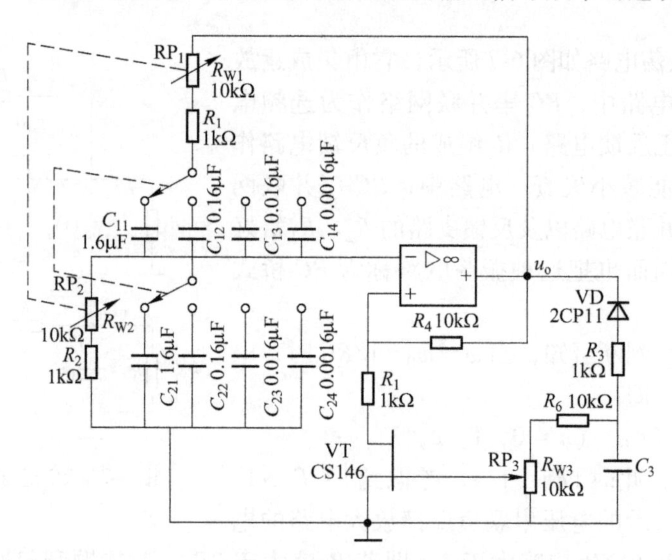

图 6-9　用 *RC* 振荡电路组成的实用音频信号发生电路

【例 6-1】　图 6-10 所示为 *RC* 桥式振荡器的实用电路。试求：

（1）求电路的振荡频率；

（2）说明二极管的作用；

（3）电路在不失真的前提下起振时，R_2 应如何调节？

解：（1）电路的振荡频率：

$$f_0 = \frac{1}{2\pi RC} = \frac{1}{2 \times 3.14 \times 8.2 \times 10^3 \times 0.01 \times 10^{-6}} = 1.94\text{kHz}$$

(2) 在负反馈电路中，二极管 VD_1、VD_2与电阻 R_3并联，所以不论输出信号是正半周还是负半周，总有一个二极管导通，放大倍数为：

$$A_u = 1 + \frac{R_2 + (R_3 // R_{VD})}{R_1}$$

式中，R_{VD}是二极管 VD_1、VD_2的正向交流电阻。

起振时，输出电压较小，二极管的正向交流电阻较大，负反馈较弱，使 A_u略大于 3，有利于起振。起振后，输出电压增大，二极管的正向交流电阻逐渐减小，负反馈增强，A_u下降为 3，保持稳幅振荡，达到自动稳定输出的目的。

(3) 因为起振时，二极管的正向交流电阻较大，则有 $R_3 // R_{VD} \approx R_3$。

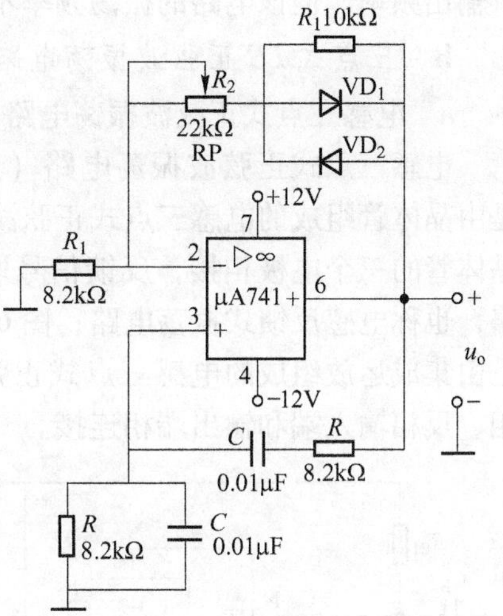

图 6-10 例 6-1 图

6.5.1.3 *LC* 正弦波振荡电路

LC 正弦波振荡电路是利用 *LC* 并联网络作为选频网络，它主要用来产生高频正弦波信号，振荡频率通常高于 0.5MHz。根据反馈形式的不同，*LC* 振荡电路可分为变压电路反馈式和三点式正弦波振荡电路。

A 变压电路反馈式 *LC* 正弦波振荡电路

电路如图 6-11 所示，图中的变压电路应采用高频变压电路。

a 电路组成

(1) 放大电路。放大电路采用的是分压偏置式共发射极放大电路，起放大和限幅作用。电容 C_B、C_E对交流信号可视作短路，分别起耦合和旁路的作用。

(2) 选频网络。选频网络由变压电路的原边绕组 L_1与电容 C 并联组成，此时放大电路对 L_1与电容 C 谐振频率信号的放大倍数最大，选频网络的移相为零。

(3) 反馈网络。反馈网络由变压电路的副边绕组 L_2完成，将输出电压的一部分反馈到电路的输入端。

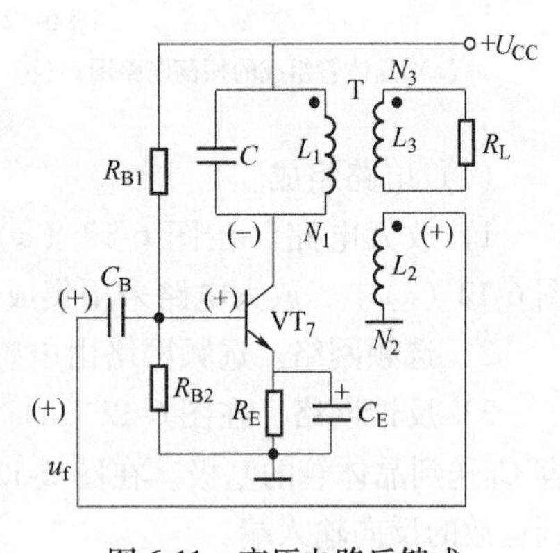

图 6-11 变压电路反馈式 *LC* 正弦波振荡电路

b 振荡条件

改变绕组的匝数比很容易改变反馈深度，满足幅度平衡条件。根据电路中变压电路绕组同名端的标注，利用瞬时极性法可判断反馈为正反馈，满足相位平衡条件。

c 振荡频率

变压电路反馈式 *LC* 正弦波振荡电路的振荡频率为：

$$f = \frac{1}{2\pi\sqrt{LC}} \tag{6-5}$$

d 电路特点

变压电路反馈式振荡电路很容易起振，用可调电容电路替代固定电容，则可方便地调节输出频率。但该电路的振荡频率不能做得很高，通常为几兆赫兹到十几兆赫兹。

B　三点式 *LC* 正弦波振荡电路

a　电感三点式正弦波振荡电路

电感三点式正弦波振荡电路（又称哈特莱振荡电路）如图 6-12（a）所示。图 6-12（a）是由晶体管组成的电感三点式正弦波振荡电路，图中谐振回路的三个端点 1、2、3 分别与晶体管的三个电极相接，反馈信号取自电感线圈两端，故称为电感三点式正弦波振荡电路，也称电感反馈式振荡电路；图 6-12（b）是振荡电路的简化交流通道图。图 6-12（c）是由集成运放组成的电感三点式正弦波振荡电路，谐振回路的三个端点分别与运放的同相、反相输入端和输出端相连接。

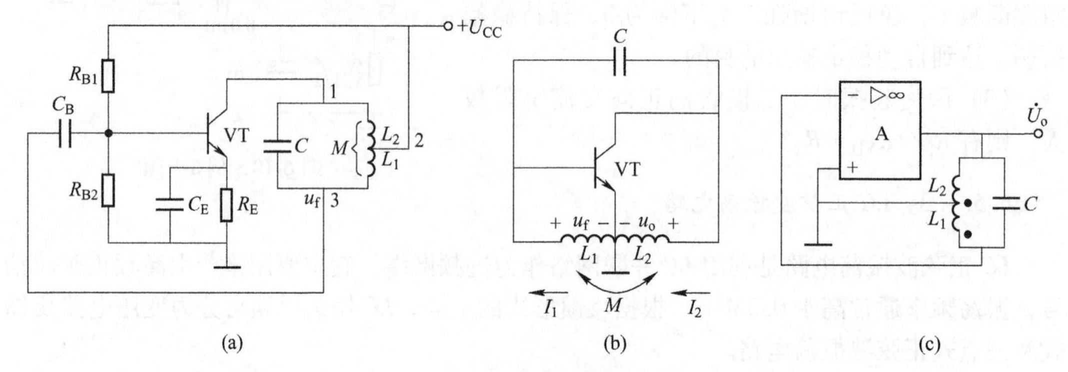

图 6-12　电感三点式正弦波振荡电路

（a）晶体管组成的振荡电路图；（b）振荡电路的简化交流通道图；（c）集成运放组成的振荡电路图

（1）电路组成。

1）放大电路。在图 6-12（a）中，放大电路采用分压式共发射极放大电路；在图 6-12（c）中，放大电路采用集成运放作为放大电路。

2）选频网络。选频网络由电感 L_1、L_2串联后与电容 C 构成。

3）反馈网络。在图 6-12（a）中，反馈信号取自电感线圈 L_1两端的电压，经耦合电容 C_B送到晶体管的基极。在图 6-12（c）中，反馈信号取自电感线圈 L_1两端的电压，送到运放的反向输入端。

（2）振荡条件。利用瞬时极性法可判断出该反馈为正反馈，满足相位平衡条件。选择电流放大倍数合适的晶体管，改变线圈抽头的位置，就很容易满足幅度平衡条件，使电路起振。在实际应用中，一般取反馈线圈的匝数为电感线圈总匝数的 1/8～1/4 即可起振。

（3）振荡频率。

该电路的振荡频率为：

$$f = \frac{1}{2\pi\sqrt{(L_1 + L_2 + 2M)C}} \tag{6-6}$$

式中，M 为线圈 L_1与 L_2的互感系数。

（4）电路特点。电感三点式正弦波振荡电路的电路简单，容易起振，用可调电容替代固定电容，则可方便地调节频率。由于反馈信号取自电感 L_1 两端，对高次谐波呈现高阻抗，故不能抑制高次谐波的反馈，因此振荡电路输出信号中的高次谐波较多，信号波形较差。该电路振荡频率不太高，通常为几赫兹到十几兆赫兹。

b　电容三点式正弦波振荡电路

电容三点式正弦波振荡电路（又称考皮兹振荡电路）如图 6-13 所示。图 6-13（a）是由晶体管组成的电容三点式正弦波振荡电路，图中谐振回路的三个端点分别与晶体管的三个电极相接，反馈信号取自电容的两端，故称为电容三点式正弦波振荡电路，也称电容反馈式振荡电路；图 6-13（b）是振荡电路的简化交流通道图。图 6-13（c）是由集成运放组成的电容三点式正弦波振荡电路，谐振回路的三个端点分别与运放的同相、反相输入端和输出端相连接。

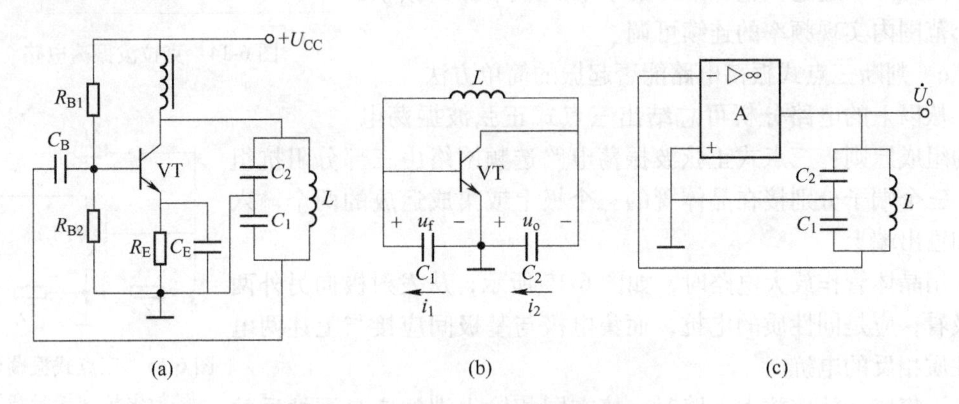

图 6-13　电容三点式正弦波振荡电路

（a）晶体管组成的振荡电路图；（b）振荡电路的简化交流通道图；（c）集成运放组成的振荡电路图

（1）电路组成。

1）放大电路。在图 6-13（a）中，放大电路采用分压式共发射极放大电路；在图 6-13（c）中，放大电路采用集成运放作为放大电路。

2）选频网络。选频网络由电容 C_1、C_2 串联后与电感 L 并联构成。

3）反馈网络。在图 6-13（a）中，反馈信号取自电容 C_1 两端电压，经耦合电容 C_B 送到晶体管的基极；在图 6-13（c）中，反馈信号取自电容 C_1 两端电压送到运放的反向输入端。

（2）振荡条件。利用瞬时极性法可判断出反馈为正反馈，满足相位平衡条件。

（3）振荡频率。

该电路的振荡频率为：

$$f = \frac{1}{2\pi\sqrt{L(C_1C_2/C_1 + C_2)}} \tag{6-7}$$

（4）电路特点。

电容三点式正弦波振荡电路的反馈信号取自电容两端，电容对高次谐波呈现较小的容抗，反馈信号中高次谐波的分量小，故振荡电路的输出信号波形较好。该电路振荡频率较高，可达 100MHz 以上，广泛应用于高频信号设备。

电容三点式正弦波振荡电路的调节频率很不方便。如果通过改变 C_1 或 C_2 来调节振荡频率时，会同时改变正反馈量的大小，导致输出信号的幅度发生变化，还可能会使振荡电路停振。但如果用切换电感的方法来调节频率，则不能实现频率的连续可调。

一种改进电路如图 6-14 所示，是在电感的两端并联一个小容量的可调电容电路，这个电路也称为克拉泼振荡电路。

该电路的振荡频率为：

$$f = \frac{1}{2\pi\sqrt{LC}} \approx \frac{1}{2\pi\sqrt{L(1/C_1 + 1/C_2 + 1/C_3)}} \tag{6-8}$$

因此可以通过调整 C_3 的大小方便地调节振荡频率，在小范围内实现频率的连续可调。

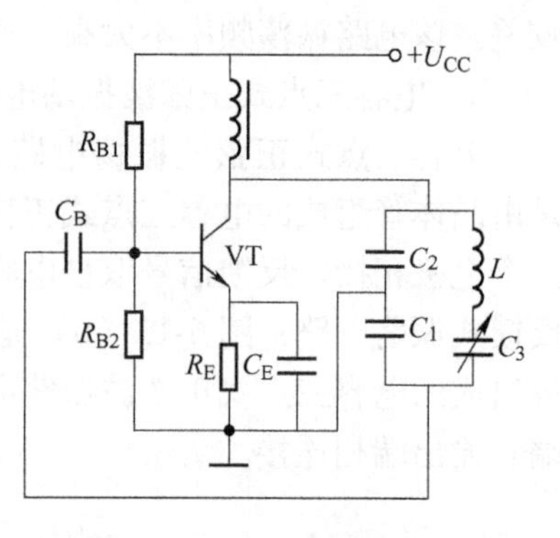

图 6-14　克拉泼振荡电路

c　判断三点式振荡电路能否起振的简单方法

从以上的电路分析可总结出三点式正弦波振荡电路的组成原则：三点式正弦波振荡电路选频网络由三部分阻抗组成，三个端子分别接在晶体管的三个极上或集成运放的两个输入端和输出端上。

用晶体管作放大电路时，如图 6-15 所示，从发射极向另外两个极看，应是同性质的电抗，而集电极与基极间应接与上述两电抗性质相反的电抗。

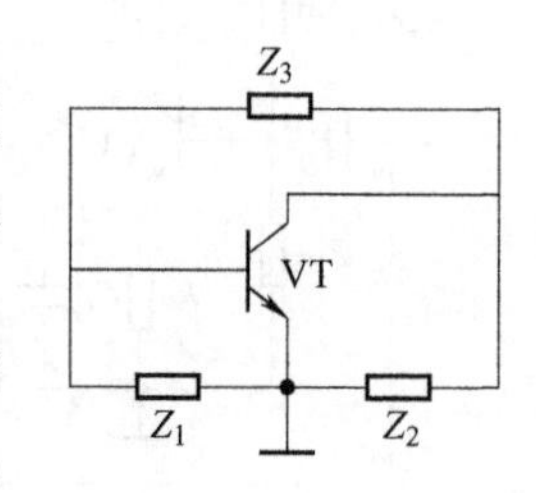

图 6-15　三点式振荡电路等效电抗连接示意图

用集成运放作放大电路时，接在同相输入端的应是同性质的电抗，接在反相输入端的是性质相反的电抗。

只要在接法上满足上述要求，则反馈必为正反馈，电路就一定会起振。

6.5.1.4　*石英晶体振荡电路*

石英晶体振荡电路是目前精度和稳定度最高的振荡电路，被广泛应用于家电、计算机、遥控电路、汽车电子、仪电路仪表、通信等领域。

石英晶体振荡电路由品质因数极高的石英晶体和放大电路组成。

A　*石英晶体的特性*

a　石英晶体的结构

石英晶体（石英谐振电路）一般由外壳、晶片、支架、引线等组成。晶片是从一块石英晶体上按一定方位角切下的薄片，在把晶片的两个对应面的表面镀银后引出两个电极，在每个电极上各焊一根引线接到引脚上，再加上外壳封装而成。外壳有金属封装，也有用玻璃壳、陶瓷或塑料封装。金属外壳封装的石英晶体结构示意图如图 6-16（a）和（b）所示。

b　石英晶体的压电效应

如果在石英晶片的两极上加交变电压，晶片就会产生与该交变电压同频率的机械变形振动，晶片的机械振动又会产生交变电压，这种物理现象称为石英晶体的压电效应。在一般情况下，晶片机械振动的振幅和交变电场的振幅非常微小，但当外加交变电压的频率等于晶体的固有振动频率时，振幅明显加大，比其他频率下的振幅大得多，这种现象称为压电谐振。谐振频率与晶片的切割方式、几何形状、尺寸等有关。体积越小的晶片，谐振频率越高。石英晶体的标称频率标注在外壳上，如6M、12M等，可根据需要选择。

c 石英晶体的符号和等效电路

石英晶体的符号和等效电路如图6-16（c）和（d）所示。当晶体不振动时，可把它看成一个平板电容电路称为静电电容 C_0，它的大小与晶片的几何尺寸、电极面积有关，一般为几皮法到几十皮法，C_0值很大。当晶体振动时，机械振动的惯性可用电感 L 来等效。一般 L 的值为几十毫亨到几百毫亨。晶片的弹性可用电容 C 来等效，C 的值很小，一般只有0.0002~0.1pF。

晶片振动时因摩擦而造成的损耗用 R 来等效，它的数值约为100Ω。由于晶片的等效电感很大，而 C 很小，R 也小，因此回路的品质因数 Q 很大，可达1000~10000，加上晶片本身的谐振频率基本上只与晶片的切割方式、几何形状、尺寸有关，而且可以做得精确，因此利用石英谐振电路组成的振荡电路可获得很高的频率稳定度。

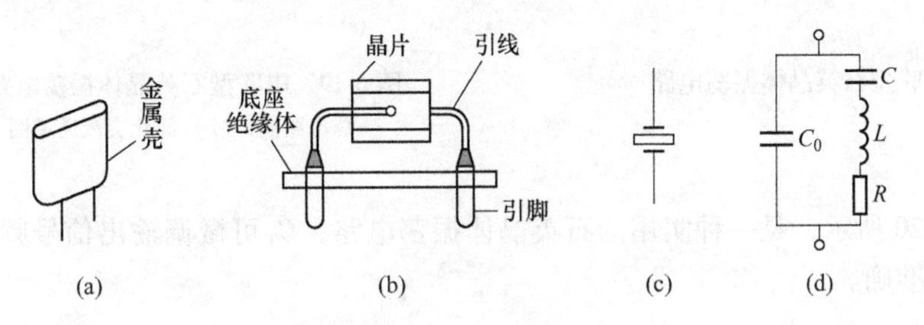

图6-16 石英晶体

（a）石英晶体的外形；（b）石英晶体的结构；（c）石英晶体的符号；（d）石英晶体的等效电路

d 石英晶体的谐振频率

从石英晶体谐振电路的等效电路可知，它有两个谐振频率。即在低频时，可把静态电容 C_0看作开路，L、C、R 支路发生串联谐振时，它的等效阻抗最小（等于 R）。串联谐振频率用 f_s表示，石英晶体此时呈纯阻性；当频率高于 f_s时，L、C、R 支路呈感性，可与电容 C_0发生并联谐振，其并联频率用 f_p表示。

当信号频率低于低频 f_s时，两条支路的容抗起主要作用，电路呈现容性。石英晶体的电抗-频率特性曲线如图6-17所示。可见两个频率很接近，在 $f_s<f<f_P$ 极窄的范围内，石英晶体呈感性；当信号频率是其他频率时，石英晶体呈容性；当 $f=f_s$ 时，石英晶体呈现电阻性。

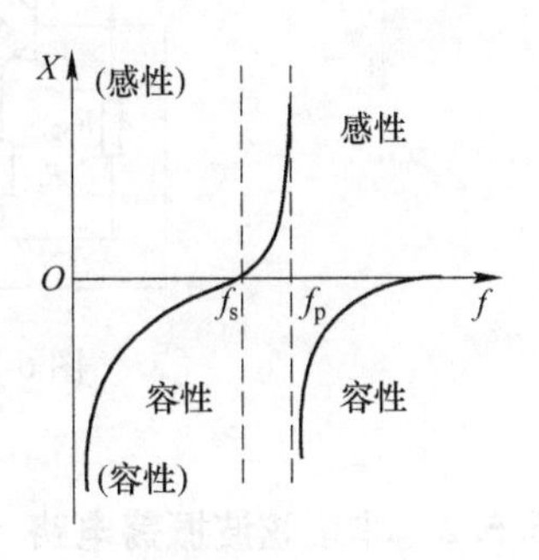

图6-17 石英晶体的频率特性

B 石英晶体振荡电路

石英晶体振荡电路的基本形式有串联型和并联型两种。

a 并联型石英晶体振荡电路

并联型石英晶体振荡电路如图6-18所示。可见在该电路中石英晶体呈感性，可等效成一个电感元件与 C_1、C_2组成电容三点式正弦波振荡电路。该电路的频率略高于 f_s，改变 C_s可微调振荡电路的输出频率。

b　串联型石英晶体振荡电路

串联型石英晶体振荡电路如图 6-19（a）所示，其交流通道图如图 6-19（b）所示。串联谐振时，石英晶体振荡电路的等效阻抗最小且为纯电阻，所以用石英晶体作为反馈元件时，对等于串联谐振频率的信号是正反馈且最强，而且还没有附加相移。

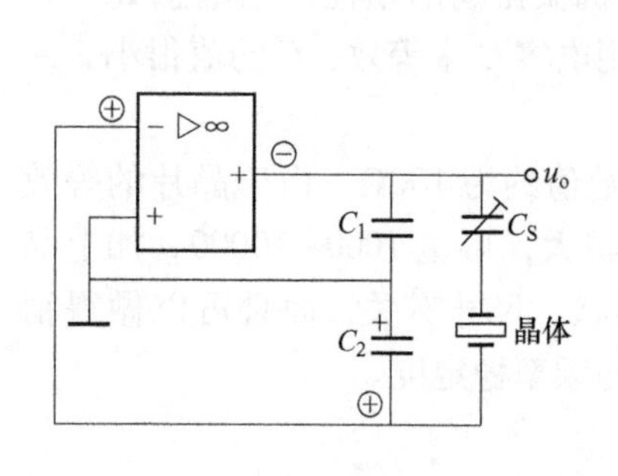

图 6-18　并联型石英晶体振荡电路

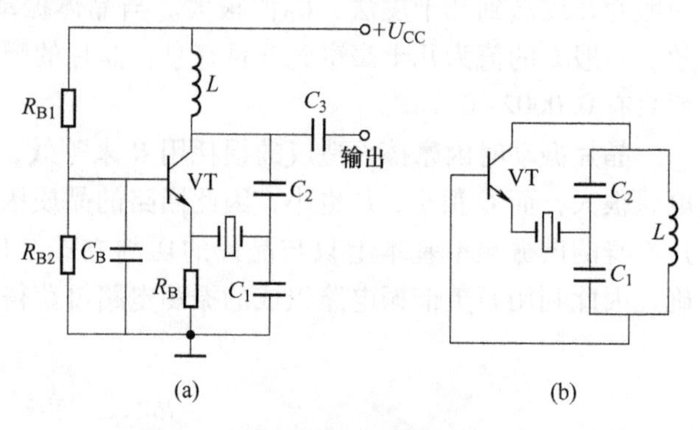

图 6-19　串联型石英晶体振荡电路
（a）电路图；（b）简化交流通道图

如图 6-20 所示，是一种实用的石英晶体振荡电路，C_T 可微调输出信号频率，使输出信号频率更准确。

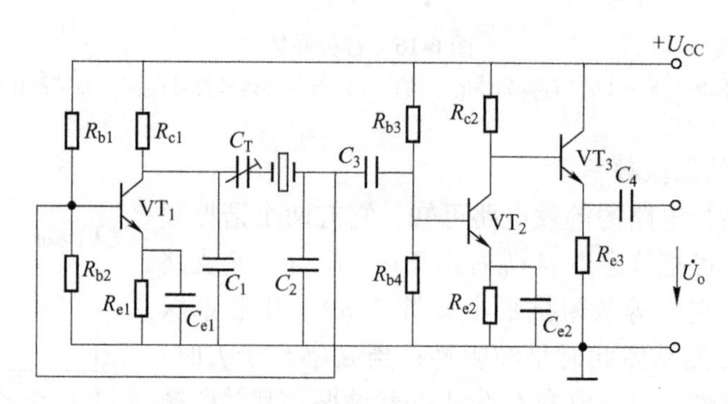

图 6-20　实用的石英晶体振荡电路（皮尔斯电路）

6.5.2　非正弦波振荡电路

在电子设备中常用到非正弦波信号。例如在数字电路中用到方波和矩形波信号，扫描电路中要用到锯齿波信号。一般把正弦波以外的波形统称为非正弦波。非正弦波振荡电路一般由迟滞电压比较电路和 RC 网络组成。

6.5.2.1　方波信号发生电路

方波产生电路可以直接产生方波或矩形波信号，是数字系统常用的一种信号源。由于方波或矩形波中包含着极丰富的谐波分量，因此这种电路又称为多谐振荡电路，如图 6-21 所示。将矩形波高电平持续的时间与信号周期的比值 T_1/T 称为占空比 q，一般将占空比为 50%的矩形波称为方波。

A 电路组成

方波信号发生电路如图6-21（a）所示。图中集成运放和 R_1、R_2 组成反相输入迟滞比较电路；R_3 和稳压二极管用来对输出电压幅度实现双向限幅；R 和电容 C 组成积分电路，用来将比较电路输出电压的变化反馈回集成运放的反相输入端，以控制输出方波的周期。

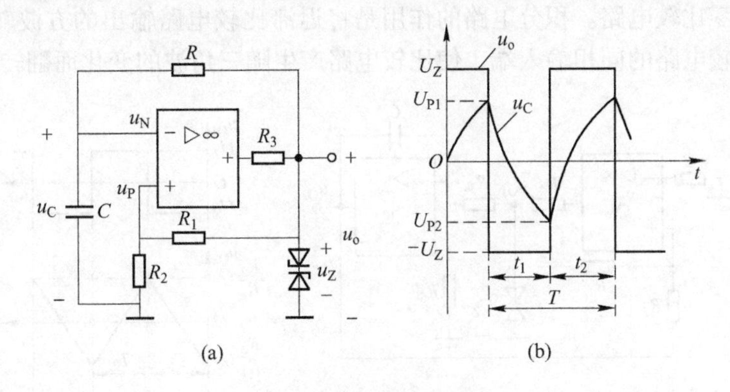

图6-21 方波信号发生电路

（a）电路图；（b）波形图

B 工作原理

电源刚刚接通时，电容两端电压小于运放同相端电压，输出电压为 U_Z。此时同相输入端电压为：

$$U_{T+} = \frac{R_2}{R_1 + R_2} U_Z \tag{6-9}$$

同时输出电压 U_Z 经 R 向 C 充电，电容两端的电压按指数规律上升，充电的快慢取决于时间常数 $\tau = RC$，τ 越小，充电越快。当电容电压略大于比较电压 U_{T+} 时，输出翻转，由 U_Z 变成 $-U_Z$，此时同相输入端电压为：

$$U_{T-} = -\frac{R_2}{R_1 + R_2} U_Z \tag{6-10}$$

同时电容经电阻 R 开始放电，电容两端的电压按指数规律下降，放电的快慢取决于时间常数 $\tau = RC$，τ 越小，放电也越快。当电容电压略小于比较电压 U_{T-} 时，输出翻转，由 $-U_Z$ 变成 U_Z。输出电压变成 U_Z 后又开始向电容充电，如此反复，在电路的输出端输出了稳定的方波信号。图6-21（b）为振荡电路各点的波形。

从以上分析已知输出方波的正、负向幅度为 $\pm U_Z$。通过电容电路的充放电规律可以得到输出方波的周期为：

$$T = 2RC\ln\left(1 + 2\frac{R_2}{R_1}\right) \tag{6-11}$$

如果图6-21中的 $t_1 \neq t_2$，输出信号就是矩形波。t_1 和 t_2 的长短分别由电容的充、放电时间决定。将充电、放电支路分开，选择不同的时间常数，就可构成矩形波产生电路。

6.5.2.2　三角波信号发生电路

A　电路组成

三角波信号发生电路如图6-22所示，由迟滞比较电路和反相积分电路构成。该迟滞比较电路为过零比较电路。积分电路的作用是将迟滞比较电路输出的方波转换为三角波，同时反馈给比较电路的同相输入端，使比较电路产生随三角波的变化而翻转的方波。

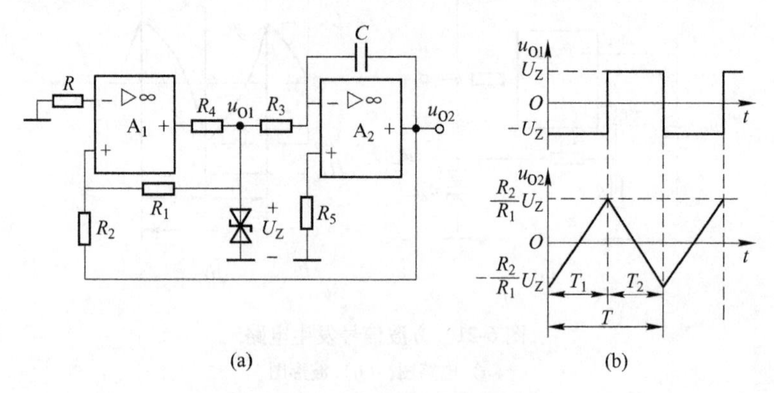

图6-22　三角波信号发生电路

（a）电路图；（b）波形图

B　工作原理

由叠加原理可知，迟滞比较电路同相端的电压为：

$$U_+ = \frac{R_2}{R_1 + R_2} u_{O1} + \frac{R_1}{R_1 + R_2} u_{O2} \tag{6-12}$$

U_+由比较电路的输出电压u_{O1}（$\pm U_Z$）和积分电路的输出电压u_{O2}共同决定。而比较电路的翻转发生在$U_+ = 0$的时刻。由上式可得到：

$$u_{O2} = \pm \frac{R_2}{R_1} U_Z \tag{6-13}$$

式（6-13）所示就是比较电路的上、下门限电压。当电路刚接通电源时，设比较电路的$U_- > U_+$，$U_{O1} = -U_Z$，电容C反向充电，U_{O2}从零开始线性增大，U_+从$-\frac{R_2}{R_1 + R_2} U_Z$开始跟着增大。当$u_{O2}$电压稍微大于$\frac{R_2}{R_1} U_Z$时，$U_+$刚好稍微大于0，比较电路的输出翻转$U_{O1} = U_Z$，积分电路的输出电压$u_{O2}$从$\frac{R_2}{R_1} U_Z$值开始线性下降，$U_+$从正值开始跟着下降。当$u_{O2}$电压稍微小于$-\frac{R_2}{R_1} U_Z$时，$U_+$刚好稍微小于0，比较电路的输出翻转$U_{O1} = -U_Z$，电容$C$反向充电，$U_{O2}$从$-\frac{R_2}{R_1} U_Z$开始线性增大，如此重复，在比较电路输出端得到方波波形，在积分电路输出端得到三角波波形。

三角波的正负向峰值为：

$$U_{\mathrm{Om}} = \pm \frac{R_2}{R_1} U_Z \tag{6-14}$$

方波的幅值为$\pm U_Z$。

方波和三角波信号的周期：

$$T = 4\frac{R_2}{R_1} R_3 C \tag{6-15}$$

在电路调试时，应该先调R_1、R_2，满足三角波的幅度要求，再调R_3和C来调节信号的周期。

6.5.2.3 锯齿波信号发生电路

若三角波波形上升和下降的时间不同，就成为锯齿波波形。所以只要令积分电路的正、负向积分常数不同，就可以得到锯齿波。如图6-23所示，为可以同时产生矩形波和锯齿波的电路，其工作原理和三角波产生电路相同，只是积分电路的电阻有两条通路，这两条通路的阻值差异很大，导致正、负向积分的时间明显不同。

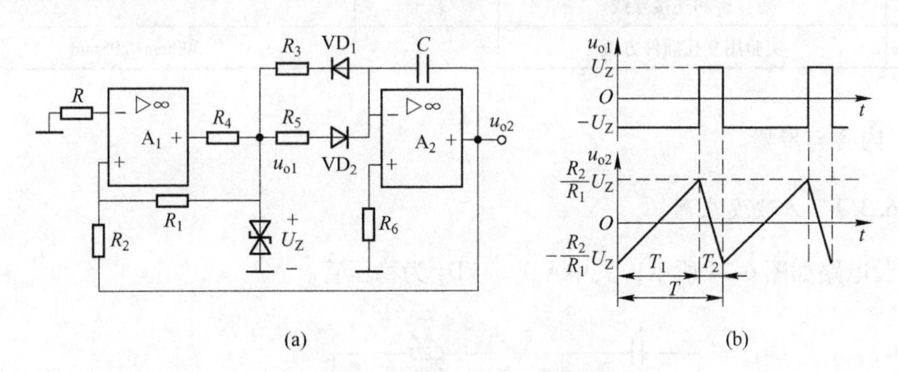

图6-23 锯齿波信号发生电路

（a）电路图；（b）波形图

从电路图可看出，当u_{o1}输出为正时，通过R_5、VD_2、C充电；当u_{o1}输出为负时，通过R_3、VD_1、C放电。如果$R_5>R_3$，则三角波的上升时间大于下降时间，输出为锯齿波。

6.6 项目实现

6.6.1 训练目的

通过方波发生器、矩形波发生器、三角波发生器和锯齿波发生器的实验，进一步掌握它们的主要特点和分析方法。

6.6.2 设备清单

项目实现所需设备清单见表6-1。

表 6-1　项目实现所需设备清单

序号	名称	数量	型号
1	多功能交直流电源	1 台	30221095
2	低频信号发生器	1 台	
3	示波器	1 台	
4	万用表	1 只	
5	DC 信号源	1 块	−5～+5V
6	电阻	2 只	2kΩ
7	电阻	2 只	100kΩ
8	电位器	2 只	100kΩ
9	电容	1 只	0. 01μF
10	电容	1 只	0. 1μF
11	集成块芯片	1 片	LM741×2 或 LM358×1
12	双向稳压二极管	1 只	2. 5V
13	二极管	2 只	1N4007
14	短接桥和连接导线	若干	
15	实验用 9 孔插件方板		300mm×298mm

6. 6. 3　内容与步骤

6. 6. 3. 1　方波发生器

实验电路如图 6-24 所示，其中 VD_1、VD_2 为稳压管。

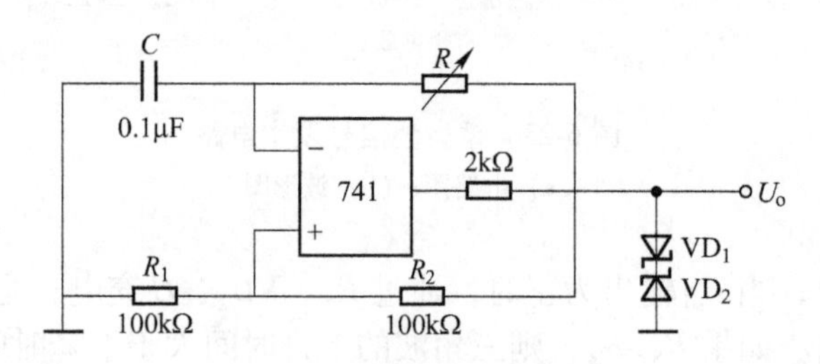

图 6-24　方波发生器电路

（1）分析图 6-24 电路的工作原理，试估算：

1）U_o 的幅值；

2）分别求出 $R=10\text{k}\Omega$ 和 $R=100\text{k}\Omega$ 的 U_o 的周期时间。

（2）按实验任务自拟实验步骤：

分别测出 $R=10\text{k}\Omega$ 和 $R=100\text{k}\Omega$ 的 U_o 的周期时间及幅值。

6. 6. 3. 2　占空比可调的矩形波发生器

实验电路如图 6-25 所示，其中 VD_1、VD_2为稳压管。

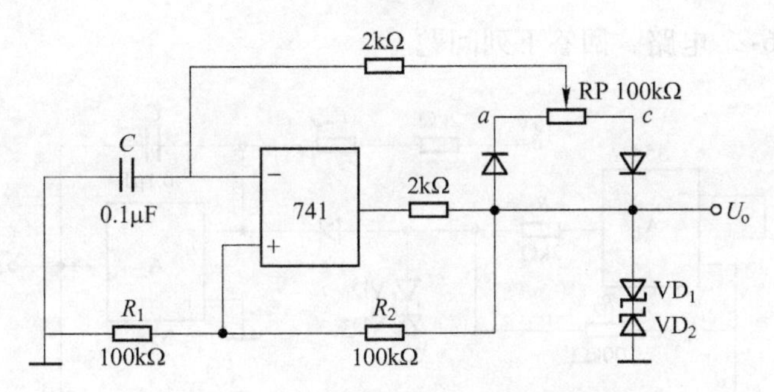

图 6-25 占空比可调的矩形波发生器电路

（1）将图 6-25 电路与图 6-24 方波发生器进行比较，找出它们的区别，并分别画出下面两种情况下图 6-25 电路 U_o 的波形。

1）电位器 RP 动端与 a 点的电阻 $R_{ab}=0$。

2）电位器 RP 动端与 c 点的电阻 $R_{bc}=0$。

（2）按实验任务自拟实验步骤。测出图 6-25 电路 U_o 波形的下述参数：

1）幅值；

2）周期时间 T，并观察调整电位器 RP 时，周期时间 T 是否变化；

3）一个周期内，U_o 大于零的时间 T_1 的可调范围。

6.6.3.3 三角波发生器

实验电路如图 6-26 所示，其中 VD_1、VD_2 为稳压管。

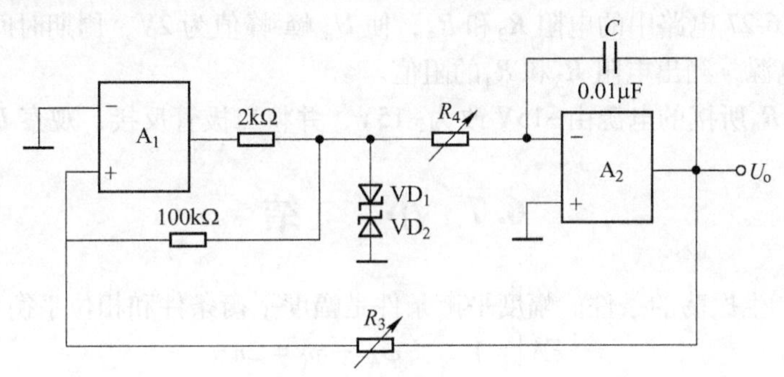

图 6-26 三角波发生器电路

（1）分析图 6-26 的工作原理，回答下列问题。

1）运放 A_1 和 A_2 是否都工作在线性范围内？试定性画出 U_o 的波形；

2）若要求 U_o 的幅值为 ±1V，周期时间为 1ms，电阻 R_3 与 R_4 的阻值各应为多少。

（2）按实验任务自拟实验步骤：

调整图 6-26 电路中的电阻 R_3 与 R_4 使输出电压的幅值为±6V，周期时间为 8ms，然后关断电源，测出电阻 R_3 与 R_4 的阻值。

6.6.3.4 锯齿波发生器

实验电路如图 6-27 所示，其中 VD_1、VD_2 为稳压管。

(1) 分析图 6-27 电路，回答下列问题。

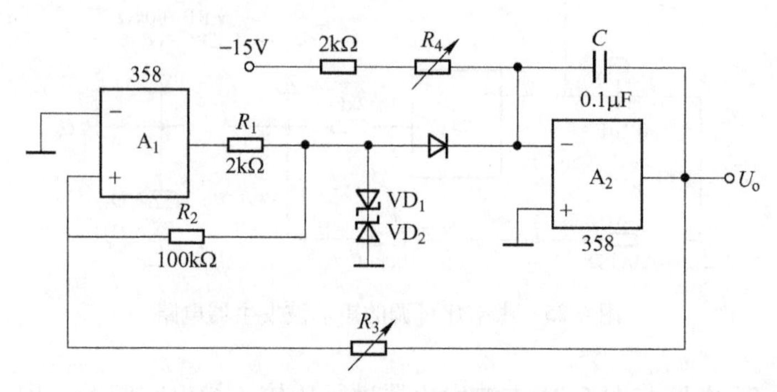

图 6-27　锯齿波发生器电路

1）图中运放 A_1 和 A_2 的同相输入端与反相输入端应怎样连接该电路才能产生锯齿波形振荡，试在图中用“+、-”符号表示。

2）电容 C 的充电回路和放电回路各是什么，充电和放电的时间常数是否相同？

3）设电阻 R_4 的阻值比 R_1 大得多，试定性画出 U_o 的波形。

4）若将电阻 R_4 所接的电源由-15V 改为+15V，并将图中的二极管反接，U_o 的波形如何变化？

5）若希望 U_o 峰-峰值为 2V，周期时间为 1ms 的锯齿波，电阻 R_3 和 R_4 的阻值各应为多少？

(2) 按实验任务自拟实验步骤。

1）调整图 6-27 电路中的电阻 R_3 和 R_4，使 U_o 峰-峰值为 2V，周期时间为 1ms 的锯齿波，然后关断电源，测出电阻 R_3 和 R_4 的阻值。

2）将电阻 R_4 所接的电源由-15V 改为+15V，并将二极管反接，观察 U_o 的波形。

6.7　小　　结

(1) 电路产生振荡的条件。幅度平衡条件是幅度平衡条件和相位平衡条件分别是：

$$|FA| = 1 \qquad \varphi_A + \varphi_f = 2n\pi$$

电路必须引入正反馈。

(2) 振荡电路的组成包括放大电路、选频网络、反馈网络、限幅电路四部分。

(3) 按选频网络的不同，正弦波振荡电路可分为 RC、LC 和石英晶体振荡电路。

(4) RC 振荡电路常用于产生低频信号，振荡频率为：

$$f_o = \frac{1}{2\pi RC}$$

(5) LC 按反馈电路不同又分为变压电路反馈式、电感三点式和电容三点式正弦波振荡电路。振荡频率为：

$$f_o = \frac{1}{2\pi\sqrt{LC}}$$

其中 L、C 为选频网络的等效电感和电容，LC 振荡电路常用于产生高频信号。

（6）石英晶体振荡电路利用石英谐振电路来选择信号频率，常用于输出信号的频率稳定性要求高的场合。

（7）非正弦波发生电路一般由迟滞比较电路和 *RC* 电路组成。方波发生电路加上积分电路就可构成三角波和锯齿波发生电路。

练　习　题

6.1　填空题

（1）自激振荡电路在起振时幅度条件应满足________，稳幅时幅度平衡条件应满足________。振荡电路中引入的反馈必须是________反馈，一般可采用________法来判断。

（2）振荡电路的组成包括________、________、________、________四部分。

（3）产生低频正弦波一般采用________振荡电路；产生高频正弦波一般采用________振荡电路；产生频率稳定度很高的正弦波信号一般采用________振荡电路。

6.2　选择题

（1）为了满足振荡的相位平衡条件，反馈信号与输入信号的相位差应等于（　　）。

A. 90°　　B. 180°　　C. 270°　　D. 360°

（2）产生低频正弦波一般可用（　　）振荡器；产生高频正弦波可选用（　　）振荡器；产生频率稳定度很高的正弦波可选用（　　）振荡器。

A. *RC*　　B. *LC*　　C. 石英晶体

（3）在实验室要求正弦波发生器的频率为 10Hz ~10kHz，应选（　　）；电子设备中要求 $f=4.000\text{MHz}$，$\Delta f/f_0=10^{-8}$，应选（　　）；某仪器要求正弦波振荡器的频率在 10~20MHz，可选（　　）。

A. *RC* 振荡器　　B. *LC* 振荡器　　C. 晶体振荡器

（4）若依靠振荡管本身来稳幅，则从起振到输出幅度稳定，管子的工作状态是（　　）。

A. 一直处在线性区　　B. 从线性区过渡到非线性区

C. 一直处在非线性区　　D. 从非线性区过渡到线性区

（5）已如某振荡电路中的正反馈网络，其反馈系数为 0.02，为保证电路起振且可获得良好的输出信号波形，最合适的放大倍数是下列的（　　）。

A. >0　　B. 5　　C. 20　　D. 50

（6）在并联型石英晶体振荡电路中，对于振荡信号，石英晶体相当于一个（　　）。

A. 阻值极小的电阻　　B. 阻值极大的电阻　　C. 电感　　D. 电容

（7）在串联型石英晶体振荡电路中，对于振荡信号，石英晶体相当于一个（　　）。

A. 阻值极小的电阻　　B. 阻值极大的电阻　　C. 电感　　D. 电容

（8）石英晶体振荡器的主要优点是（　　）。

A. 频率高　　B. 频率的稳定度高　　C. 振幅稳定

（9）在 *LC* 振荡电路中，用以下哪种办法可以使振荡频率增大一倍？（　　）

A. 自感 *L* 和电容 *C* 都增大一倍　　B. 自感 *L* 增大一倍，电容 *C* 减小一半

C. 自感 *L* 减小一半，电容 *C* 增大一倍　　D. 自感 *L* 和电容 *C* 都减小一半

（10）当信号频率等于石英晶体的串联谐振频率或并联谐振频率时，石英晶体呈（　　）；当信号

频率介于石英晶体的串联谐振频率和并联谐振频率之间时，石英晶体呈（　　）；其余情况下，石英晶体呈（　　）。

A. 电阻性　　B. 电感性　　C. 电容性

6.3　试判断图6-28所示各电路是否满足自激振荡的相位平衡条件。

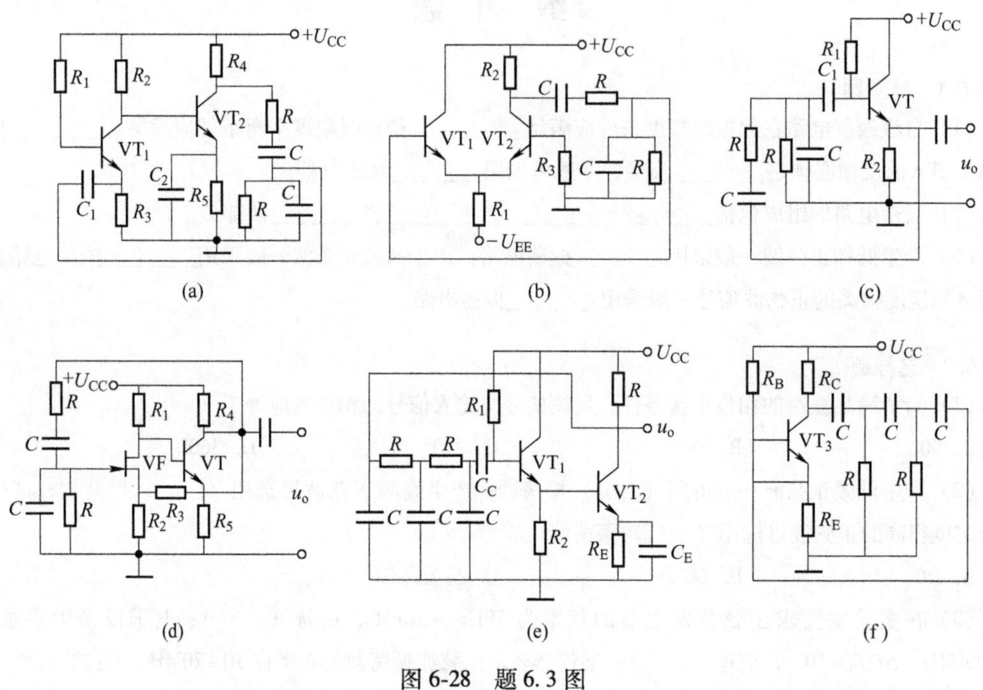

图6-28　题6.3图

6.4　集成运放组成的 RC 桥式振荡电路如图6-29所示，已知 $R_1=R_2=1\text{k}\Omega$，$C_1=C_2=0.02\mu\text{F}$，$R_3=2\text{k}\Omega$。

（1）求振荡频率 f_0；

（2）若 R_4 采用具有负温度系数的热敏电阻，为了保证电路能稳定可靠的振荡，试选择 R_4 的冷态电阻；

（3）简述电路的稳幅原理。

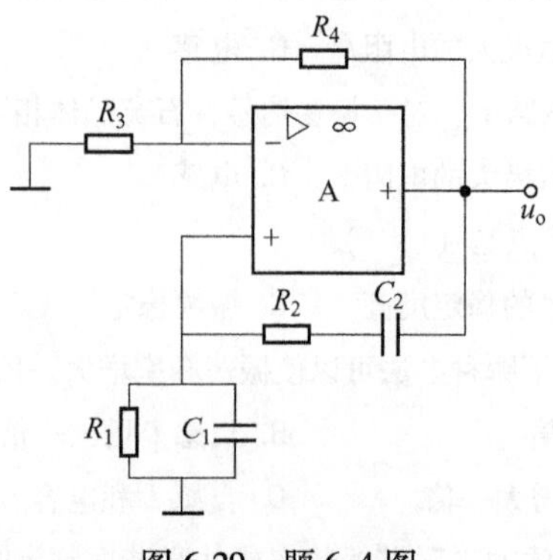

图6-29　题6.4图

6.5 试标出图 6-30 中各变压器的同名端，使之满足产生振荡的相位条件。

6.6 试用相位平衡条件判断图 6-31 所示电路中哪些可能产生正弦波振荡？哪些不能？并说明理由。

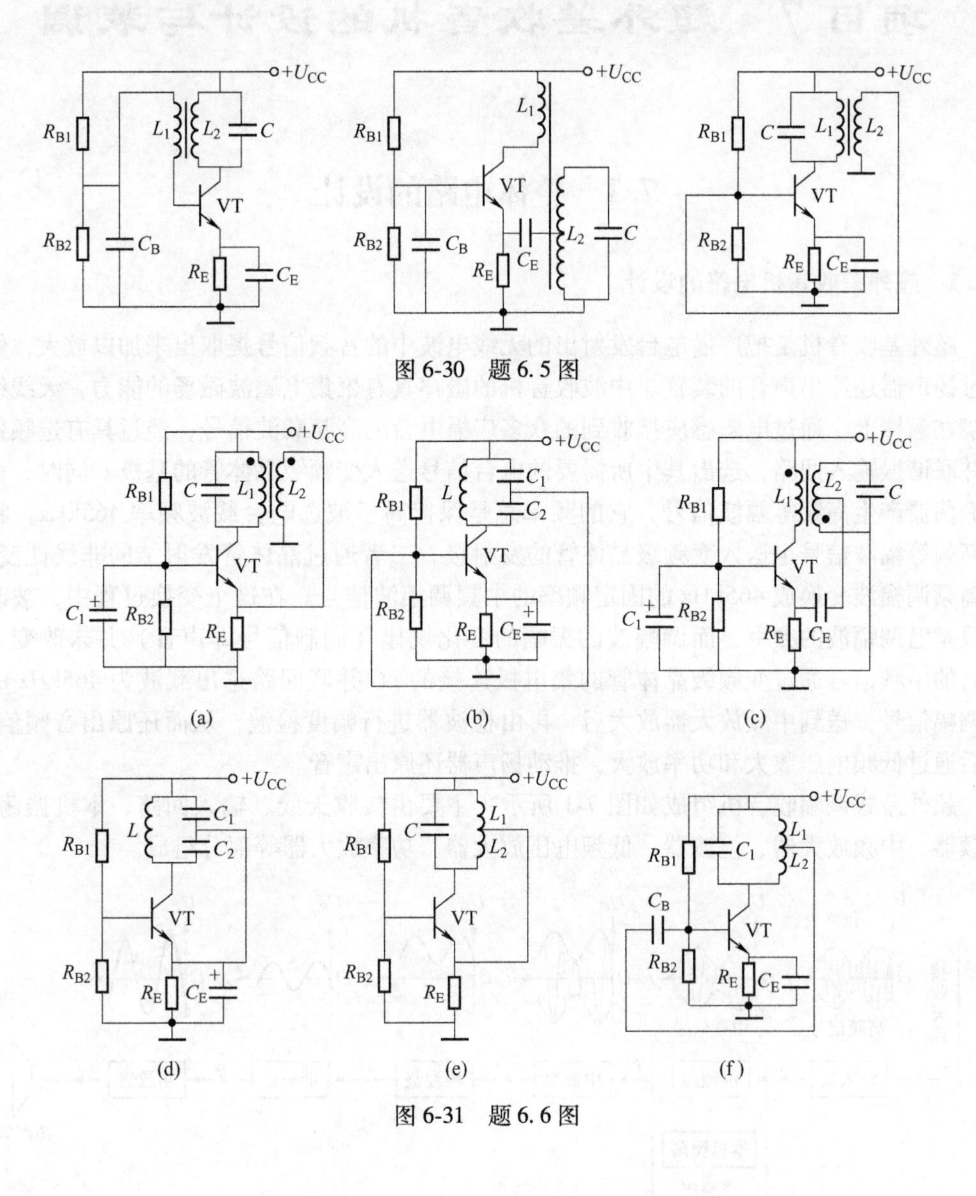

图 6-30 题 6.5 图

图 6-31 题 6.6 图

项目7　超外差收音机的设计与装调

7.1　整体电路的设计

7.1.1　超外差收音机电路的设计

超外差收音机是把广播电台发射出的无线电波中的音频信号提取出来加以放大，然后通过扬声器还原出声音的装置。中波收音机的磁棒具有聚集电磁波磁场的能力，天线线圈则绕在磁棒上，通过电磁感应接收到的众多广播电台的高频载波信号，经过具有选频作用的并联谐振输入回路，选出其中所需要的电台信号送入变频级晶体管的基极。同时，由本机振荡器产生高频等幅波信号，它的频率总是保持高于被选电台载波频率465kHz，将这个高频等幅波信号也送入变频级晶体管的发射极，二者通过晶体管发射结的非线性变换，将高频调幅波变换成465kHz的固定频率的中频调幅波信号。在这个变换过程中，被改变的只是已调幅波的频率，而调幅波的振幅的变化规律（调制信号即声音）并未改变。变换后的中频信号通过变频级晶体管的集电极连接的*LC*并联回路选出载波为465kHz的中频调幅信号，送到中频放大器放大后，再由检波器进行幅度检波，从而还原出音频信号，最后通过低频电压放大和功率放大，推动扬声器还原出声音。

超外差式调幅收音机组成如图7-1所示，主要由接收天线、输入回路、本机振荡器、变频器、中频放大器、检波器、低频电压放大器、功率放大器等部分组成。

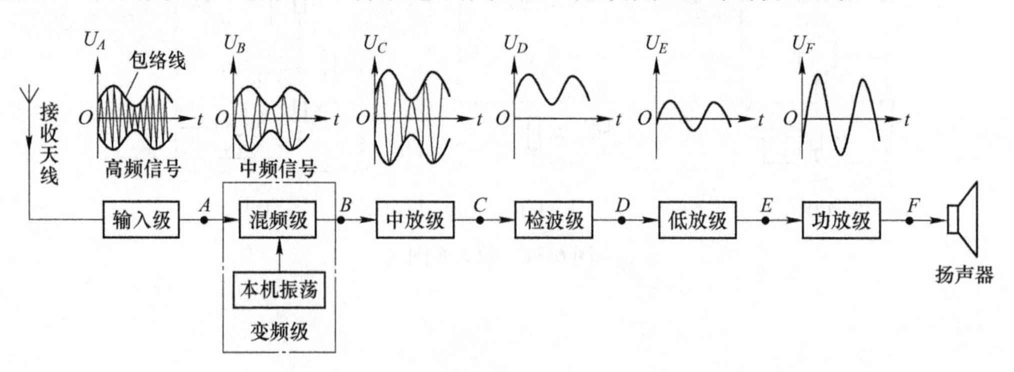

图7-1　超外差式调幅收音机组成框图

七管超外差调幅收音机电路原理如图7-2所示。

7.1.2　元器件的选择

按照前面介绍的关于元器件的测试方法测试元器件。按表7-1所示的元件清单选取所需元器件。

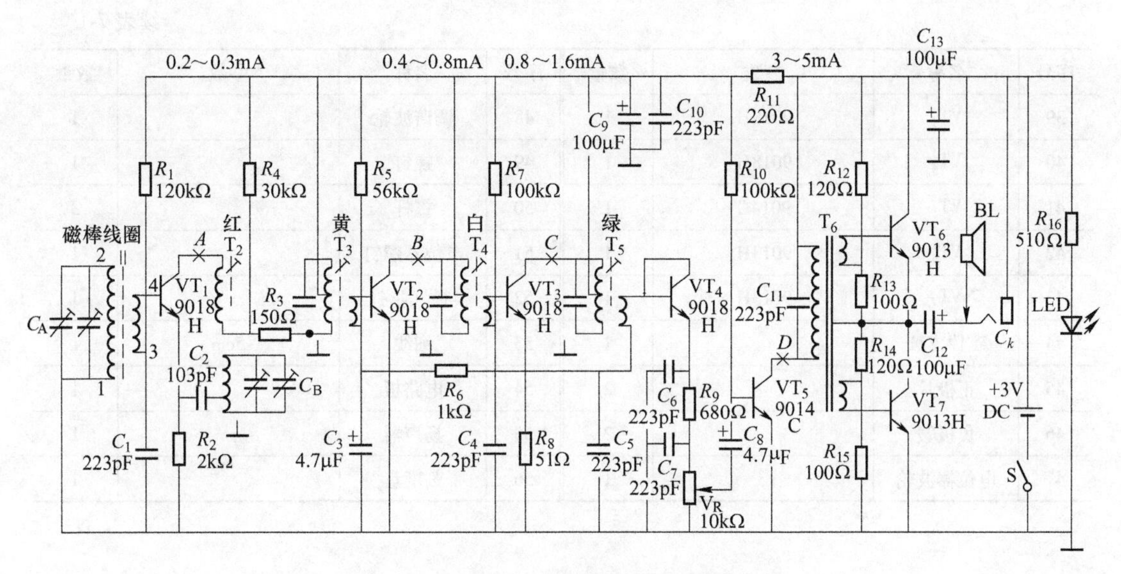

图 7-2 七管超外差调幅收音机电路原理图

表 7-1 七管超外差调幅收音机的材料清单

序号	名称	参数	数量	序号	名称	参数	数量
1	R_1	120kΩ	1	20	C_5	223pF	1
2	R_2	2kΩ	1	21	C_6	223pF	1
3	R_3	150Ω	1	22	C_7	223pF	1
4	R_4	30kΩ	1	23	C_8	4.7μF	1
5	R_5	56kΩ	1	24	C_9	100μF	1
6	R_6	1kΩ	1	25	C_{10}	223pF	1
7	R_7	100kΩ	1	26	C_{11}	223pF	1
8	R_8	51Ω	1	27	C_{12}	100μF	1
9	R_9	680Ω	1	28	C_{13}	100μF	1
10	R_{10}	100kΩ	1	29	B1	磁棒	
11	R_{11}	220Ω	1	30	天线线圈		1
12	R_{12}	120Ω	1	31	T_2	中周（红）	1
13	R_{13}	100Ω	1	32	T_3	中周（黄）	1
14	电位器	10kΩ	1	33	T_4	中周（白）	1
15	C_AC_B	双联电容	1	34	T_5	中周（绿）	1
16	C_1	223pF	1	35	T_6	输入变压器	1
17	C_2	103pF	1	36	LED	1N4148	1
18	C_3	4.7μF	1	37	VT_1	9018H	1
19	C_4	223pF	1	38	VT_2	9018H	1

续表 7-1

序号	名称	参数	数量	序号	名称	参数	数量
39	VT_3	9018H	1	48	调谐波轮		1
40	VT_4	9018H	1	49	螺钉		1
41	VT_5	9014C	1	50	螺杆		3
42	VT_6	9013H	1	51	电位器螺钉		1
43	VT_7	9013H	1	52	半径（指针）		1
44	磁棒支架		1	53	细线	5cm	1
45	正极片		2	54	电路板		1
46	负极簧		2	55	扬声器		1
47	电位器波轮		1	56	刻度盘		1

7.2　电子整机的组装与调试

7.2.1　手工焊接

任何电子产品，从几个零件构成的整流器到成千上万个零件组成计算机系统，都是由基本的电子元器件和功能构件，按电路的工作原理，用一定的工艺方法连接而成的。虽然连接方法有多种（如铆接、绕接、压接、黏结等），但使用最广泛的方法是锡焊。

焊接是金属加工的基本方法之一。通常焊接技术分为熔焊、压焊和钎焊三大类。锡焊属于钎焊中的软钎焊（钎料熔点低于 450℃）。

7.2.1.1　焊接工具与条件

A　手工焊接的工具

手工焊接的主要工具是电烙铁。电烙铁的种类很多，有直热式、感应式、储能式及调温式多种，如图 7-3 所示，电功率有 15W 、20W、35W、…、300W 多种，主要根据焊件大小来决定。一般元器件的焊接以 20W 内热式电烙铁为宜；焊接集成电路及易损元器件时可以采用储能式电烙铁；焊接大焊件时可用 150～300W 大功率外热式电烙铁。大功率电烙铁的烙铁头温度一般在 300～500℃。还有一种吸锡电烙铁，是在直热式电烙铁上增加了吸锡机构构成的。在电路中对元器件拆焊时要用到这种电烙铁。

烙铁头一般采用紫钢材料制造。为保护在焊接的高温条件下不被氧化生锈，常将烙铁头经电镀处理，有的烙铁头还采用不易氧化的合金材料制成。新的烙铁头在正式焊接前应先进行镀锡处理。方法是将烙铁头用细砂纸打磨干净，然后浸入松香水，沾上焊锡在硬物（例如木板）上反复研磨，使烙铁头各个面全部镀锡。若使用时间很长，烙铁头已经氧化时，要用小锉刀轻锉去表面氧化层，在露出紫铜的光亮后可同新烙铁头镀锡的方法一样进行处理。烙铁头从烙铁心拉出的越长，烙铁头的温度相对越低，反之温度越高。也可以利用更换烙铁头的大小及形状达到调节温度的目的，烙铁头越细，温度越高；烙铁头越粗，

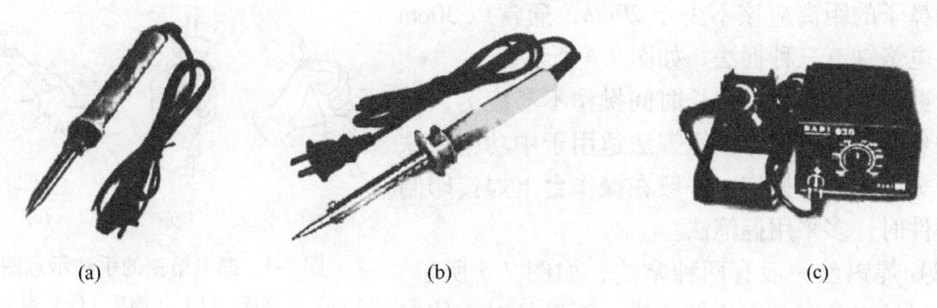

图 7-3 常用电烙铁外形图

（a）内热式电烙铁；（b）外热式电烙铁；（c）恒温防静电电烙铁

相对温度越低。根据所焊元件种类可以选择适当形状的烙铁头。烙铁头的顶端形状有圆锥形、斜面椭圆形及凿形或圆柱形。

B 锡焊的条件

为了提高焊接质量，必须注意掌握锡焊的条件。

（1）被焊件必须具备可焊性；

（2）被焊金属表面应保持清洁；

（3）使用合适的助焊剂；

（4）具有适当的焊接温度；

（5）具有合适的焊接时间。

7.2.1.2 焊料与助焊剂

A 焊接材料

凡是用来熔合两种或两种以上的金属面，使之成为一个整体的金属或合金都称为焊料。这里所说的焊料只针对锡焊所用的焊料。

常用锡焊材料有管状焊锡丝、抗氧化焊锡、含银的焊锡及焊膏等。

B 助焊剂的选用

在焊接过程中，由于金属在加热的情况下会产生一薄层氧化膜，这将阻碍焊锡的浸润，影响焊接点合金的形成，容易出现虚焊、假焊等现象。使用助焊剂可改善焊接性能，助焊剂有松香、松香溶液、焊膏焊油等种类，可根据不同的焊接对象合理选用。焊膏焊油等具有一定的腐蚀性，不可用于焊接电子元器件和电路板，焊接完毕应将焊接处残留的焊膏焊油等擦拭干净。元器件引脚镀锡时应选用松香作助焊剂。一般印制电路板上是已涂有松香溶液的，元器件焊入时不必再用助焊剂。

7.2.1.3 手工焊接的注意事项

手工锡焊接技术是一项基本功，即使在大规模生产的情况下，维护和维修也必须使用手工焊接。因此，必须通过学习和实践操作练习才能熟练掌握。注意事项如下：

（1）掌握正确的手握铬铁的操作姿势，可以保证操作者的身心健康，减轻劳动伤害。为减少焊剂加热时挥发出的化学物质对人的危害，减少有害气体的吸入量，一般情况下，烙铁到鼻子的距离应该不少于 20cm，通常以 30cm 为宜。电烙铁有三种握法，如图 7-4 所示。

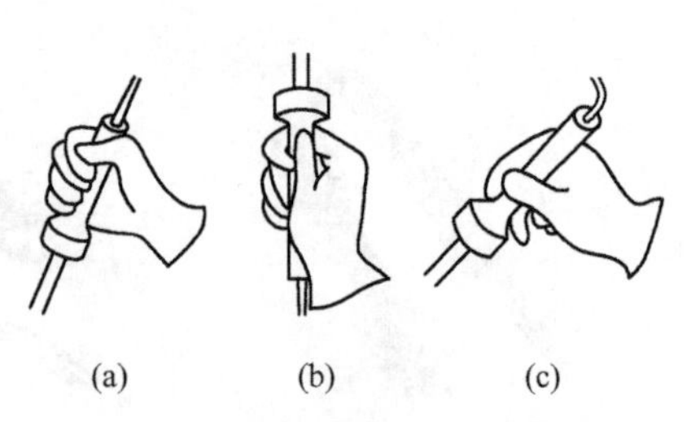

图 7-4　握电烙铁的手法示意图
（a）反握法；（b）正握法；（c）握笔法

反握法的动作稳定，长时间操作不易疲劳，适用于大功率烙铁的操作。正握法适用于中功率烙铁或带弯头电烙铁的操作，一般在操作台上焊接印制板等焊件时，多采用握笔法。

（2）焊锡丝一般有两种拿法，如图 7-5 所示。由于焊锡丝中含有一定比例的铅，而铅是对人体有害的一种重金属，因此操作时应该戴手套或在操作后洗手，避免食入铅尘。

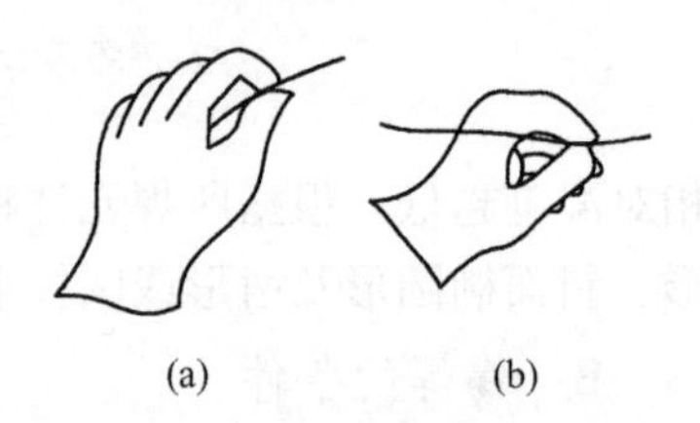

图 7-5　焊锡丝的拿法示意图
（a）连续焊接时；（b）断续焊接时

（3）电烙铁使用以后，一定要稳妥地插放在烙铁架上，并注意导线等其他杂物不要碰到烙铁头，以免烫伤导线，造成漏电等事故。

7.2.1.4　手工焊接操作的基本步骤

掌握好电烙铁的温度和焊接时间，选择恰当的烙铁头和焊点的接触位置，才可能得到良好的焊点。正确的手工焊接操作过程可以分成五个步骤，如图 7-6 所示。

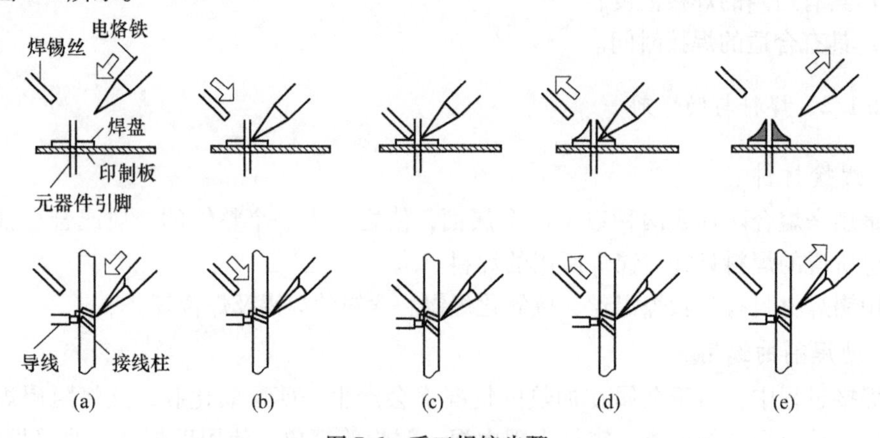

图 7-6　手工焊接步骤
（a）步骤一；（b）步骤二；（c）步骤三；（d）步骤四；（e）步骤五

步骤一：准备施焊，如图 7-6（a）所示。左手拿焊丝，右手握烙铁，进入备焊状态。要求烙铁头保持干净，无焊渣等氧化物，并在表面镀有一层焊锡。

步骤二：加热焊件，如图 7-6（b）所示。烙铁头靠在两焊件的连接处，加热整个焊件，时间一般为 1~2s。对于在印制电路板上焊接的元器件来说，需注意使烙铁头同时接触两个被焊接物。例如，图 7-6（b）中的导线与接线柱、元器件引线与焊盘要同时均匀受热。

步骤三：送入焊丝，如图 7-6（c）所示。焊件的焊接面被加热到一定温度时，焊锡丝从烙铁对面接触焊件。注意：不要把焊锡丝送到烙铁头上！

步骤四：移开焊丝，如图 7-6（d）所示。当焊丝熔化一定量后，立即向左上 45°方向移开焊丝。

步骤五：移开烙铁，如图 7-6（e）所示。焊锡浸润焊盘和焊件的施焊部位以后，向右上 45°方向移开烙铁，结束焊接。

从第三步开始到第五步结束，时间控制在 1~3s。

对于热容量小的焊件，例如印制电路板上较细导线的连接，可以简化为三步。准备：同以上步骤一；加热与送丝：烙铁头放在焊件上后即放入焊丝；去丝移烙铁：焊锡在焊接面上浸润扩散达到预期范围后，立即拿开焊丝并移开烙铁，并注意移去焊丝的时间不得滞后于移开烙铁的时间。对于吸收低热量的焊件而言，上述整个过程的时间不过 2~4s，各步骤的节奏控制，顺序的准确掌握，动作的熟练协调，都是要通过大量实践并用心体会才能实现的。有人总结出了在五步骤操作法中用数秒的办法控制时间：烙铁接触焊点后数一、二（约 2s），送入焊丝后数三、四，移开烙铁，焊丝熔化量要靠观察决定。此办法可以参考，但由于烙铁功率、焊点热容量的差别等因素，实际掌握焊接火候并无定章可循，必须具体条件具体对待。

7.2.1.5 手工焊接操作的具体手法

在保证得到优质焊点的目标下，具体的焊接操作手法可以有所不同。

A 保持烙铁头的清洁

焊接时，烙铁头长期处于高温状态，又接触助焊剂等弱酸性物质，其表面很容易氧化腐蚀并沾上一层黑色杂质。这些杂质形成隔热层，妨碍了烙铁头与焊件之间的热传导。因此，要注意用一块湿布或湿的木质纤维海绵随时擦拭烙铁头。对于普通烙铁头，在腐蚀污染严重时可以使用锉刀修去表面氧化层。对于长寿命烙铁头，就绝对不能使用这种方法了。

B 靠增加接触面积来加快传热

加热时，应该让焊件上需要焊锡浸润的各部分均匀受热，而不是仅加热焊件的一部分，更不要采用烙铁对焊件施加压力的方法，以免造成损坏或不易察觉的隐患。有些初学者用烙铁头对焊接面施加压力，企图加快焊接，这是不对的。正确的方法是，根据焊件的形状选用不同的烙铁头，或者自己修整烙铁头，让烙铁头与焊件形成面的接触而不是点或线的接触。这样，就能大大提高传热效率。

C 加热要靠焊锡桥

在非流水线作业中，焊接的焊点形状是多种多样的，不可能不断更换烙铁头。要提高加热的效率，需要有进行热量传递的焊锡桥。所谓焊锡桥就是靠烙铁头上保留少量焊锡，作为加热时烙铁头与焊件之间传热的桥梁。由于金属熔液的导热效率远远高于空气，使焊件很快就被加热到焊接温度。应该注意，作为焊锡桥的锡量不可保留过多，不仅因为长时间存留在烙铁头上的焊料处于过热状态，实际已经降低了质量，还可能造成焊点之间的误连短路。

D 烙铁撤离有讲究

烙铁的撤离要及时，而且撤离时的角度和方向与焊点的形成有关。图 7-7 所示为烙铁不同的撤离方向对焊点锡量的影响。

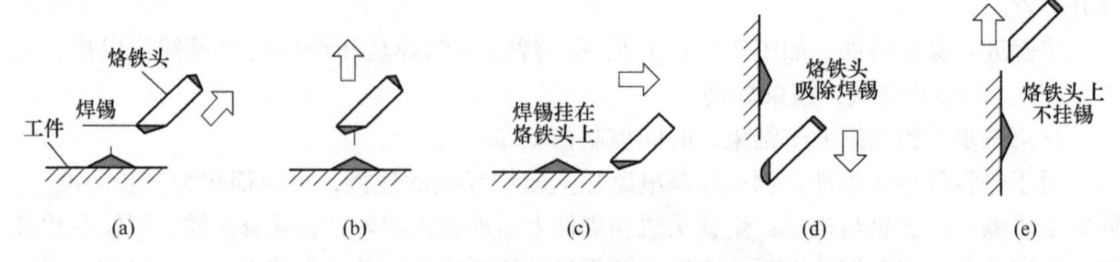

图 7-7　烙铁撤离方向和焊点锡量的关系

（a）沿烙铁轴向 45°撤离；（b）向上方撤离；（c）向水平方向撤离；（d）垂直向下撤离；（e）垂直向上撤离

E　在焊锡凝固之前不能动

切勿使焊件移动或受到振动，特别是用镊子夹住焊件时，一定要等焊锡凝固后再移走镊子，否则极易造成焊点结构疏松或虚焊。

F　焊锡用量要适中

手工焊接常使用的管状焊锡丝，内部已经装有由松香和活化剂制成的助焊剂。焊锡丝的直径有 0.5mm、0.8mm、1.0mm、…、5.0mm 等多种规格，要根据焊点的大小选用。一般应使焊锡丝的直径略小于焊盘的直径。如图 7-8 所示，过量的焊锡不但增加不必要的消耗，而且还增加焊接时间，降低了工作速度。更为严重的是，过量的焊锡很容易造成不易觉察的短路故障。焊锡过少也不能形成牢固的结合，同样是不利的。特别是焊接印制板引出导线时，焊锡用量不足，极容易造成导线脱落。

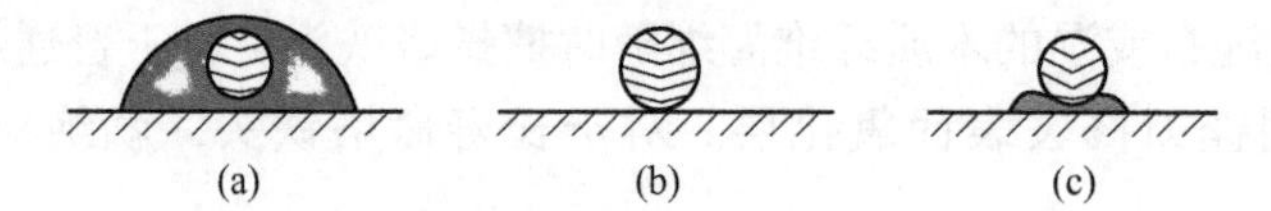

图 7-8　焊点锡量的掌握

（a）焊锡过多；（b）焊锡过少；（c）合适的锡量与合适的焊点

G　焊剂用量要适中

适量的助焊剂对焊接非常有利。过量使用松香焊剂，焊接以后势必需要擦除多余的焊剂，并且延长了加热时间，降低了工作效率。当加热时间不足时，又容易形成“夹渣”的缺陷。焊接开关、接插件的时候，过量的焊剂容易流到触点上，会造成接触不良。合适的焊剂量，应该是松香水仅能浸湿将要形成焊点的部位，不会透过印制板上的通孔流走。对使用松香芯焊丝的焊接来说，基本上不需要再涂助焊剂。目前，印制板生产厂在电路板出厂前大多进行过松香水喷涂处理，无须再加助焊剂。

H　不要使用烙铁头作为运送焊锡的工具

有人习惯到焊接面上进行焊接，结果造成焊料的氧化。因为烙铁尖的温度一般都在300℃以上，焊锡丝中的助焊剂在高温时容易分解失效，焊锡也处于过热的低质量状态。

7.2.1.6　焊点的质量要求

对焊点的质量要求应该包括电气接触良好、机械结合牢固和美观三个方面。保证焊点质量最重要的一点，就是必须避免虚焊。

A 虚焊产生的原因及其危害

虚焊主要是由待焊金属表面的氧化物和污垢造成的，它使焊点成为有接触电阻的连接状态，导致电路工作不正常，出现连接时好时坏的不稳定现象，噪声增加而没有规律性，给电路的调试、使用和维护带来了重大隐患。此外，也有一部分虚焊点在电路开始工作的一段较长时间内，保持接触尚好，因此不容易发现。但在温度、湿度和振动等环境条件的作用下，接触表面逐步被氧化，接触慢慢地变得不完全起来。虚焊点的接触电阻会引起局部发热，局部温度升高又促使不完全接触的焊点情况进一步恶化，最终甚至使焊点脱落，电路完全不能正常工作。这一过程有时可长达两年，其原理可以用“原电池”的概念来解释：当焊点受潮使水汽渗入间隙后，水溶解金属氧化物和污垢形成电解液，虚焊点两侧的铜和铅锡焊料相当于原电池的两个电极，铅锡焊料失去电子被氧化，铜材获得电子被还原。在这样的原电池结构中，虚焊点内发生金属损耗性腐蚀，局部温度升高加剧了化学反应，机械振动让其中的间隙不断扩大，直到恶性循环使虚焊点最终形成断路。

据统计数字表明，在电子整机产品的故障中，有将近一半是由于焊接不良引起的。然而，要从一台有成千上万个焊点的电子设备里找出引起故障的虚焊点来，实在不是容易的事。所以，虚焊是电路可靠性的重大隐患，必须严格避免。进行手工焊接操作的时候，尤其要加以注意。

一般来说，造成虚焊的主要原因是：焊锡质量差；助焊剂的还原性不良或用量不够；被焊接处表面未预先清洁好，镀锡不牢；烙铁头的温度过高或过低，表面有氧化层；焊接时间掌握不好，太长或太短；焊接中焊锡尚未凝固时，焊接元件松动。

B 对焊点的要求

（1）可靠的电气连接。

（2）足够的机械强度。

（3）光洁整齐的外观。

C 典型焊点的形成及其外观

在单面和双面（多层）印制电路板上，焊点的形成是有区别的，如图 7-9 所示，在单面板上，焊点仅形成在焊接面的焊盘上方；但在双面板或多层板上，熔融的焊料不仅浸润焊盘上方，还由于毛细作用，渗透到金属化孔内，焊点形成的区域包括焊接面的焊盘上方、金属化孔内和元件面上的部分焊盘，如图 7-10 所示。

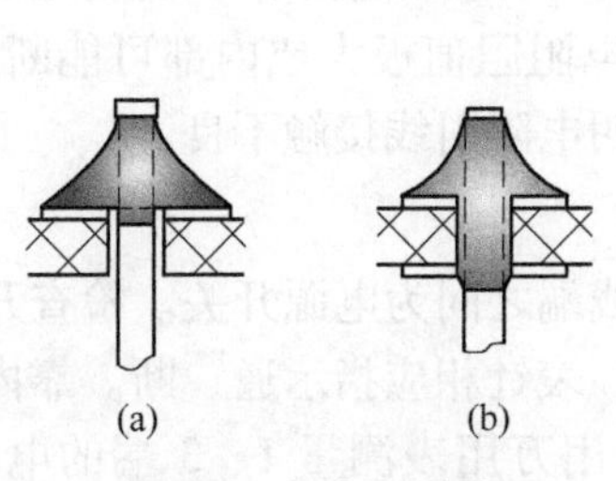

图 7-9 焊点的形成

（a）单面板；（b）双面板

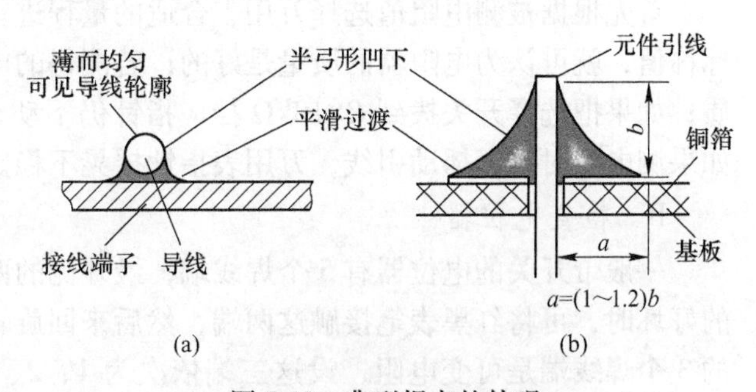

图 7-10 典型焊点的外观

（a）单面板的焊点；（b）双面板的焊点

从外表直观看典型焊点，对它的要求是：形状为近似圆锥而表面稍微凹陷，呈慢坡状，以焊接导线为中心，对称成裙形展开。虚焊点的表面往往向外凸出，可以鉴别出来。焊点上，焊料的连接面呈凹形自然过渡，焊锡和焊件的交界处平滑，接触角尽可能小，表面平滑，有金属光泽，无裂纹、针孔、夹渣。

7.2.2 电子收音机的安装与调试

电子整机的安装与调试是电子类及相关专业必备的实训项目之一，它既能帮助学生进一步巩固所学的书本知识，也能提高运用仪器、仪表检测元器件，以及手工焊接、元器件的布局、安装、电路的调试的能力，还有很强的趣味性，对培养创新能力、协作精神和理论联系实际的学风，促进工程素质的培养，提高针对实际问题进行电子制作的能力，有着不可替代的作用。

通过收音机的安装与调试的实际制作，既能熟悉常用电子元器件的类别、型号、规格、性能及其使用范围，正确识别和选用常用的电子器件，查阅有关的电子器件图书，独立完成简单电子产品的安装与焊接，熟悉印制电路板设计的步骤和方法；也能熟悉电子产品安装工艺的生产流程，熟悉手工制作印制电板的工艺流程，熟悉手工焊锡的常用工具的使用、维护；还能够根据电路原理图，进行元器件实物设计并制作印制电路板，为日后深入学习电子技术打下扎实的基础，增强独立工作的能力。

7.2.2.1 认图

根据收音机的组成框图，将图7-2划分成输入回路、本机振荡器及变频器、中频放大器、检波器、自动增益控制、低频电压放大器、功率放大器等组成部分，确定各部分电路的组成元器件，分析各部分电路的工作原理，了解不同电路对应收音机的不同性能指标，元器件参数应该如何选取等。

7.2.2.2 元器件的认知、测试与挑选

根据元器件清单，检查元件的种类、型号和数量是否正确，通过仪器检查元器件的质量优劣，正确区分振荡线圈和中频变压器（俗称中周），输出变压器之间的区别、各个晶体管参数的不同等。

A 检查电阻器

首先根据被测电阻值选择万用表合适的量程进行测试。若用万用表测出的电阻值接近标称值，就可认为电阻器的质量是好的；若测得的电阻值与标称值相差很大，说明电阻变质；如果把选择开关拨到$R\times10\text{k}\Omega$挡，指针仍不动，说明电阻阻值极大或内部可能断路；如果测电阻时轻轻摇动引线，万用表指针摇晃不稳定，说明电阻引线接触不良。

B 检查电位器

一般带开关的电位器有5个焊线端，最外侧的两个焊线端之间为电源开关。检查开关的好坏时，可将红黑表笔接触这两端，然后来回旋转开关，表针相应指示通、断。靠内侧的3个焊线端是可变电阻，设这三端依次为1、2、3端。用万用表测量1、3端的电阻，测得的电阻值应与这个电位器所标阻值基本相符。如果表针不动，说明电位器有断路。再测1、2端的电阻。将电位器逆时针方向旋转到底，这时电阻值应接近于零。然后顺时针

慢慢旋动电位器，电阻值应逐渐增大。轴柄旋到底时，阻值应接近电位器的标称值。在慢慢旋动的过程中，万用表的指针应平稳移动，如有跌落、跳动现象，说明滑动触点接触不良。使用这种电位器的收音机会出现杂音，特别在调节音量时更为显著，在受振动时收音机也会出现“喀喀”的杂音。

C 检查电容器

用万用表的电阻挡可大致鉴别5000pF以上电容器的好坏。检查时选电阻挡最高挡位，两表笔分别碰电容器两端，这时指针极快地摆动一下，然后复原。再把两表笔对调接此电容两端，表针又极快摆动一下，摆动的幅度比第一次大，然后又复原，这样的电容是好的。指针摆动越厉害，指针复原的时间越长，其电容量越大。用万用表的电阻挡可以检查可变电容器的好坏，主要是检查其动片和定片是否有短路。方法是：用万用表的表笔分别接可变电容器的定片和动片，同时旋动可变电容的转柄，若表针不动，说明动定片无短路。

D 检查变压器

分别检查初、次级直流电阻。若测出电阻值为无穷大，说明断路。若测出的阻值为0Ω，说明线圈短路。

E 检查喇叭

万用表拨在 $R\times1\Omega$ 挡，用两表笔碰触喇叭线圈两端，喇叭若发出“喀喀”声，基本可以肯定此喇叭是好的。

F 检查二极管和晶体管

用万用表测二极管和晶体管的方法请参考任务1.5。

7.2.2.3 安装

安装就是将元器件按照图7-2对应的原理图，安装在图7-11胶木板对应的位置处，穿孔后，在图7-12的PCB面用焊料焊接起来的过程。

（1）一般情况下，电路中的带“※”的电阻要用一个小于它阻值的固定电阻和一个电位器串联起来代替它，接入电路，等调试符合要求后，再用一个固定电阻换上。

（2）注意电解电容有正负极性之分，晶体管的引脚排列（有时不遵循它排列的一般规则）及三个中周的型号（它们的技术参数比如通频带、选择性不同，若装错会影响收音机的性能）。

（3）一般安装顺序是：功率放大级→前置放大级→变频级→二级中频放大级→检波。

（4）在元器件较为密集的地方，应将不怕烫的元器件先安装，怕烫的元件（如晶体管）后安装，同一个单元电路中应先安装大型或特征性元件，以它作为参考点，后安装小元件。有时，为了方便和快捷，先焊接电阻，再焊接晶体管，最后安装其他体积较大的元器件。

（5）电阻在安装时，一般先焊接卧式的，再焊接立式的，电阻器件的电阻体离胶木板的距离应控制在1~2mm，以留有一定的应力缓冲距离，中周和变压器等引脚较多的器件应贴紧胶木板放置，中周的引脚露出PCB面的长度和其他器件一样，不要超过2mm，屏蔽脚要压倒后焊接牢固。

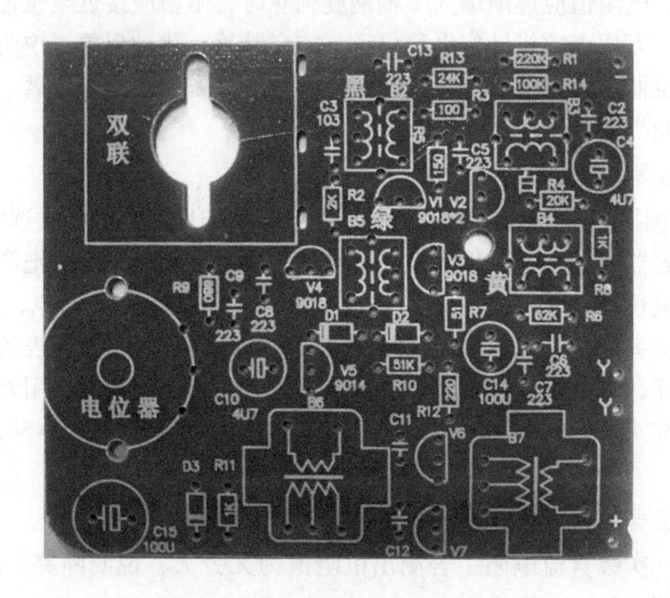

图 7-11　标注元器件位置的胶木板

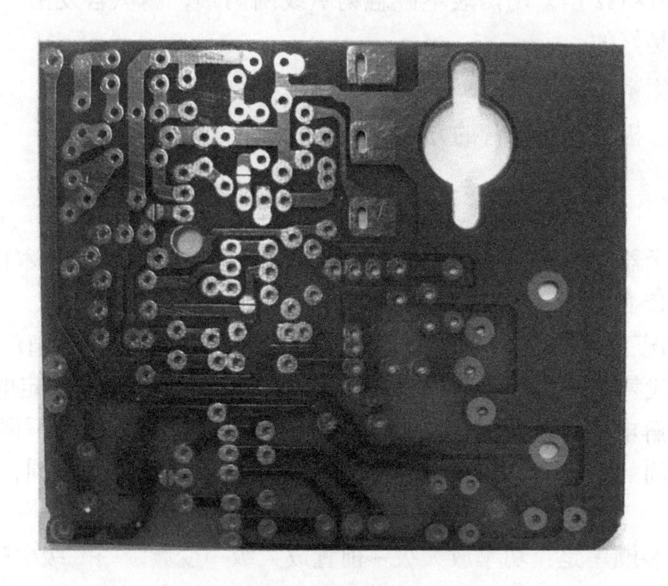

图 7-12　带有助焊剂的印制电路板

（6）安装时，元器件的字符标记方向要方便辨认，倾斜方向要一致、整齐。

（7）元器件引脚的成形必须利用镊子、尖嘴钳等工具。不得随意弯曲，以免损伤元器件。

（8）印刷电路板要保持干净，不要用汗手触摸电路板上的焊盘，以免焊盘上的助焊剂挥发而使焊盘氧化生锈，导致焊接困难和虚焊。

7.2.2.4 焊接

焊接方法与要求请参考7.2.1。

7.2.2.5 调试

装配和调试作为整个实践环节的两个阶段，是非常重要的。装配是电子器件的初步组装，构成硬件基础。调试包括调整和测试，调整是对组成整机的可调元器件、部件进行调整，测试是对整机各项电气性能进行测量，令各硬件特性相互协调，使感机性能达到最佳状态。

A 直流静态工作点的调试

（1）在晶体管收音机电路中，由于各级的功能不同，各级晶体管的直流工作点也就不同。变频级包括混频电路和振荡电路两部分。从混频的要求来考虑，晶体管应工作在非线性区域，工作电流要小。但混频级还要求对中频信号有一定的放大作用，因而工作电流不能太小。所以，混频电路的工作电流一般取0.2~0.4mA。对振荡电路而言，工作电流大一些可使振荡电压强一些，从而提高变频增益。但振荡电压太强了会使振荡波形失真，谐波成分增加，反而使变频增益下降，并使混频噪声大大增强，所以振荡电路的工作电流一般取0.4~0.7mA。在一般的收音机实验电路中，振荡电路与混频电路合用一只晶体管，变频级的工作电流兼顾混频与振荡的要求，这一级的工作电流应取折中值，一般为0.3~0.6mA，即断口A处的电流。

（2）中放电路一般有两级。第一级中放要起自动增益控制作用，工作点应选在非线性区，工作电流一般取0.4~0.8mA，即断口B处的电流。这样加入自动增益控制后不易失真，效果也明显。第二级中放要有足够的功率增益，工作电流应适当取大一点，一般取0.8~1.6mA，即断口C处的电流。

（3）前置低放级的输入信号是从检波级送来的音频信号，幅度不大，所以该级的工作电流一般取1~3mA，即断口D处的电流。

（4）功放级般采用推挽电路，为了消除交越失真，提高效率，应使它工作在甲乙类，工作电流一般取2~6mA。

（5）整机静态电流一般在4~15mA，加上指示用的LED电流，总电流在6~20mA，即开关处的电流值。

（6）调整第一级电流时，应该按照图7-12的位置顺序，将天线线圈和与之对应的“地”焊接好。为了减小后级对前级的影响，一般测试断口处电流的顺序是：断口D处→断口C处→断口B处→断口A处，当电流在参考值范围内时，将断口焊接好，再进行下一断口的测试。所有电流都正常后，应该能收听到广播电台的信号，需要进行的是下一步调试。

B 本机振荡的调试

（1）用示波器观察本机振荡的波形，同时旋转双连电容，观察波形的幅度在整个波段范围内是否均匀且等幅，波段内的电压峰-峰值是否在200~300mV范围内。

（2）用万用表直流电压挡测量变频级发射极电压，然后用镊子或螺丝刀的金属部分将振荡电路的双连可变电容短接，观察万用表电压的变化，若电压下降0.2V左右，则说明振荡电路正常；若电压不下降或下降小，说明振荡电路没起振。

C 中频的调整

收音机中频的调整是指调整收音机的中频放大电路中的中频变压器，使各中频变压器组成的调谐放大器都谐振在规定的465kHz的中频频率上，从而使收音机达到最高的灵敏度和最好的选择性。因此中频调得好不好，对收音机性能的影响是很大的。

新的中频变压器在出厂时都经过调整。但是，当这些中频变压器被安装在收音机上以后，还是需要重新调整的。这是由于它所并联的谐振电容的容量总存在误差，同时安装后存在布线电容，这些都会使新的中频变压器失谐。另外，一些使用已久的收音机，其中频变压器的磁芯也会老化，元件也有可能变质，这些也会使原来调整好的中频变压器失谐。所以，仔细调整中频变压器是装配新收音机和维修旧收音机时不可缺少的一步工作。

一般超外差式收音机使用的都是通用的调感式中频变压器。中频的调整主要是调节中频变压器的磁帽的相对位置，以改变中频变压器的电感量，从而使中频变压器组成的振荡回路谐振在465kHz上。

打开收音机，开大音量电位器，将收音机的双连可变电容器全部旋进，避开外来信号。将调制信号发生器的输出频率调节在465kHz上，调制频率用1000Hz，幅度调在30%上。通过发射天线将信号耦合到收音机的天线上，调节信号发生器的输出使之由大逐渐减小，以扬声器中的声音能听清为准。由第三级中周 T_5 开始调节，逐级向前进行。用无感的胶木或塑料螺丝刀旋动中频变压器的磁帽，使示波器或毫伏表的读数最大。因前后级之间可能相互影响，上述过程应反复调整几次。

业余条件下，可以使用听音法——在收音机能收听到电台广播的情况下，选一个电台信号（信号强度不太大也不太小），再根据上面所述的调试方法，一边听声音的大小，一边调中周，从后往前，一级一级，反复调几次，直到声音最响为止。用这种方法可以将中周基本调准。

7.2.2.6 统调跟踪

收音机的统调跟踪主要是调整超外差式收音机的输入电路和振荡电路之间配合关系，使收音机在整个波段内都能正常收听电台广播，同时使整机灵敏度及选择性都达到最好的程度。统调跟踪主要包括两个方面的工作：一是校准频率刻度，二是调整补偿，如图7-13所示。

A 频率刻度的校准

收音机的中波段通常规定在535～1605kHz的范围。它是通过调节双连可变电容器，使电容器从最大容量变到最小容量来实现这种连续调谐的。校准频率刻度的目的就是通过调整收音机的本机振荡的频率，使收音机在整个波段内收听电台时都能正常工作，而且收音机指针所指出的频率刻度与接收到的电台频率相对应。

一般地，我们把整个频率范围内800kHz以下称为低端，将1200kHz以上称为高端，而将800～1200kHz称为中端。正常的收音机，当双联电容器从最大容量旋到最小容量时，频率刻度指针恰好从520kHz移到1605kHz的位置，收音机也应该能接收到525～1605kHz范围的电台信号。在这种情况下，我们称这台收音机的频率范围和频率刻度是准确的。但是，没有调整过的新装收音机或者已经调乱了的收音机，其频率范围和频率刻度往往是不

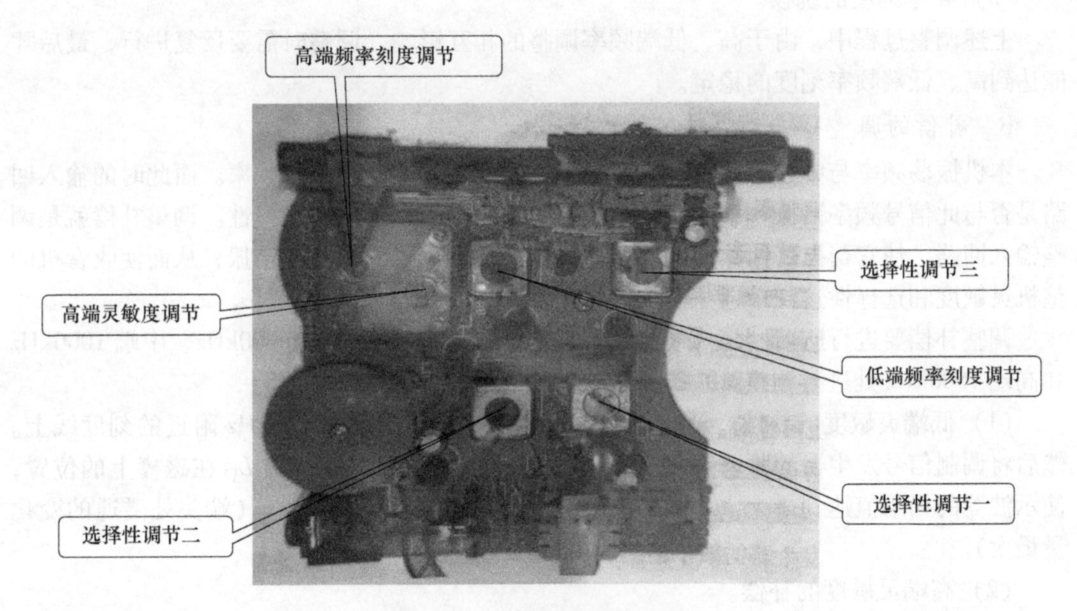

图 7-13 中频、统调位置图

准的，不是偏高就是偏低。如一个收音机所能接收到的信号频率不是 525～1605kHz，而是500～1500kHz，就称它的频率范围偏低。如果收音机所能接收到的信号频率是700kHz～2.1MHz，就称它的频率范围偏高。如果接收到的信号是 525 ～1500kHz，就称它的高端频率范围不足。如果接收到的频率是 600～1605kHz，就称它的低端频率范围不足。对于这些收音机，必须校准频率刻度，才能达到应有的性能指标。

在超外差式收音机中，决定接收频率或决定频率刻度的是本机振荡频率与中频频率的差值，而不是输入回路的频率。当中频变压器调准也就是中频频率调准以后，校准收音机的频率刻度的任务实际上只需要通过调整本机振荡器的频率即可完成。

（1）低端频率刻度的校对。

校准频率刻度的基本原则是“低端调电感，高端调电容”。如果将最高端和最低端调准了，中间频率点一般就是准确的。

调整时，首先把双连全部旋进，指针指在刻度盘 525kHz 附近的底线上。然后将调制信号发生器的频率调到 525kHz，用无感螺丝刀旋动振荡线圈的磁芯，使示波器的指示值达到最大。若收音机的本振频率低于（525 + 465）kHz，要提高它，就要减小电感量，振荡线圈的磁芯应向外旋，反之，若频率高于（525 + 465）kHz，则振荡线圈的磁芯应向里旋。

（2）高端频率刻度的校对。

调整时，首先把双连全部旋出，指针指在刻度盘 1605kHz 附近的底线上。然后将调制信号发生器的频率调到 1605kHz，用无感螺丝刀旋动振荡连电容 C_B，使示波器的指示值达到最大。若收音机的本振频率低于（1605 + 465）kHz，要提高它，就要减小电容量，电容应向外旋，使接触面积减小，反之，若频率高于（1605+465）kHz，电容应向内旋，使接触面积增大。

（3）频率刻度的统校。

上述调整过程中，由于高、低端频率调整的相互影响，调整时需要反复进行，最后才能达到高、低端频率刻度的稳定。

B 补偿的调整

本机振荡频率与中频频率就确定了输入回路应接收的外来信号频率。而此时的输入回路是否与此信号频率谐振，就决定了超外差式收音机的灵敏度和选择性。调整补偿就是调整输入回路，使它与振荡回路跟踪并正好在这一外来信号的频率上谐振，从而使收音机的整机灵敏度和选择性达到最佳状态。

调整补偿要进行所谓“三点统调”，即在输入调谐回路的低端 600kHz、中端 1000kHz 和高端 1500kHz 处进行调整。

（1）低端灵敏度的补偿。调整时，首先把指针指在刻度盘 600kHz 附近的刻度线上。然后将调制信号发生器的频率调到 600kHz，用无感螺丝刀调整线圈 L_{12} 在磁棒上的位置，使示波器的指示值达到最大，理想的位置是线圈 L_{12} 在磁棒的端头处（端头处磁通的变化量最大）。

（2）高端灵敏度的补偿。

调整时，首先把指针指在刻度盘 1500kHz 附近的刻度线上。然后将调制信号发生器的频率调到 1500kHz，用无感螺丝刀调整补偿电容 C_b 的容量，使示波器的指示值达到最大。

（3）中端灵敏度的补偿。

高、低端补偿调整时，会出现高端灵敏度高时低端灵敏度低，低端灵敏度高时高端灵敏度低的现象，这时就需要进行中端灵敏度的调整，中端灵敏度调整的实质是，降低低端灵敏度提升高端灵敏度，降低高端灵敏度提升低端灵敏度，从而达到整个频段灵敏度的一致。

由于高、低端的相互牵制，上述调整需要反复多次才能达到要求。

7.2.2.7 功放的动态调试

将音频信号加在输入变压器 T_6 的初级，接上电源，此时可听到扬声器中有音频声，说明推挽功放级的工作是正常的，若声音失真，说明推挽管 VT_6、VT_7 两者中有一个不正常。再将音频信号加在 VT_5 的基极，此时听到扬声器中的声音比加在 T_6 的初级要大，说明 VT_5 的工作是正常的。若将信号加在音量电位器 VR 的上端，调节电位器，则扬声器中的声音应跟着变化，说明功放级、前置级已调好。

项目 8　直流稳压电源的设计与装调

当今社会人们极大地享受着电子设备带来的各种便利，但是任何电子设备都有一个共同的电路——电源电路。大到超级计算机、小到袖珍计算器，所有的电子设备都必须在电源电路的支持下才能正常工作。当然这些电源电路的样式、复杂程度千差万别。例如，超级计算机的电源电路本身就是一套复杂的电源系统，通过这套电源系统，超级计算机各部分都能够得到持续稳定、符合各种复杂规范的电源供应。袖珍计算器则是简单得多的电池电源电路。可不要小看了这个电池电源电路，比较新型的电路完全具备电池能量提醒、掉电保护等高级功能。可以说电源电路是一切电子设备的基础，没有电源电路就不会有如此种类繁多的电子设备。

由于电子技术的特性，电子设备对电源电路的要求就是能够提供持续稳定、满足负载要求的电能，而且通常情况下都要求提供稳定的直流电能。提供这种稳定的直流电能的电源就是直流稳压电源。直流稳压电源在电源技术中占有十分重要的地位。另外，很多电子爱好者初学阶段首先遇到的就是要解决电源问题，否则电路无法工作、电子制作无法进行，学习就无从谈起。

稳压电源的分类方法繁多，按输出电源的类型分有直流稳压电源和交流稳压电源；按稳压电路与负载直流稳压电源的连接方式分有串联稳压电源和并联稳压电源；按调整管的工作状态分有线性稳压电源和开关稳压电源；按电路类型分有简单稳压电源和反馈型稳压电源，等等，图 8-1 所示为常用直流稳压电源的实物图及其内部原理图。

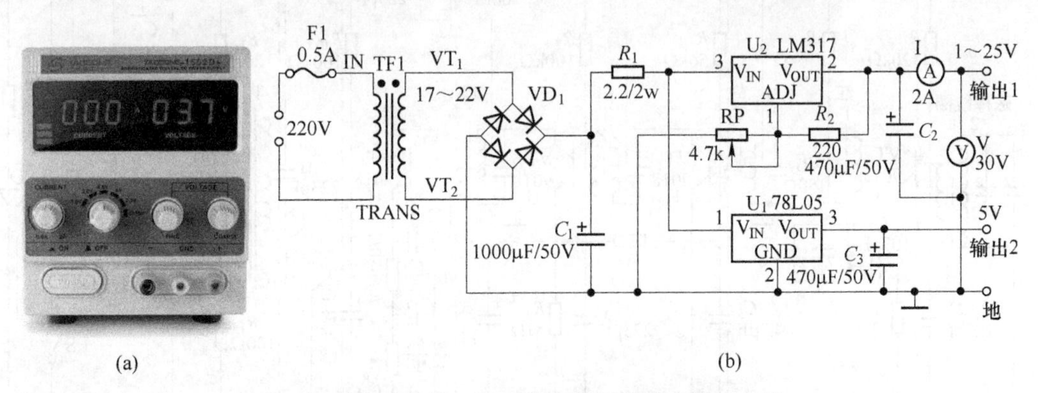

图 8-1　常用直流稳压电源的实物图及其内部原理图

（a）实物图；（b）内部原理图

8.1　知识目标

（1）熟悉直流稳压电源的组成和主要技术指标。

（2）掌握晶体管串联调整型稳压电路及其特点。

（3）掌握三端集成稳压器的设计方法和典型电路。

（4）了解开关型直流稳压电源的类型及其特点。

8.2 技能目标

（1）能够读懂和画出几种典型的直流稳压电路图。

（2）会使用三端集成稳压器设计制作直流稳压电源。

（3）对直流稳压电路常见故障能做出正确判断并进行维修。

8.3 案例引入

案例 8-1 七管超外差调幅收音机中的电源如图 8-2 所示。

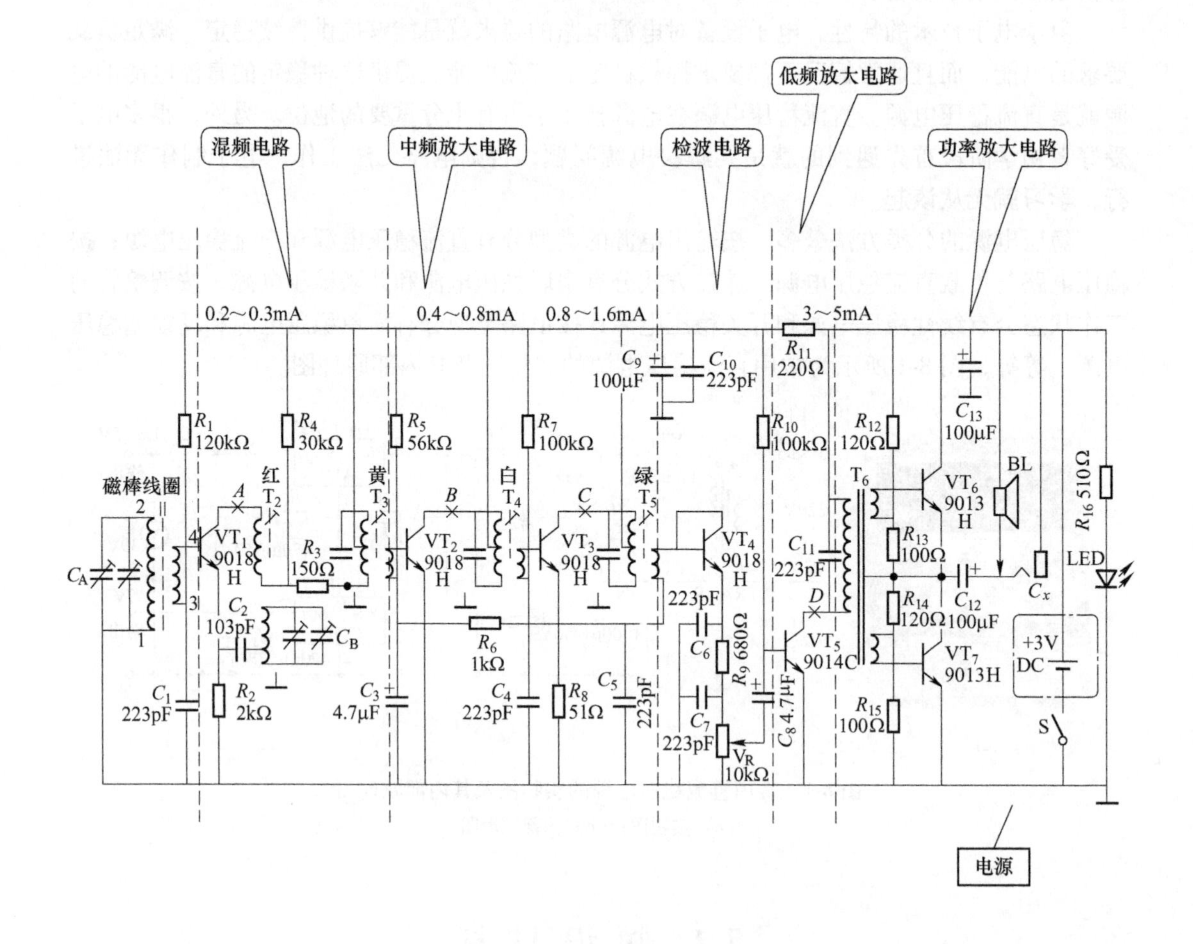

图 8-2 七管超外差调幅收音机中的电源

8.4 知识链接

8.4.1 直流稳压电源

8.4.1.1 直流稳压电源的组成和技术指标

A 直流稳压电源的组成

电子设备如测量仪器、电子计算机、自动控制仪表等装置中，要求所使用的直流电源电压必须是稳定的，当然这里指的电压稳定是指变化要小到可以允许的程度，并不是绝对不变。如果电源电压不稳定，则会引起测量误差或电路工作不稳定、自动控制装置误动作，严重时甚至造成电路无法正常工作。

直流稳压电源由电源变压器、整流电路、滤波电路和稳压电路四部分组成，其组成部分及对应输出波形如图 8-3 所示。在图 8-3 中，交流电压经过降压、整流、滤波可得到比较平滑的直流电，但是这种直流电源输出电压不稳定，特别是采用电容滤波电路，当负载电流增加时，其输出直流电压下降较多。由于电源性能的优劣对放大电路的性能有直接的影响，因此我们需要在直流电源中采用稳压措施，稳压电路的作用是当电网或负载变化时维持输出电流电压基本不变。

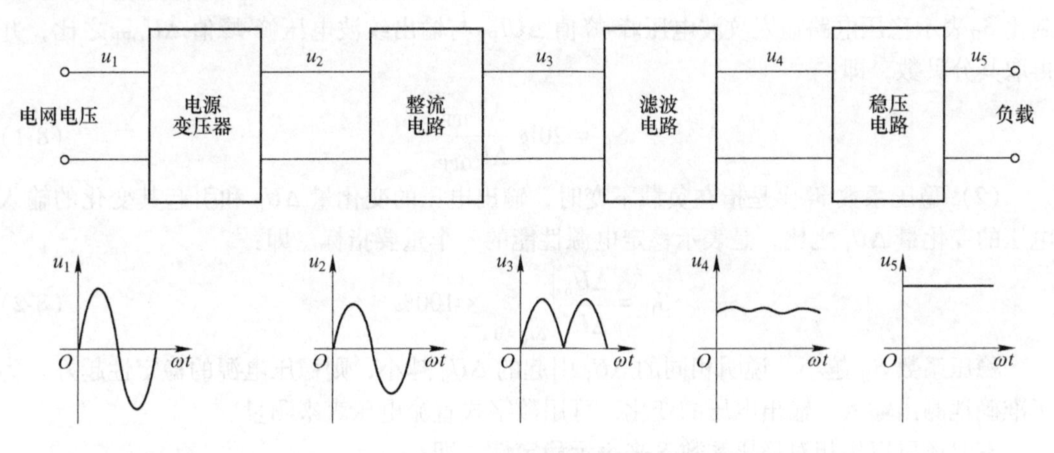

图 8-3 直流稳压电源的组成及对应输出波形图

B 引起直流稳压电源输出不稳定的主要原因

（1）交流电网电压不稳定。由于电网供电有高峰和低谷期存在，会存在 ±10%的波动，引起整流、滤波后的直流输出电压也有相同比例的波动。

（2）负载电流变化。负载电阻的变化也会引起电源输出的变化。在一般情况下，负载阻抗减小，负载电流就增大，由于电源有一定内阻，所以一部分电动势就降落在内阻上，反映在输出端的现象是输出电压降低。

（3）稳压电源本身元器件的变化。由于老化、环境温度变化等影响而引起电路元器件特性参数的变化也会导致稳压电源不稳定。

C　直流稳压电源的主要技术指标及简易测试方法

直流稳压电路的主要技术指标有两种：一种是特性指标，包括电源输出电流、输出电压及电压调节范围；另一种是质量指标，包括稳压系数、输出电阻、最大纹波电压及温度系数等。特性指标反映的是电源容量的大小，而质量指标则是衡量输出电压的稳定程度。

（1）纹波抑制比 S_R。纹波电压是指叠加在输出直流电压 U_o 上的交流分量，它可以通过示波器的交流输入挡来测量。一般应将示波器的 Y 轴输入灵敏度调到最高灵敏度的位置来观测纹波电压的峰-峰值 ΔU_{OPP}，一般为 mV 级。也可用交流毫伏电压表测量其有效值 ΔU_o，因为纹波电压是非正弦波，所以用有效值表示其纹波电压，会有一定误差。图 8-4所示是纹波电压测量电路。

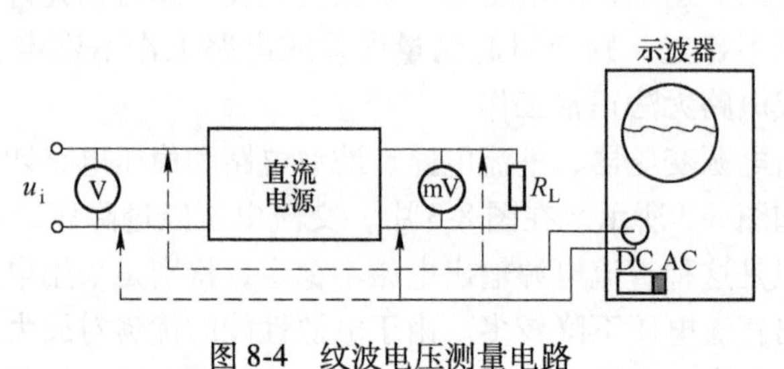

图 8-4　纹波电压测量电路

一般用纹波抑制比来反映稳压电源对输入端引入的交流纹波电压的抑制能力。纹波抑制比 S_R 表示稳压电路输入纹波电压峰-峰值 ΔUI_{PP} 与输出纹波电压峰-峰值 ΔU_{OPP} 之比，并再取其分贝数，即：

$$S_R = 20\lg \frac{\Delta U_{IPP}}{\Delta U_{OPP}} \tag{8-1}$$

（2）稳压系数 S_U。是指在负载不变时，输出电压的变化量 ΔU_o 和引起其变化的输入电压的变化量 ΔU_i 之比，是表示稳定电源性能的一个重要指标。即：

$$S_U = \left.\frac{\Delta U_o}{\Delta U_i}\right|_{\Delta I_o = 0} \times 100\% \tag{8-2}$$

稳压系数 S_U 越小，说明相同的 ΔU_i 引起的 ΔU_o 越小，则稳压电源的稳定性越好。为了准确地测出输入、输出电压的变化，可用数字式直流电压表来测量。

有时还可以用相对稳压系数 S 来表示稳定性，即：

$$S = \left.\frac{\Delta U_o}{U_o} \middle/ \frac{\Delta U_i}{U_i}\right|_{\Delta I_o = 0} \times 100\% \tag{8-3}$$

图 8-5 是稳压系数的测量电路。测试过程是先测出当输入电压 $U_i = 220\text{V}$ 时对应的输出电压 U_o，再调节自耦变压器使输入电压 $U_i = 220\times1.1\text{V} = 242\text{V}$，测量输出电压 U_{o1}，再次调节自耦变压器使 $U_i = 220\times0.9\text{V} = 198\text{V}$，测量输出电压 U_{o2}，则稳压系数：

$$S = \frac{\Delta U_o}{U_o} \Big/ \frac{\Delta U_i}{U_i} \times 100\% = \frac{U_{o1} - U_{o2}}{U_o} \times \frac{220}{242 - 198} \times 100\% \tag{8-4}$$

上述测量得到的是该稳压电源在电网电压波动 ±10%情况下的相对稳压系数。

（3）温度系数 S_T。表示 U_i 和 I_o 都不变的情况下，环境温度 T 变化所引起的输出电压变化，即：

$$S_{\mathrm{T}}=\frac{\Delta U_{\mathrm{o}}}{\Delta T}\bigg|_{\substack{\Delta U_{\mathrm{i}}=0\\ \Delta I_{\mathrm{o}}=0}} \tag{8-5}$$

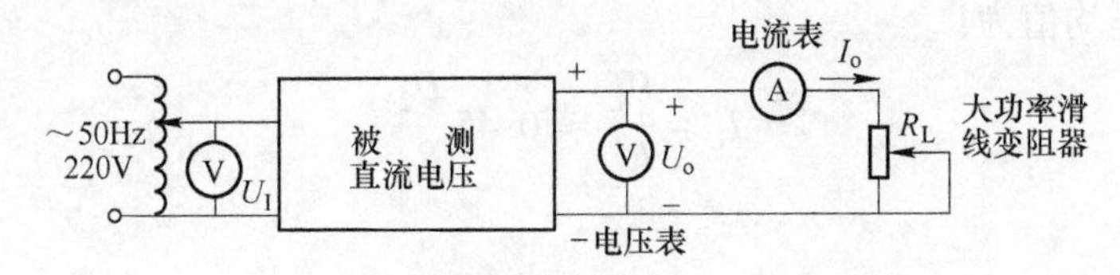

图 8-5 稳压电源性能指标测试电路

将稳压电源置于不同温度的环境中一定时间后，用温度计和数字式直流电压表分别测出它们的变化值。

（4）输出电阻 R_o。表示输入电压不变的情况下，当输入电流变化时，输出电压的变化量 ΔU_o和输出电流变化量 ΔI_o 的比值，即：

$$R_{\mathrm{o}}=\frac{-\Delta U_{\mathrm{o}}}{\Delta I_{\mathrm{o}}}\bigg|_{\Delta U_{\mathrm{i}}=0} \tag{8-6}$$

R_o 越小，输出电压的稳定性能越好，带负载能力越强。

（5）负载调整系数。又称电流调整率 S_i。表示稳压电路在输入电压 U_i 不变的条件下，输出电流 I_o 从零变到最大额定电流时，输出电压的相对变化量。即：

$$S_{\mathrm{i}}=\Delta U_{\mathrm{o}}/U_{\mathrm{o}}\big|_{\Delta U_{\mathrm{i}}=0}\times 100\% \tag{8-7}$$

此项性能指标也可以用图 8-5 所示的测试电路来测出。调节电压 U_i = 220V，改变 R_L 的阻值，分别测出对应的输出电压和电流值，再按公式算出 S_i。

以上稳压电源的性能指标与电路形式和电路参数密切相关，通常情况下是通过实际测试得到稳定性能指标，来表征稳压电源的性能优劣。

8.4.1.2 直流稳压电源的整流电路

将市网提供的 220V、50Hz 的交流电压转换成直流电压的过程便是整流。所谓整流就是利用二极管的单向导电性将正负变化的交流电压变为单向脉动电压的过程。将单相交流电变成脉动直流电的电路称为单相整流电路，单相整流电路又分为半波整流、全波整流、桥式整流及倍压整流等。

A 单相半波整流电路

（1）电路的组成和工作原理图。图 8-6（a）所示为一个最简单的单相半波整流电路，图中 T 为电源变压器，VD 为整流二极管，R_L为负载。变压器把市电电压 u_1（多为 220V）变换为所需要的交变电压 u_2，VD 再把交流电变换为脉冲直流电。

在变压器二次电压 u_2为正的半个周期内，二极管导通，如忽略二极管的正向压降，则此时输出电压 $u_o = u_2$；在 u_2为负的半个周期内，二极管截止，如忽略二极管的反向饱和电流，则输出电压等于零。因此，u_o 是单向的脉动电压，波形如图 8-6（b）所示。

扫一扫
查看视频

（2）负载上的直流电压和电流的计算。直流电压是指一个周期内脉动电压的平均值。半波整流电路中：

$$U_L = \frac{1}{2\pi}\int_0^{2\pi} u_2 d(\omega t) = \frac{1}{2\pi}\int_0^{\pi}\sqrt{2}U_2\sin\omega t d(\omega t) = \frac{2\sqrt{2}}{2\pi}U_2 \approx 0.45U_2 \tag{8-8}$$

负载电流平均值为：

$$I_L = \frac{U_L}{R_L} \approx 0.45\frac{U_2}{R_L} \tag{8-9}$$

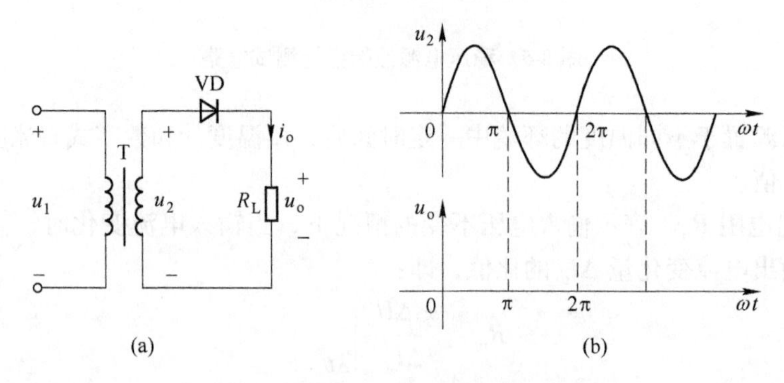

图 8-6　单相半波整流电路及波形图

(a) 电路图；(b) 电压波形图

(3) 二极管的选择。在单相半波整流电路中流经二极管的电流 I_D 与负载电流 I_L 相等，故选用二极管的最大整流电流要求其满足：

$$I_F \geqslant I_D = I_L \tag{8-10}$$

在单相半波整流电路中，二极管承受的最大反向电压就是变压器二次电压 u_2 的最大值，即：

$$U_{RM} \geqslant \sqrt{2}\,U_2 \tag{8-11}$$

根据 I_F 和 U_{RM} 计算值，查阅有关半导体器件手册选用合适的二极管型号，使其接近或略大于计算值。

B　单相桥式整流电路

单相半波整流电路只利用了交流电的半个周期，这显然是不经济的。同时整流电压的脉动较大，全波整流电路可以克服这些不足，最常用的全波整流电路是图 8-7 (a) 所示的单相桥式整流电路。电路中采用了 4 只二极管，接成电桥形式，故称为桥式整流电路，电路的工作过程如下。

扫一扫
查看视频

在 u_2 的正半周，VD_1、VD_3 导通，VD_2、VD_4 截止，流过负载的电流 i_o 的实际方向与参考方向相同，$u_o>0$；在 u_2 的负半周，VD_2、VD_4 导通，VD_1、VD_3 截止，i_o 的方向不变，u_o 仍大于零。u_o 的波形如图 8-7 (b) 所示。

与半波整流电路相比，桥式整流电路中负载电压平均值是半波整流时的 2 倍，即：

$$\begin{aligned} U_L &\approx 0.9\,U_2 \\ I_L &\approx 0.9\frac{U_2}{R_L} \end{aligned} \tag{8-12}$$

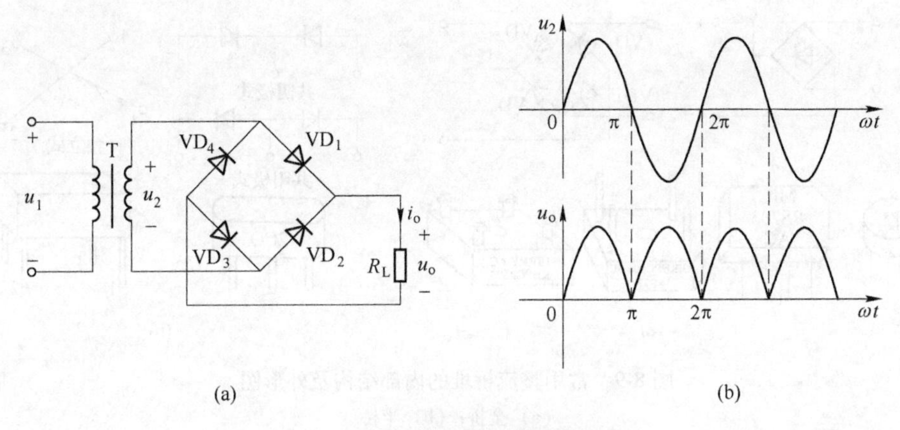

图 8-7 单相桥式整流电路及波形图

（a）电路图；（b）电压波形图

在桥式整流电路中，4 个二极管两两轮流导通，故其电流平均值为负载上电流平均值的一半，即：

扫一扫
查看视频

$$I_F \geqslant I_D = \frac{1}{2} I_L \tag{8-13}$$

二极管承受的最大反向电压就是变压器二次电压 u_2 的最大值，即：

$$U_{RM} \geqslant \sqrt{2}\ U_2 \tag{8-14}$$

图 8-8（a）所示为桥式整流电路的另一种常用画法，图 8-8（b）所示为其简化表示图。

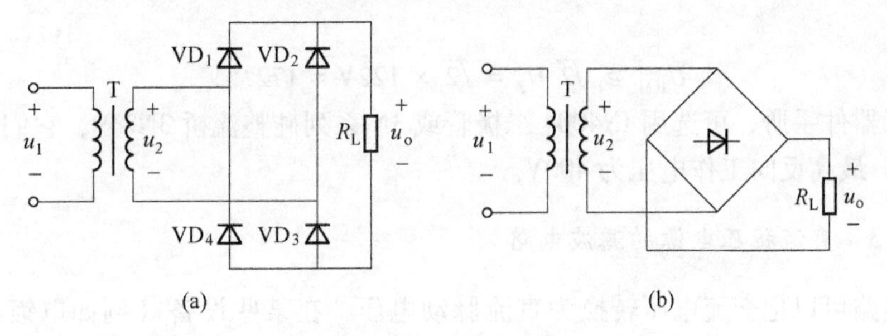

图 8-8 单相桥式整流电路的其他画法及简化表示图

（a）其他画法图；（b）简化表示图

实际应用中，常将桥式整流电路的二极管制作在一起，封装成一个整流组合器件，称为整流桥堆。整流桥堆一般用在全波整流电路中，它又分为全桥与半桥。全桥是由 4 只整流二极管按桥式全波整流电路的形式连接并封装为一体。半桥是由两只整流二极管封装在一起构成的，它有 4 端和 3 端之分，4 端半桥内部的两只整流二极管各自独立，而 3 端半桥内部的两只整流二极管负极与负极相连或者正极与正极相连。常用整流桥堆的内部结构及外形如图 8-9 所示。

【例 8-1】 已知负载电阻 $R_L = 80\Omega$，负载电压 $U_L = 110V$，采用单相桥式整流电路，试选择整流二极管的型号并计算电源变压器二次电压的有效值。

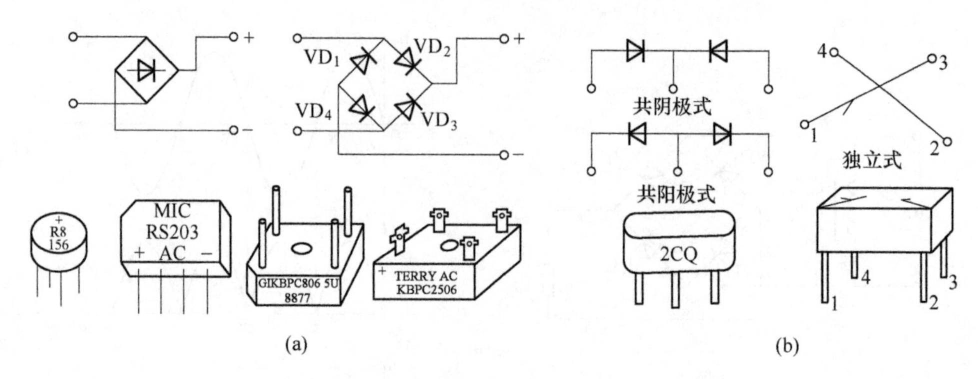

图 8-9　常用整流桥堆的内部结构及外形图

（a）全桥；（b）半桥

解：（1）负载电流：

$$I_L = \frac{U_L}{R_L} = \frac{110}{80}\text{A} \approx 1.4\text{A}$$

（2）每只二极管通过的平均电流：

$$I_D = \frac{I_L}{2} = 0.7\text{A}$$

（3）变压器二次电压的有效值为：

$$U_2 = \frac{U_L}{0.9} = \frac{110}{0.9}\text{V} \approx 122\text{V}$$

于是：

$$U_{RM} \geqslant \sqrt{2}\, U_2 = \sqrt{2} \times 122\text{V} = 172.5\text{V}$$

查电子器件手册，可选用 IN4004 二极管或 3N 系列硅整流桥 3N249，它们的最大整流电流为 1A，最高反向工作电压为 400V。

8.4.1.3　直流稳压电源的滤波电路

整流电路可以把交流电压转换为直流脉动电压，在某些设备（例如电镀、蓄电池充电等设备）中，这种脉动电压就可以满足要求，但是对于大多数电子设备来说，是不能满足要求的，为此，需要在整流电路后接滤波电路，使脉动降低到实际应用所允许的程度。常用的滤波电路有电容滤波电路、电感滤波电路。

A　电容滤波电路

图 8-10（a）所示为单相半波整流电容滤波电路，其工作原理如下：

未接电容时，在 u_2 的正半周，整流二极管导通；在 u_2 的负半周，整流二极管截止，电路输出波形如图 8-10（b）中虚线所示。

接上电容后，在 u_2 的正半周，当 u_2 由零逐渐增大时，若 $u_2>u_C$（电容两端电压），整流二极管 VD 因正向偏置而导通。二极管导通时除了有一个电流 i_o 流向负载外，还有一个电流 i_c 向电容 C 充电，电容电压 u_c 的极性为上正下负，如果忽略二极管的内阻，则在 VD 导通时 u_c（即输出电压 u_o）等于变压器二次电压 u_2。

u_2达到峰值后开始下降，当 $u_2<u_c$时，VD 反向截止，电源不再向负载供电，而是电容向负载放电。电容放电时，u_c以一定的时间常数按指数规律下降，直到下一个正半周 $u_2>u_c$ 时，VD 又重新导通，电容再次被充电。充放电过程周而复始，输出电压 u_o 的波形如图 8-10（b）中实线所示。

扫一扫查看视频

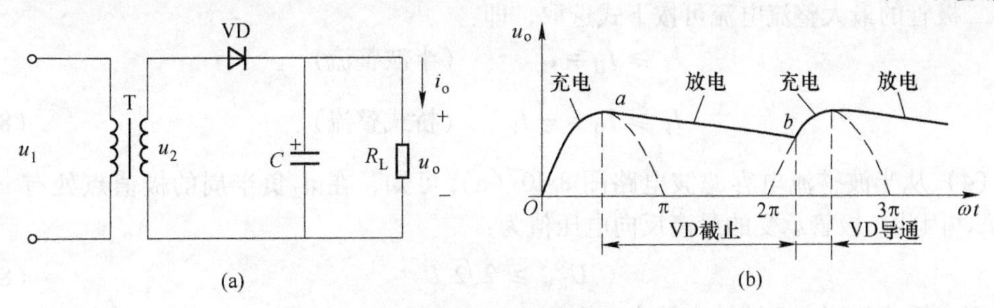

图 8-10 单相半波整流电容滤波电路及输出波形

（a）电路图；（b）输出波形图

桥式整流电容滤波电路的原理与半波整流滤波电路的工作原理相同，不同的是在 u_2 的一个完整周期内，电路中总有两只二极管导通，所以电容被充电两次。由于电容放电的时间缩短了，因此输出电压波形比半波整流电容滤波电路更加平滑，图 8-11 所示为桥式整流电容滤波电路及输出波形。

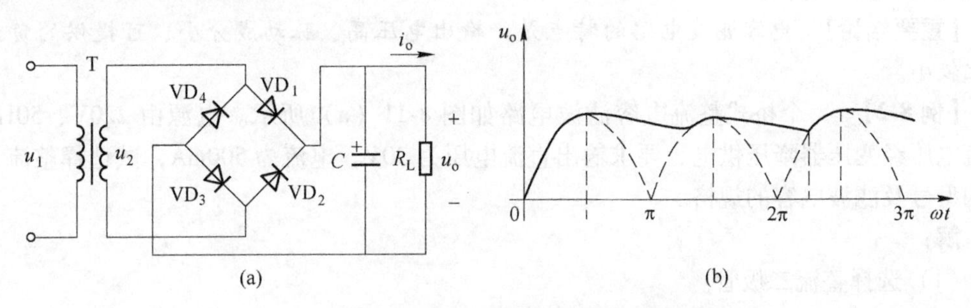

图 8-11 桥式整流电容滤波电路及输出波形

（a）电路图；（b）输出波形图

根据以上分析可知，采用电容滤波后，有如下几个特点。

（1）负载电压中的脉动成分降低了。

（2）负载电压的平均值有所提高。在 R_L一定时，滤波电容越大，U_L（即 U_O）越大，工程上可按下式估算：

扫一扫查看视频

$$U_L \approx (1 \sim 1.1)\,U_2 \qquad \text{（半波整流）}$$

$$U_L \approx 1.2\,U_2 \qquad \text{（桥式整流）} \tag{8-15}$$

通常按下式选取滤波电容：

$$R_L C \geqslant (3 \sim 5)T \qquad \text{（半波整流）}$$

$$R_L C \geqslant (3 \sim 5)\frac{T}{2} \qquad \text{（桥式整流）} \tag{8-16}$$

式中，T 为交流电源电压的周期（50Hz 的交流电，周期为 0.02s）。

（3）电容滤波电路中整流二极管的导通时间缩短了。由图 8-10（b）和图 8-11（b）可知，二极管的导通角大大小于 180°，而且电容放电时间常数越大，导通角越小。由于加了电容滤波后，平均输出电流提高了，而导通角却减小了，因此，整流二极管在短暂的导通时间内流过很大的冲击电流，所以必须选择较大电流容量的整流二极管。

二极管的最大整流电流可按下式选取，即：

$$I_F \geqslant I_D = I_L \quad （半波整流）$$

$$I_F \geqslant I_D = \frac{1}{2} I_L \quad （桥式整流） \tag{8-17}$$

（4）从半波整流电容滤波电路图 8-10（a）可知，在 u_2 负半周的极值点处有 $u_{VD} = u_2 - u_c$，因此二极管承受的最高反向电压值为：

$$U_{RM} \geqslant 2\sqrt{2}\, U_2 \tag{8-18}$$

而在桥式整流电容滤波电路中，则为：

$$U_{RM} \geqslant \sqrt{2}\, U_2 \tag{8-19}$$

（5）电容滤波只适用于负载电流较小且负载变化不大的场合。电容放电时间常数 τ（$=R_L C$）越大，放电过程越慢，则输出电压越大，滤波效果也越好，为此，应选择大容量的电容。另外负载变化会引起 τ 的变化，当然就会影响放电的快慢，从而影响输出电压平均值的稳定性。这说明电容滤波带负载能力较差，因此电容滤波适用于负载电流较小且负载变化不大的场合。

【重要结论】 电容滤波电路的特点是：输出电压高、脉动成分小、可提供的负载电流比较小。

【例 8-2】 一个桥式整流电容滤波电路如图 8-11（a）所示。电源由 220V、50Hz 的交流电压经变压器降压供电，要求输出直流电压为 30V，电流为 500mA，试选择整流二极管的型号及滤波电容的规格。

解：

（1）选择整流二极管。

1）通过每只二极管的平均电流为：

$$I_D = \frac{I_L}{2} = \frac{500}{2}\text{mA} = 250\text{mA}$$

2）变压器二次侧的电压有效值：

$$U_2 = \frac{U_L}{1.2} = \frac{30}{1.2}\text{V} = 25\text{V}$$

3）每只二极管承受的最高反向电压为：

$$U_{RM} \geqslant \sqrt{2}\, U_2 = \sqrt{2} \times 25\text{V} = 35\text{V}$$

根据 I_D 和 U_{RM} 查手册，选取 2CZ54B 二极管 4 只，其最大整流电流 $I_D = 0.5\text{A}$，最高反向工作电压 $U_{RM} = 50\text{V}$。也可选取 IN4001 或 IN4002。

（2）选择滤波电容器。

$$C \geqslant \frac{5T}{2R_L} = \frac{5 \times 0.02}{2 \times \dfrac{30}{0.5}} \approx 830\mu\text{F}$$

取标称值1000μF；电容器耐压应大于电容两端的最大电压并留有一定的余量，一般按（1.5~2）U_2选取，(1.5~2)×25V=37.5~50V。确定选用1000μF/50V的电解电容1只。

【工程经验】 在计算出电容器的容量和耐压值后，还要遵从“系列取值、宁高勿低”的选取原则。即：在电容器的容量和额定耐压上应选取电容器的系列生产值，而不能按照计算值选取。

【例8-3】 在图8-12所示电路中，已知U_2=20V（有效值），设二极管为理想二极管，操作者用直流电压表测量负载两端的电压值，当测量出现下列5种情况：①28V；②24V；③20V；④18V；⑤9V。试讨论：

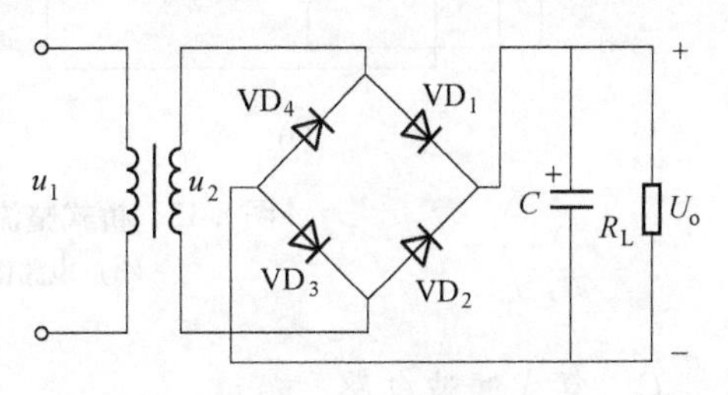

图8-12 例8-3图

（1）在这5种情况中，哪些是电路正常工作的情况，哪几种情况是电路发生了故障？

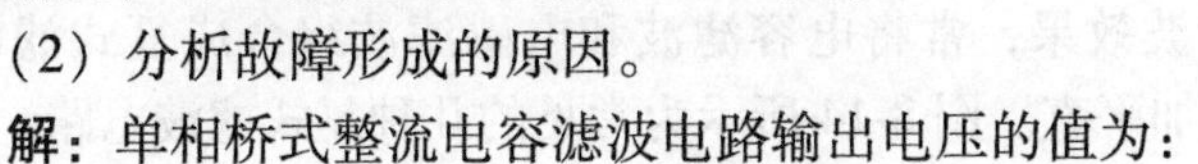

（2）分析故障形成的原因。

解： 单相桥式整流电容滤波电路输出电压的值为：

$$U_o \approx 1.2\,U_2$$

在电路正常工作时，该电路输出的直流电压U_o应为24V。因此，在这5种情况中，第②种情况是电路正常的工作情况，其他4种情况均为电路不正常的工作情况。

对于第①种情况：U_o=28V，根据单相桥式整流电容滤波电路的外特性可知，当R_L开路时，电路只给C充电，U_o= 1.4 U_2，所以这种情况是负载R_L开路所致。

对于第③种情况：U_o=20V，说明电路已经不是桥式整流电容滤波电路了。因为半波整流电容滤波电路的输出电压估算式为$U_o \approx$（1~1.1）U_2，所以可知这种情况是4只二极管中有1个二极管开路，变成了半波整流电容滤波电路。

对于第④种情况：U_o= 18V，这个数值满足桥式整流电路的输出电压值$U_o=0.9U_2$，说明滤波电容没起作用。所以，出现这种情况的原因是滤波电容开路。

对于第⑤种情况：U_o=9V，这个数值正好是半波整流电路输出的直流电压，即U_o=0.45U_2= 9V。出现这种情况的原因是有1个二极管开路，并且滤波电容也开路。

B 电感滤波电路

电容滤波电路带负载能力较差，对于负载电流较大且负载经常变化的场合，采用电感滤波电路效果较好。图8-13（a）是一个桥式整流电感滤波电路，滤波电感L与负载R_L串联，根据电感的特点，当输出电流发生变化时，L中将感应出一个反电动势，其方向将阻止电流发生变化，因而使负载电流和负载电压的脉动大为减小，电感越大，滤波效果越好，滤波后波形如图8-13（b）所示。

电感线圈的滤波原理也可以这样理解：由于理想电感的直流电阻为零（实际电阻也很小），交流阻抗很大，因此直流分量经过电感后基本上没有损失，但是对于交流分量，很大一部分降落在电感上，因而降低了输出电压的脉动成分。L越大（感抗越大），R_L越小，则滤波效果越好，所以电感滤波适用于负载电流比较大的场合。采用电感滤波后，延长了整流管的导通角，因此避免了过大的冲击电流。在理想电感条件下，$U_L=0.9U_2$。

【重要结论】 电感滤波电路的特点是：输出电压低、脉动成分小、可提供的负载电流比较大。

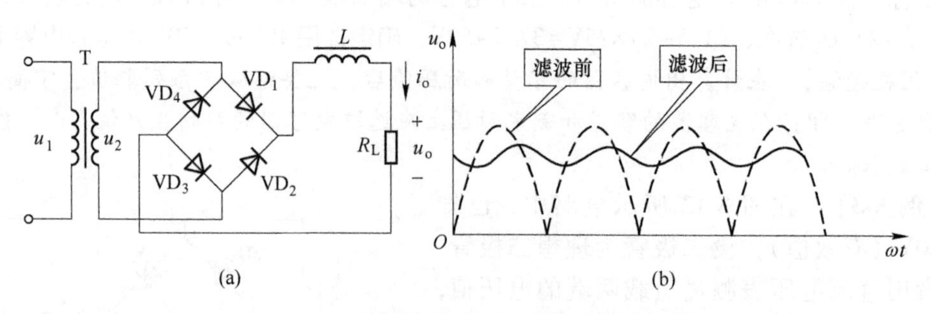

图 8-13　桥式整流电感滤波电路及输出波形
（a）电路图；（b）输出波形图

C　复式滤波电路

为了进一步减少脉动，提高滤波效果，常将电容滤波和电感滤波组合成复式滤波电路，这样经双重滤波后输出电压更加平直。图 8-14 所示为常见的几种复式滤波电路。

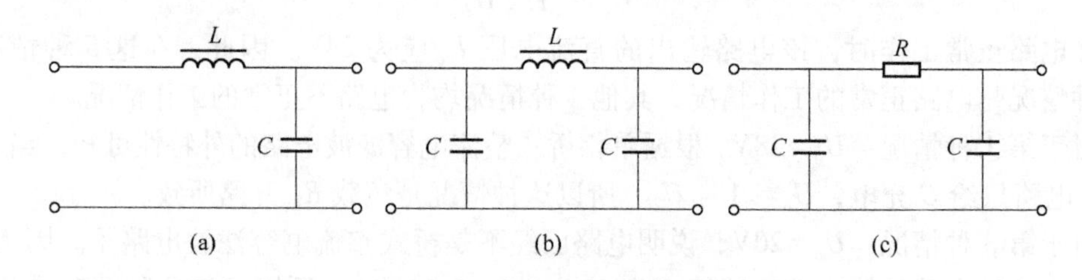

图 8-14　常见复式滤波电路
（a）LC 滤波电路；（b）LC-π 型滤波电路；（c）RC-π 型滤波电路

LC、LC-π 型滤波电路适用于负载电流较大，要求输出电压脉动较小的场合。在负载较轻时，经常采用电阻 R 替代笨重的电感 L，构成 RC-π 型滤波电路，以减小电路的体积和重量，同样可以获得脉动很小的输出电压。在收音机和录音机中的电源滤波电路中，就经常采用 RC-π 型滤波电路。

8.4.1.4　直流稳压电源的稳压电路

常用的直流稳压电源有硅稳压管稳压电路、线性稳压电路和开关型稳压电路。

A　稳压电路的工作原理

a　硅稳压管稳压电路

图 8-15 所示为硅稳压管组成的稳压电路，其中 R 起限流作用，负载电阻 R_L 与硅稳压二极管 VS 并联，所以又称并联型稳压电路。

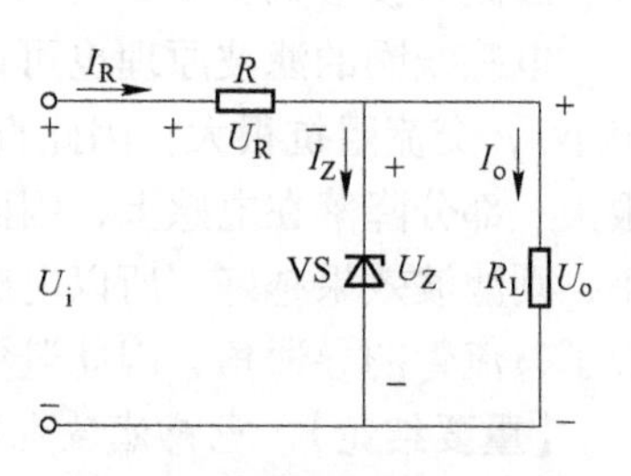

图 8-15　硅稳压管稳压电路

稳压过程按照如下两种类型分析。

（1）输入电压 U_i 保持不变，负载电阻 R_L 改变时电路的稳压过程。

假设由于负载减少使 R_L 增大时，输出电压 U_o 将升

扫一扫
查看视频

高，稳压管两端的电压 U_Z 上升，电流 I_Z 将迅速增大，流过 R 的电流 I_R 也增大，导致 R 上的压降 U_R 上升，从而使输出电压 U_o 下降，此过程可简单表述如下：

$$R_L\uparrow\rightarrow U_o\uparrow\rightarrow U_Z\uparrow\rightarrow I_Z\uparrow\rightarrow I_R\uparrow\rightarrow U_R\uparrow\rightarrow U_o\downarrow$$

如果负载电阻 R_L 减小，其工作过程与上述相反，输出电压 U_o 仍保持基本不变。

(2) 当负载电阻 R_L 保持不变，电网电压导致 U_i 波动时的稳压过程。

当电源电压减小，U_i 下降时，输出电压 U_o 也将随之下降，此时稳压管的电流 I_Z 急剧减小，在电阻 R 上的压降减小，以此来补偿 U_i 的下降，使输出电压基本保持不变，此过程简单表述如下：

$$U_i\downarrow\rightarrow U_o\downarrow\rightarrow U_Z\downarrow\rightarrow I_Z\downarrow\rightarrow I_R\downarrow\rightarrow U_R\downarrow\rightarrow U_o\uparrow$$

如果输入电压 U_i 升高，其工作过程与上述相反，负载电阻 R_L 上压降增大，输出电压 U_o 仍保持基本不变。

由以上分析可知，硅稳压管稳压原理是利用稳压管两端电压 U_Z 微小变化，引起电流 I_Z 较大的变化，通过电阻 R_L 起到电压调整作用，保证输出电压基本恒定，从而达到稳压作用。

硅稳压管稳压电路使用时应注意：当滤波电路输出电压最大、负载电流最小时，流过稳压管的电流最大，但不能超过其最大稳定电流 I_{Zmax}；当滤波电路输出电压最小、负载电流最大时，流过稳压管的电流最小，但不能小于其最小稳定电流 I_{Zmin}。该电路的特点是电路简单，但输出电流的变化范围有一定的限制，输出电阻较大，稳压精度也不够高，且输出电压不能调节，效率较低，故通常用在电压不需调节、负载电流较小、稳压要求不高的场合。

b 晶体管串联型稳压电路

(1) 基本串联型稳压电路。

硅稳压管稳压电路不适用于负载电流较大的场合，在它的基础上利用晶体管的电流放大作用就可以获得较强的带负载能力。把硅稳压管稳压电路的输出经晶体管电流放大，用发射极驱动负载，就可以得到如图 8-16 所示的基本串联型稳压电路，其负载电流的能力是硅稳压管稳压电路的（1+β）倍。

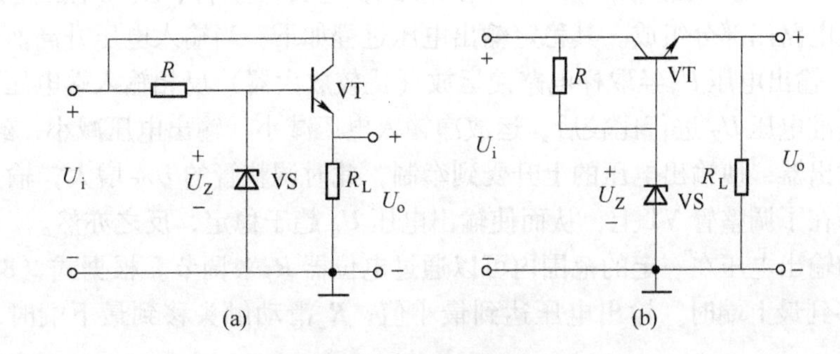

图 8-16 基本串联型稳压电路

(a) 基本电路；(b) 习惯画法

从图中可以看出，晶体管 VT 接成射极输出器，其基极到地的电压是稳压管两端的稳定电压，电路引入了电压串联负反馈，可以稳定输出电压。当输入电压 U_i上升时，U_Z 基本不变，输出电压也基本不变，晶体管 VT 的集电极与发射极之间的电压 U_{CE}上升，增加的电压降在了晶体管 VT 上；反之亦然。可见，晶体管 VT 起调节电压的作用，故称为调整管。从图 8-16（b）可以看出，调整管和负载是串联的，故称这类电路是串联型稳压电路；又由于调整管工作在放大区，即线性区，又称这类电路是线性稳压电路。

（2）带有放大环节的串联型稳压电路。

基本串联型稳压电路的输出电压 $U_o = U_Z - U_{BE}$，因为 U_{BE}受负载电流、温度影响，所以 U_o的稳定性较差，可利用深度电压负反馈放大电路可以稳定输出电压的特点，在电路中加入放大电路，并引入深度电压负反馈，构成带有放大环节的串联型稳压电路，如图 8-17所示。

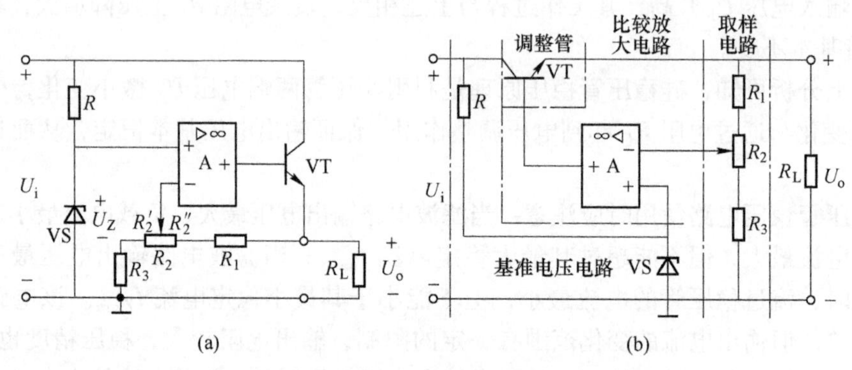

图 8-17　带有放大环节的串联型稳压电路
（a）基本电路；（b）常见画法

在图 8-17（a）中，运放 A 的输出端接晶体管 VT（也称为调整管）构成的射极输出器，作用是提高驱动负载的能力，然后引入深度电压负反馈，可以稳定输出电压。如果稳压管两端的稳定电压为 U_Z，根据同相比例运算电路的关系式，输出电压为：

$$U_o = U_Z\left(1 + \frac{R_1 + R_2''}{R_3 + R_2'}\right) \tag{8-20}$$

图 8-17（a）也可以画成图 8-17（b）的形式，它由调整管、基准电压电路、取样电路和比较放大电路四部分组成。其稳定输出电压过程如下：当输入电压升高而导致输出电压 U_o 增大时，输出电压 U_o 经取样电路使运放（比较放大器）反相输入端电压升高，与运放同相端的基准电压 U_Z 进行比较后，运放净输入电压减小，输出电压减小，经调整管 VT 构成的射极输出器，使输出电压的上升受到牵制，此时调整管的 U_{CE} 增大，输入电压增加的部分主要降在了调整管 VT 上，从而使输出电压 U_o 趋于稳定，反之亦然。

该电路的输出电压在一定的范围内可以通过电位器 R_2来调节。根据式（8-20）可知，R_2滑动触头移到最上端时，输出电压达到最小值；R_2滑动触头移到最下端时，输出电压达到最大值。

带有放大环节的串联型稳压电路可用图 8-18 所示的框图来表示。

带有放大环节的串联型稳压电路由于采用了深度电压负反馈，并且在输出端加有射极输出器，所以输出电流较大，稳压精度较高，并且输出电压可以连续调节，是目前采用较多的直流稳压电源。如果要求输出电流更大的稳压电源，可以采用复合管作为调整管。

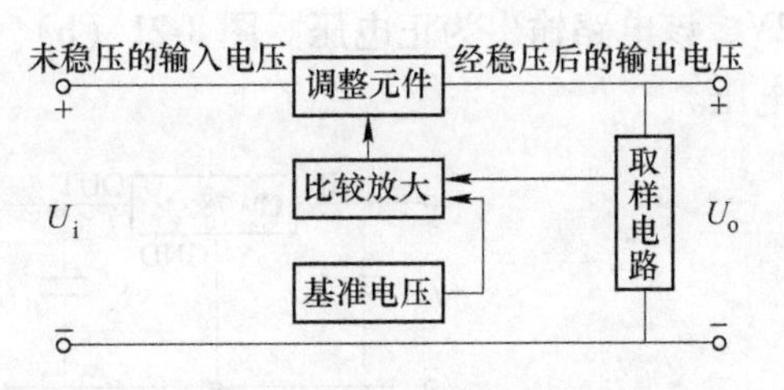

图 8-18 带有放大环节的串联型稳压电路框图

B 串联型（线性）集成稳压器

随着电子技术的发展，集成化的串联型稳压器应用越来越广泛，它具有性能好、体积小、重量轻、价格便宜和使用方便等特点，有过热、短路、限流等保护措施，使用安全可靠。

串联型（线性）集成稳压器有输出电压不可调的集成稳压器和输出电压可调的集成稳压器两大类，从输出电压极性来分，可分为正输出电压和负输出电压两大类。最简单的集成稳压电路只有三个端，故称为三端稳压器。

a 三端固定式集成稳压器

三端固定式集成稳压器是一种串联调整式稳压器，其输出电压固定不变，不用调节。通用产品有 CW78××正电压系列、CW79××负电压系列，三端固定式集成稳压器的外形和引脚排列如图 8-19 所示。

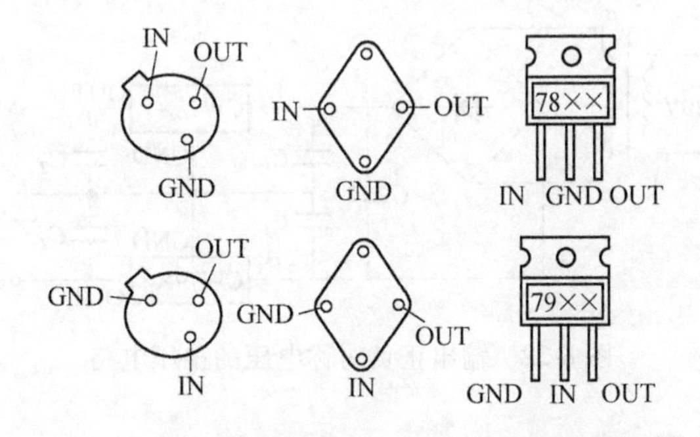

图 8-19 三端固定式集成稳压器的外形和引脚排列

三端固定式集成稳压器的型号组成及其意义如图 8-20 所示。

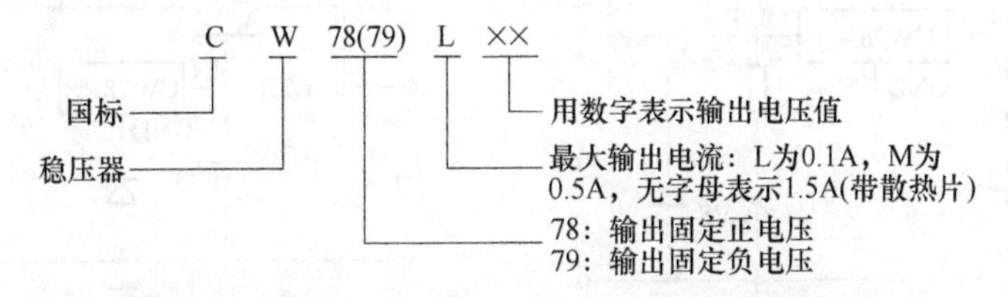

图 8-20 三端固定式集成稳压器的型号组成及其意义

国产的三端固定式集成稳压器有 CW78××系列和 CW79××系列，其输出电压有±5V、±6V、±8V、±9V、±12V、±15V、±18V、±24V，最大输出电流有 0.1A、0.5A、1A、1.5A、2.0A 等。

如将三端固定式集成稳压器与适当的外接元器件配合，可组成许多应用电路。图 8-21（a）为 CW78××的应用电路原理图，为保证稳压器正常工作，其最小输入、输出电压差应为

2V，该电路输出为正电压。图 8-21（b）为 CW79××的应用电路原理图，该电路输出为负电压。

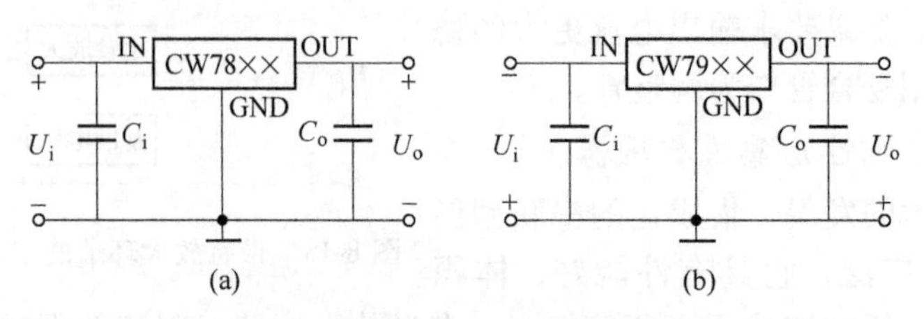

图 8-21 三端固定式集成稳压器的应用

（a）输出正电压；（b）输出负电压

其中，电容 C_i 为输入滤波电容，可以减小输入电压的纹波，也可以抵消输入端产生的电感效应，以防止自激振荡。输出端电容 C_o 用以改善负载的瞬态响应和消除电路的高频噪声。

将 CW78××和 CW79××稳压器合并使用，可同时输出正、负两组电压，如图 8-22 所示。由图可见，电源变压器带有中心抽头并接地，两块稳压器的公共端连接在一起，具有公共接地端，即可输出大小相等、极性相反的电压。

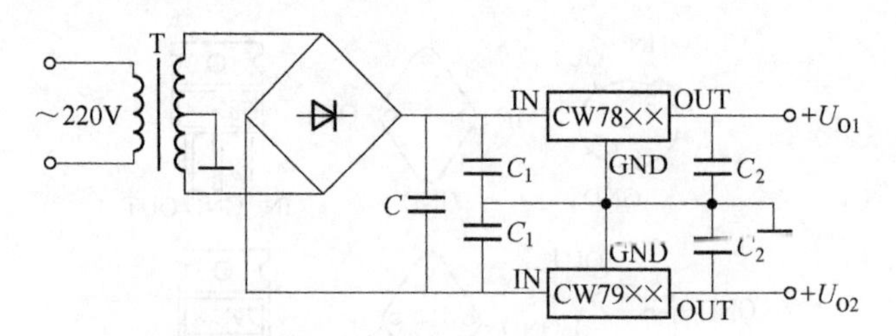

图 8-22 输出正负对称电压的稳压电路

若要提高输出电压或增大输出电流，可分别采用外接稳压管和晶体管的方法，电路如图 8-23 所示。

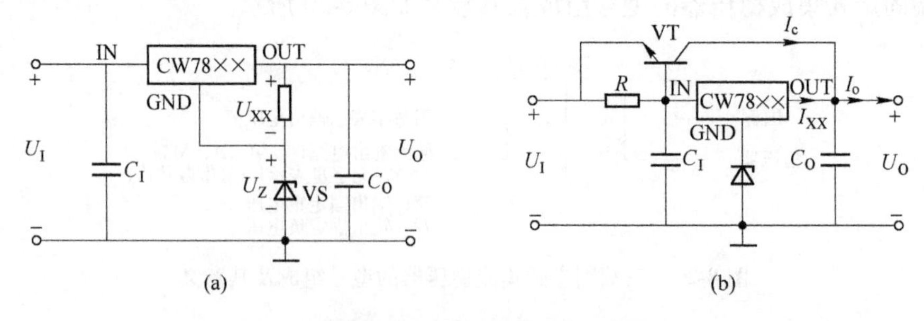

图 8-23 提高输出电压或增大输出电流的稳压电路

（a）提高输出电压；（b）增大输出电流

b 三端可调式集成稳压器

三端可调式集成稳压器是在三端固定式稳压器基础上发展起来的第二代新产品，它除了具备三端固定式集成稳压器的优点，还可用少量的外接元件，实现大范围输出电压的连续调节（调节范围为1.2~37V），应用更为灵活。

三端可调式集成稳压器是一种悬浮式串联调整稳压器。其典型产品有输出正电压的CW117/CW127/CW317系列，输出负电压的CW137/CW237/CW337系列。按输出电流的大小，每个系列又分为L型、M型。命名方法由五部分组成，其意义如图8-24所示。

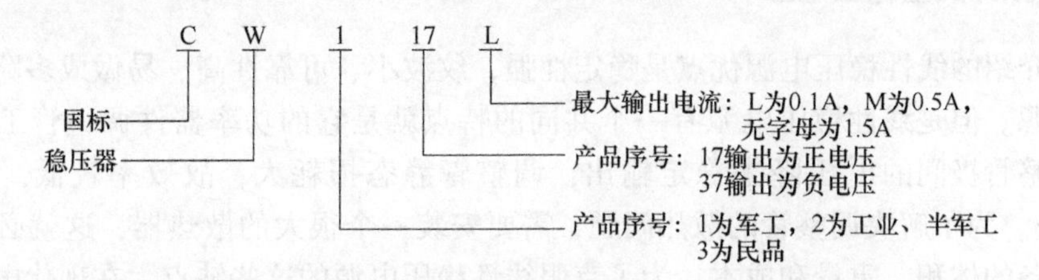

图8-24 三端可调式集成稳压器的型号组成及其意义

图8-25为塑料封装与金属封装三端可调式集成稳压器的外形及引脚排列图。同一系列的内部电路和工作原理基本相同，只是工作温度不同。

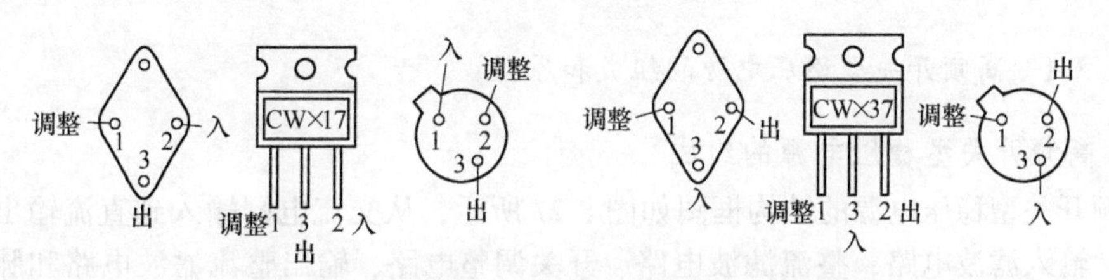

图8-25 CW317和CW337外形及引脚排列图

三端可调集成稳压器的典型应用电路如图8-26所示。图8-26（a）输出正电压，图8-26（b）输出负电压。其中R_1和RP组成输出电压的调整电路，调节RP，即可调整输出电压的大小。

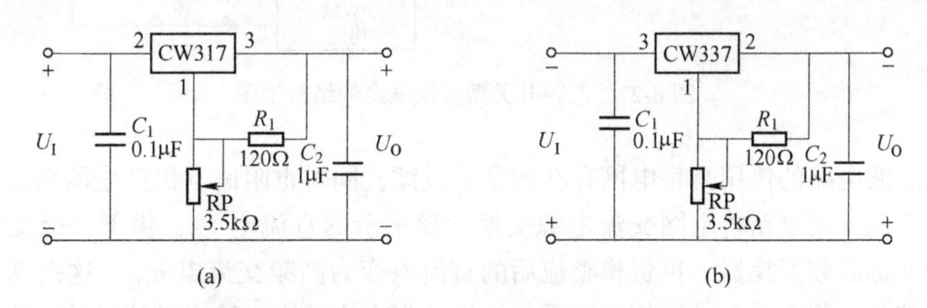

图8-26 CW317和CW337典型应用电路

（a）输出正电压；（b）输出负电压

电路正常工作，三端可调集成稳压器输出端与调整端之间的电压为基准电压U_{REF}，其典型值为$U_{REF}=1.25\text{V}$。流过调整端的输出电流非常小（50μA）且恒定，故可将其忽略，则输出电压可用下式表示：

$$U_O=\left(1+\frac{R_P}{R_1}\right)\times 1.25\text{V} \tag{8-21}$$

式中，R_P为电位器 RP 串在电路中的电阻。

其中 R_1一般取值 120～240Ω（此值保证稳压器在空载时也能正常工作），调节 RP（R_P取值视 R_L 和输出电压的大小而定）可改变输出电压的大小。

8.4.2　高频开关型稳压电源

前面介绍的线性稳压电源优点是稳定性强、纹波小、可靠性高、易做成多路输出连续可调的电源。但是线性稳压电源有一个共同的特点就是它的功率器件调整管工作在线性区，靠调整管极间的电压降来稳定输出，调整管静态损耗大，故效率较低，甚至仅为 30%～40%。为了解决调整管的散热问题，需要安装一个很大的散热器，这就必然增大整个电源设备的体积、重量和成本。为了克服线性稳压电源的这些缺点，在现代电子设备中广泛采用开关型稳压电源，它将直流电压通过半导体开关器件（调整管）先转换为高频脉冲电压，再经滤波得到纹波很小的直流输出电压。开关型稳压电源的调整管工作在开关状态，具有功耗小、效率高、体积小、重量轻等特点，因此得到迅速的发展和广泛的应用。

8.4.2.1　高频开关型稳压电源的组成和原理

A　高频开关型稳压电源的组成

高频开关型稳压电源的结构框图如图 8-27 所示，从交流电网输入到直流输出的全过程包括：输入滤波电路、整流滤波电路、开关调整电路、输出整流滤波电路和脉宽调制（PWM）电路等环节。

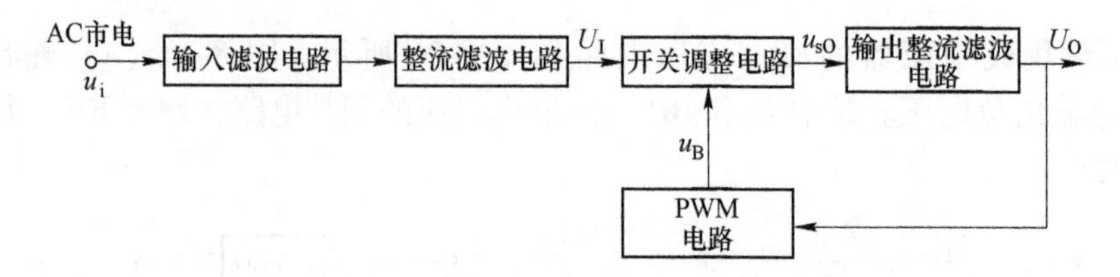

图 8-27　高频开关型稳压电源的结构框图

输入滤波电路的作用是将电网存在的杂波过滤，同时也阻碍本机产生的杂波反馈到公共电网。整流滤波电路将电网交流电源变换为较平滑的直流电 U_I，供下一级变换。开关调整电路又称高频变换器，负责将整流后的直流电变为高频交流电 u_{sO}，这是高频开关电源的核心部分，频率越高，体积、重量与输出功率之比越小。输出整流滤波电路的作用是根据负载需要，向负载提供稳定可靠的直流电源。脉宽调制电路从输出端取样，经与设定标准进行比较后，得到脉冲控制信号 u_B，去控制开关调整电路中调整管的开关时间，改变其输出频率或脉宽，达到输出稳定。

B　开关型稳压电源原理

开关型稳压电源的原理图如图 8-28 所示。电子开关 VT 在控制脉冲 u_B的作用下，以一定的时间间隔重复地接通和断开，当控制脉冲 u_B出现时，电子开关闭合，$u_{sO}=U_I$，并通过整流滤波电路提供给负载 R_L，在整个开关接通期间，输入电源 U_I向负载提供能量；

无控制脉冲时，电子开关断开，$u_{sO}=0$，输入电源 U_I便中断了能量的提供。可见，输入电源 U_I向负载提供能量是断续的，为使负载能得到连续的能量，开关稳压电源必须要有一套储能装置，在开关接通时将部分能量储存起来，在开关断开时，向负载释放。在图 8-28 中，由电感 L、电容 C_2和二极管 VD 组成的电路，就具有这种功能。电感 L 用以储存能量，在开关断开时，储存在电感 L 中的能量通过二极管 VD 释放给负载，使负载得到连续而稳定的能量。因为二极管 VD 使负载电流连续不断，所以称为续流二极管。

电路中电子开关的输出波形如图 8-29 所示。开关的开通时间 t_{on}与开关周期 T 之比称为脉冲电压 u_{sO}的占空比。输出电压平均值 U_O的大小与占空比成正比，其公式为：

$$U_O=\frac{t_{on}}{T}U_I \tag{8-22}$$

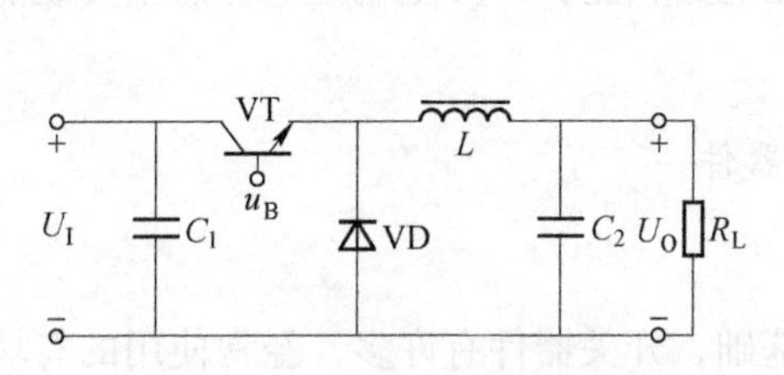

图 8-28 开关型稳压电源原理图

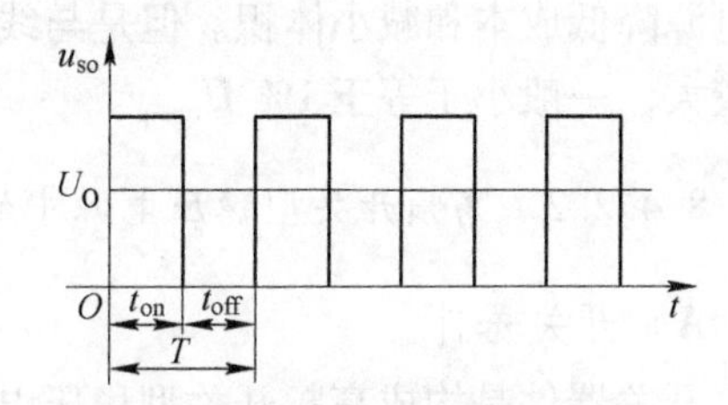

图 8-29 u_{sO}的波形

由式（8-22）可知，改变开关接通时间 t_{on}和开关周期 T 的比例，输出电压的平均值也随之改变，因此，随着负载及输入电源电压的变化自动调整脉冲的占空比，便能使输出电压维持不变。这种方法称为“时间比率控制”，记为 TRC。

按 TRC 控制原理，开关型稳压电路的控制方式有三种。

（1）脉冲宽度调制（PWM）。开关周期恒定，通过改变脉冲宽度来改变占空比的方式，如图 8-30（a）所示。

（2）脉冲频率调制（PFM）。导通脉冲宽度恒定，通过改变开关工作频率来改变占空比的方式，如图 8-30（b）所示。

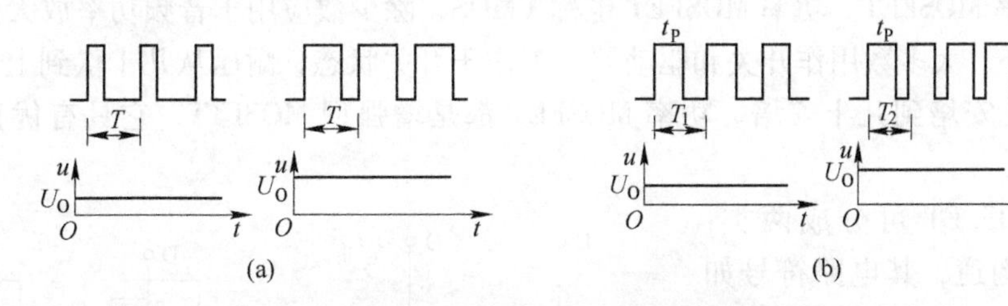

图 8-30 开关型稳压电路调制波形

（a）PWM 调制波形；（b）PFM 调制波形

（3）混合调制。脉冲宽度和开关工作频率均不固定，彼此都能改变的方式，它是以上两种方式的混合。

图 8-31 所示为一串联降压型开关稳压电源，当输入电压 U_I或负载 R_L 发生变化时，若引起输出电压 U_O上升，导致取样电压 U_{B1}增加，则比较放大电路输出电压下降，控制

脉宽调制器的输出信号 u_B 的脉宽变窄，开关调整管的导通时间减小，经滤波电路滤波后使输出电压 U_O 下降，通过上述调整过程，使输出电压 U_O 基本保持不变。同理，输出电压 U_O 降低时，脉宽调制器的输出信号 u_B 的脉宽变宽，开关调整管的导通时间增加，使输出电压 U_O 基本保持不变。

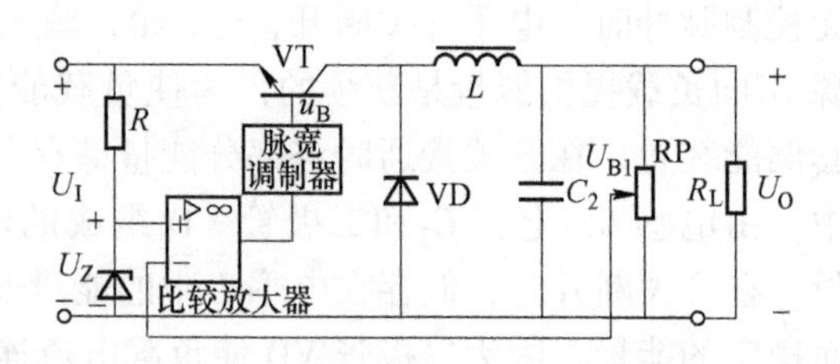

图 8-31　串联降压型开关稳压电源

综上分析，开关型稳压电源是通过调整脉冲的宽度（占空比）来保持输出电压 U_O 的稳定，一般开关稳压电源的开关频率为 10~100kHz，产生的脉冲频率较高，所需的滤波电容和电感的值就可相对减小，有利开关稳压电源降低成本和减小体积。但是与线性稳压电路相比，开关型稳压电源的主要缺点是纹波较大，一般小于等于 1% U_{op-p}。

8.4.2.2　高频开关型稳压电源中的关键器件

A　开关器件

开关器件是构成高频开关型稳压电源的基础，开关器件有许多，经常使用的有场效应晶体管（MOSFET）、绝缘栅双极型晶体管（IGBT），在小功率开关电源上也使用大功率晶体管（GTR）。

（1）大功率晶体管（GTR）。大功率晶体管（GTR）也称巨型晶体管，是三层结构的双极全控型大功率高反压晶体管，它具有自关断能力，控制十分方便，并有饱和压降低和比较宽的安全工作区等优点。在开关型稳压电源中，GTR 主要工作在开关状态。GTR 是一种电流控制型器件，即在其基极注入电流 I_B 后，集电极便能得到放大了的电流 I_C。对于工作在开关状态的 GTR，关键的技术参数是反向耐压 U_{CE} 和正间导通电流 I_C。由于 GTR 不是理想的开关，当饱和导通时，有管压降 U_{CES}，关断时有漏电流 I_{CEO}；加之开关转换过程中具有开通时间 t_{on} 和关断时间 t_{off}，因此使用 GTR 时，对其集电极功耗 P_C 与结温 T_{jm} 也应给予足够的重视。

（2）功率 MOSFET。功率 MOSFET 也称 VMOS，除少数应用于音频功率放大器，工作于线性范围外，大多数用作开关和驱动器，工作于开关状态，耐压从几十伏到上千伏，工作电流可达几安培到几十安培。功率 MOSFET 都是增强型 MOSFTT，它具有优良的开关特性。

功率 MOSFET 可分成两类：P 沟道及 N 沟道，其电路符号如图 8-32（a）所示。它有漏极（D）、源极（S）及栅极（C）三个极。有一些功率 MOSFET 内部在漏源极之间并接了一个二极管或肖特基二极管，这是在接电感负载时，防止反电动势损坏

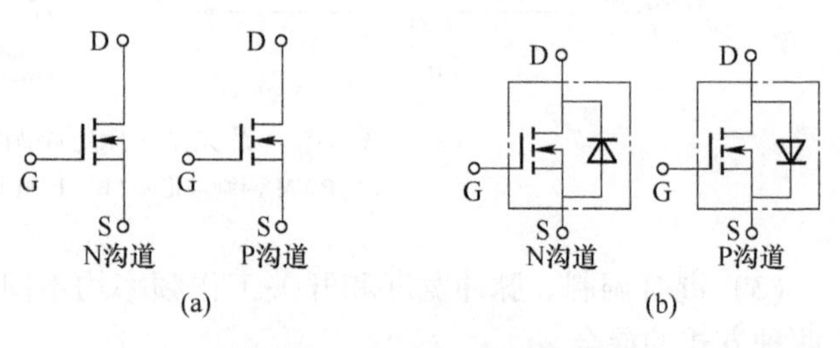

图 8-32　VMOS 的图形符号
（a）VMOS；（b）并接二极管的 VMOS

MOSFET，如图 8-32（b）所示。这两类 MOSFET 的工作原理相同，仅电源电压的极性相反。

VMOS 是电压控制型器件，输入栅极电压 U_G 控制着漏极电流 I_D，即一定条件下，漏极电流 I_D 取决于栅极电压 U_G。增强型 VMOS 具有下述主要特点：输入阻抗极高，最高可达 $10^{15}\Omega$；噪声低；没有少数载流子存储效应，因而作为开关时不会因存储效应而引起开关时间的延迟，开关速度高；没有偏置残余电压，用作斩波器时可提高斩波电路的性能；可用作双向开关电路；当 $U_{GS}=0$ 时，$U_{DS}=0$，导通时其导通电阻很小（目前可做到几个毫欧）。另外，其损耗小，是较理想的开关，并且可在小尺寸封装时输出较大的开关电流，而无需加散热片。

VMOS 的主要极限参数有：最大漏-源电压 U_{DS}、最大栅-源电压 U_{GS}、最大温极电流 I_D，最大功耗 P_D。在使用中不能超过极限值，否则会损坏器件。主要电特性参数有：开启电压 $U_{GS(th)}$，栅极电压为零时的 I_{DSS} 电流，在一定的 U_{GS} 条件下的导通电阻 $R_{DS(on)}$。

（3）绝缘栅双极型晶体管（IGBT）。绝缘栅双极型晶体管（IGBT）是一种 VMOS 与晶体管复合的器件。由 N 沟道 VMOS 和 PNP 型晶体管构成的 IGBT 理想等效电路如图 8-33 所示，是晶体管和 VMOS 进行达林顿连接后形成的单片 Bi-MOS 晶体管。因此，在门极—发射极间外加正向电压使 VMOS 导通时，PNP 型晶体管的基极—集电极间呈低电阻状态，从而使 PNP 型晶体管处于导通状态。当门极—发射极间电压为 0V 时，首先 VMOS 处于断路状态，PNP 型晶体管的基极电流被切断，从而处于关断状态。所以，IGBT 和 VMOS 一样，可以通过电压信号控制开通和关断动作，是一种压控器件。

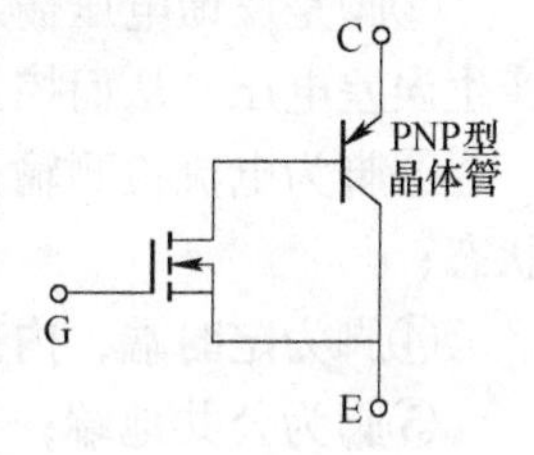

图 8-33　IGBT 等效电路

综上所述，IGBT 既有功率 VMOS 易于驱动、控制简单、开关频率高的优点，又有大功率晶体管导通电压低、通态电流大、损耗小的显著优点。如 1200V/100A 的 IGBT 的导通电阻是同一耐压规格的 VMOS 的 1/10，而开关时间是同规格 GTR 的 1/10。由于这些优点，IGBT 广泛应用于高频开关型稳压电源的设计中。

上述各开关器件在使用时要有相应的驱动电路，以保证其正常工作。将功率开关器件和驱动电路集成在一起，而且还内藏有过电压、过电流和过热等故障检测电路。就构成了智能开关模块（IPM）。IPM 一般使用 IGBT 作为功率开关器件，正以其高可靠性，使用方便等特点赢得越来越大的市场。

B　控制器件

开关电源中，开关器件开关状态的控制方式主要采用占空比控制，占空比控制又包括脉冲宽度控制（PWM）和脉冲频率控制（PFM）两大类。目前，集成开关电路大多采用 PWM 控制方式。

（1）UC3842 PWM 控制器。UC3842 是美国 Unitrode 公司（该公司现已被 TI 公司收购）生产的一种高性能单端输出式电流控制型脉宽调制器芯片，可直接驱动晶体管、MOSFET 和 IGBT 等功率型半导体器件，具有引脚数量少、外围电路简单、安装调试简便、性能优良等诸多优点、广泛应用于计算机、显示器等系统电路中作为开关电源驱动器件。图 8-34 所示为 UC3842 内部框图和引脚图，UC3842 采用固定工作频率脉冲宽度可调控制方式，共有 8 个引脚，各脚功能如下：

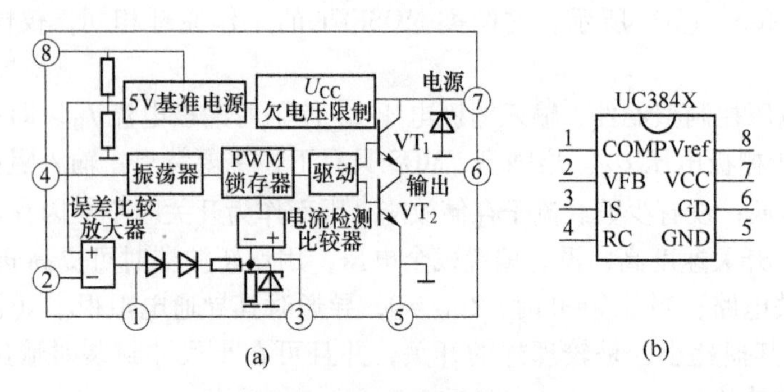

图 8-34　UC3842 内部框图和引脚图

（a）内部原理框图；（b）引脚排列

①脚是误差放大器的输出端，外接阻容元件用于改善误差放大器的增益和频率特性；

②脚是反馈电压输入端，此脚电压与误差放大器同相端的 2.5V 基准电压进行比较，产生误差电压，从而控制脉冲宽度；

③脚为电流检测输入端，当检测电压超过 1V 时缩小脉冲宽度使电源处于间歇工作状态；

④脚为定时端，内部振荡器的工作频率由外接的阻容时间常数决定，$f=1.8/(R_T C_T)$；

⑤脚为公共地端；

⑥脚为推挽输出端，内部为图腾柱式，上升、下降时间仅为 50ns，驱动能力为 ±1A；

⑦脚是直流电源供电端，具有欠、过电压锁定功能，芯片功耗为 15mW；

⑧脚为 5V 基准电压输出端，有 50mA 的负载能力。

电路上电时，外接的启动电路通过引脚⑦提供芯片需要的启动电压。在启动电压的作用下，芯片开始工作，脉冲宽度调制电路产生的脉冲信号经⑥脚输出，驱动外接的开关功率管工作。功率管工作产生的信号经取样电路转换为低压直流信号反馈到③脚，维护系统的正常工作。电路正常工作后，取样电路反馈的低压直流信号经②脚送到内部的误差比较放大器，与内部的基准电压进行比较，产生的误差信号送到 PWM 锁存器，完成脉冲宽度的调制，从而达到稳定输出电压的目的。如果输出电压由于某种原因变高，则②脚的取样电压也变高，脉宽调制电路会使输出脉冲的宽度变窄，则开关功率管的导通时间变短，输出电压变低，而使输出电压稳定，反之亦然。振荡器产生周期性的锯齿波，其周期取决于④脚外接的 *RC* 网络。所产生的锯齿波送到脉冲宽度调制器，作为其工作的周期信号，脉宽调制器输出的脉冲周期不变，而脉冲宽度则随反馈电压的大小而变化。

由 UC3842 构成的高频开关电路如图 8-35 所示。

220V 市电由 C_1、L_1滤除电磁干扰，负温度系数的热敏电阻 R_{T1}限流，再经 VC 整流、C_2滤波，电阻 R_1、电位器 RP 降压后加到 UC3842 的供电端（⑦脚），为 UC3842 提供启动电压，电路启动后变压器的二次绕组③④的整流速波电压一方面为 UC3842 提供正常工作电压，另一方面经 R_3、R_4分压加到误差放大器的反相输入端②脚，为 UC3842 提供负反馈电压，其规律是此脚电压越高驱动脉冲的占空比越小，以此稳定输出电压。④脚和⑧脚外接的 R_6、C_8决定了振荡频率，其振荡频率的最大值可达 50kHz。R_5、C_6用于改善增益和频率特性。⑥脚输出的方波信号经 R_7、R_8分压后驱动 MOSFET 功率管，变压器一次绕

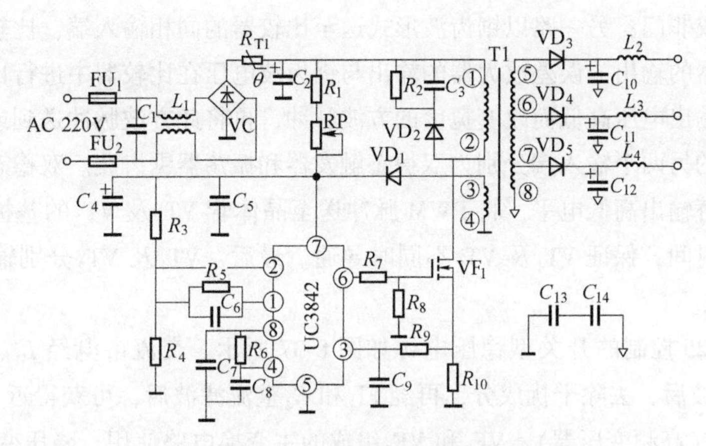

图 8-35 采用 UC3842 控制的高频开关电路

组①②的能量传递到二次侧各绕组，经整流滤波后输出各数值不同的直流电压供负载使用。电阻 R_{10} 用于电流检测，经 R_9、C_9 滤波后送入 UC3842 的③脚形成电流反馈。所以由 UC3842 构成的电源是双闭环控制系统，电压稳定度非常高，当 UC3842 的③脚电压高于 1V 时振荡器停振，保护功率管不至于过电流而损坏。

（2）SG3525 PWM 控制器。SG3525 是美国硅通用半导体公司推出一种性能优良、功能齐全和通用性强的单片集成 PWM 控制芯片，它简单可靠及使用方便灵活，输出驱动为推拉输出形式，增加了驱动能力；内部含有欠电区锁定电路、软起动控制电路、PWM 锁存器，有过电流保护功能，频率可调，同时能限制最大占空比。图 8-36 所示为 SG3525 内部框图和引脚图。

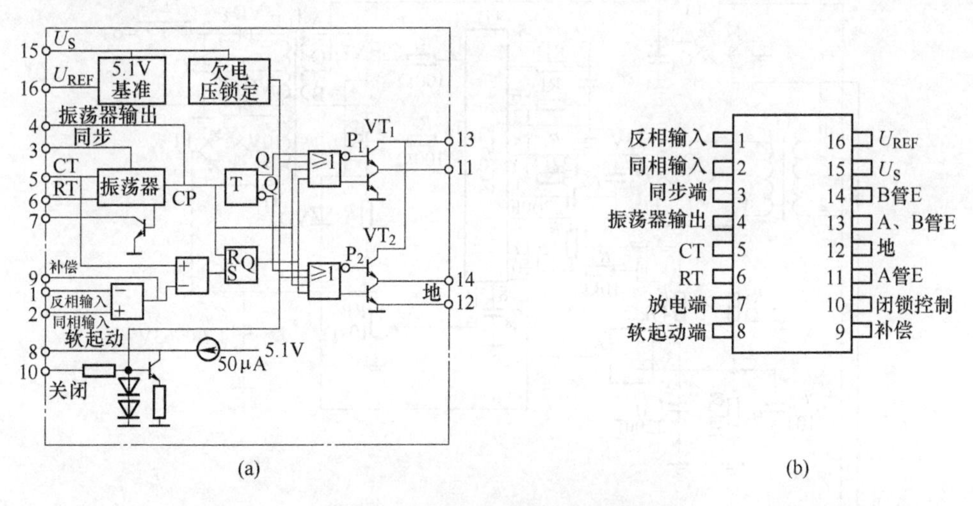

图 8-36 SG3525 内部框图和引脚图
（a）内部原理框图；（b）引脚排列

整流滤波后的直流电源从脚 15 接入后分为两路：一路加到或非门；另一路送到基准电压稳压器的输入端，产生稳定的电压输出，为内部元器件提供电源。振荡器脚 5 需外接电容 C_T，脚 6 需外接电阻 R_T。振荡器的输出分为两路：一路以时钟脉冲形式送至双稳态触发器及两个或非门；另一路以锯齿波形式送至比较器的同相输入端，比较器的反相输入端接误差放大器的输出，误差放大器的输出与锯齿波电压在比较器中进行比较，输出一个随误差放大器输出电压高低而改变宽度的方波脉冲，再将此方波脉冲送到或非门的一个输入端。或非门的另两个输入端分别为双稳态触发器和振荡器锯齿波。双稳态触发器的两个输出互补，交替输出高低电平，将 PWM 脉冲送至晶体管 VT_1 及 VT_2 的基极，锯齿波的作用是加入死区时间，保证 VT_1 及 VT_2 不同时导通。最后，VT_1 及 VT_2 分别输出相位相差为 180°的 PWM 波。

采用 SG3525 控制的开关型稳压电源如图 8-37 所示。交流市电经 L_1、L_2、L_3、L_4 和 C_1、C_2、C_3 滤波后，去除干扰成分，再经 FI_1 和 C_4 整流滤波后，可获得近 300V 的直流电压，供给由 T_1（高频变压器）、VF_1 和 VF_2 组成的主变换电路使用。降压变压器 T_2 与 FI_2、C_5 组成的桥式整流滤波电路可输出+15V 的直流电压送至 SG3525 的 15 脚，作为其驱动级电源。同时，+15V 电压还经 R_2、R_3 分压后送至集成运放的同相输入端，与反相输入端的 5.1V 基准电压进行比较后输出电压送至 SG3525 的 10 脚，若 R_3 上分得的电压大于 5.1V，则运放输出为高电平，关断 SG3525，使之得到保护。SG3525 工作时，11 脚和 14 脚轮流输出高、低电平，从而使 VF_1、VF_2 轮流导通，输出电流经 T_1 耦合后转换成交变脉冲输出，再经 VD_2、VD_3、C_{10} 和 L_5 整流滤波后输出稳定的直流电压 U_O。T_1 的二次绕组 GH 负责对输出电压的波动量进行采样，并将结果经 FI_3、C_9 和 RP 送到 SG3525 的 1 脚，对脉冲宽度进行调制，达到稳定输出电压的目的。

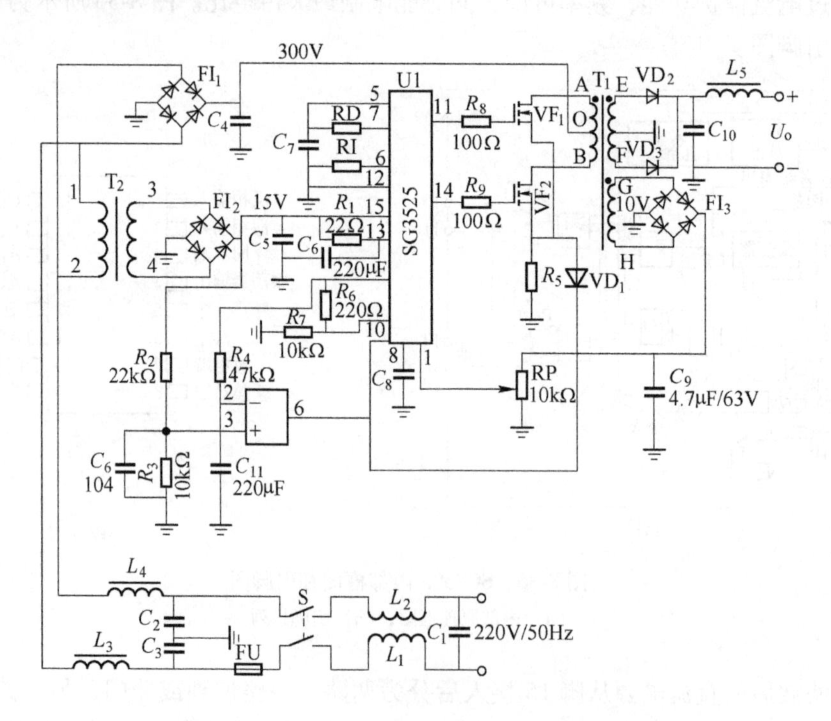

图 8-37　采用 SG3525 控制的开关型稳压电源

8.5 项 目 实 现

8.5.1 训练目的

（1）掌握整流、滤波、稳压电路工作原理及各元件在电路中的作用。

（2）学习直流稳压电源的安装、调试和测量方法。

（3）熟悉和掌握线性集成稳压电路的工作原理。

（4）学习线性集成稳压电路技术指标的测量方法。

8.5.2 电路原理

直流稳压电源是电子设备中最基本、最常用的仪器之一。它作为能源，可保证电子设备的正常运行。

直流稳压电源由电源变压器、整流电路、滤波电路和稳压电路四部分组成，如图 8-38 所示。

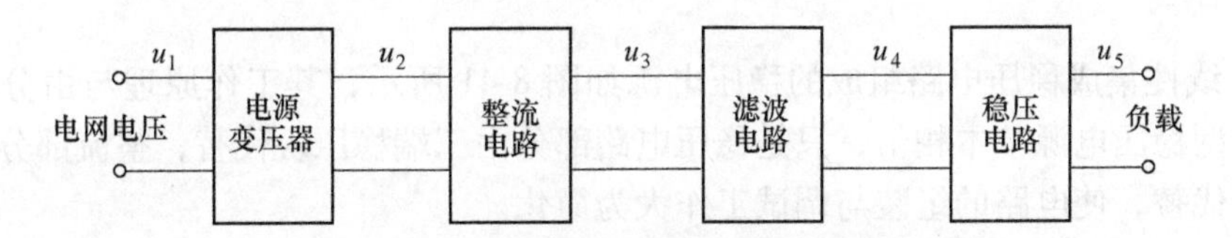

图 8-38 直流稳压电源组成框图

整流电路是利用二极管的单相导电性，将交流电转变为脉动的直流电；滤波电路是利用电抗性元件（电容、电感）的贮能作用，以平滑输出电压；稳压电路的作用是保持输出电压的稳定，使输出电压不随电网电压、负载和温度的变化而变化。

在小功率直流稳压电源中，多采用桥式整流、电容滤波，常用三端集成稳压器，为便于观测滤波电路时间常数的改变，对其输出电压的影响，本任务采用半波整流，如图 8-39 所示。在图 8-39 中，Tr_1 为调压器，以便观测电网电压波动时稳压电路的稳压性能。

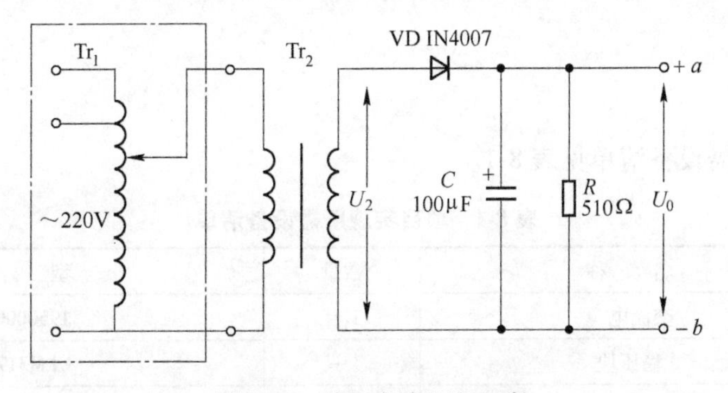

图 8-39 单相半波整流电路

任务中采用 LM317 和 7812 组成直流稳压电路。

（1）图 8-40 为三端可调式集成稳压器，其引脚分为调整端、输入端和输出端，调节电位器 RP 的阻值便可以改变输出电压的大小，由于它的输出端和可调端之间具有很强的维持 1.25V 电压不变的能力，所以 R_1 上的电流值基本恒定，而调整端的电流非常小且恒定，故将其忽略，那么输出电压为：

$$U_0 = (1 + R_{RP}/R_1) \times 1.25 \tag{8-22}$$

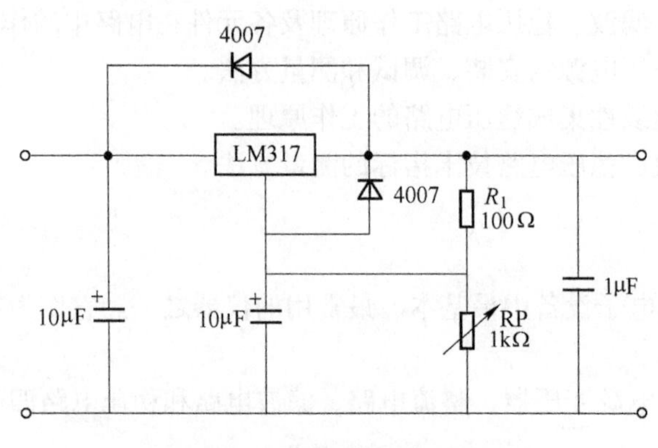

图 8-40　三端可调式集成稳压器

（2）线性集成稳压电路组成的稳压电源如图 8-41 所示，其工作原理与由分立元件组成的串联型稳压电源基本相仿，只是稳压电路部分由三端稳压块代替，整流部分由硅桥式整流器所代替，使电路的组装与调试工作大为简化。

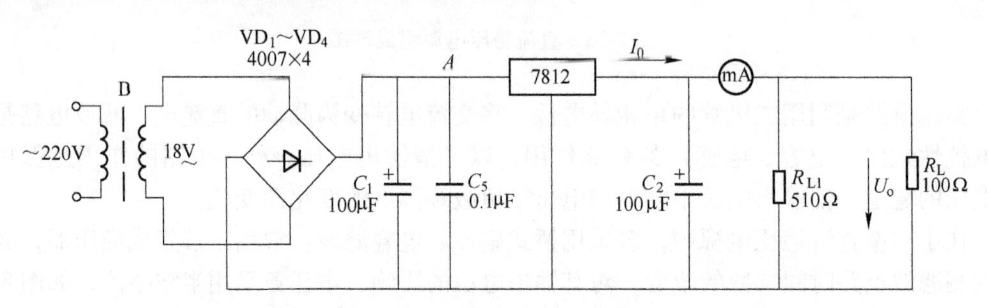

图 8-41　线性集成稳压电路组成的稳压电源

8.5.3　设备清单

项目实现所需设备清单见表 8-1。

表 8-1　项目实现所需设备清单

序号	名　　称	数量	型　　号
1	交流电源	1 台	19500001
2	稳压块	1 只	LM317
3	稳压块	1 只	7812
4	二极管	2 只	1N4007
5	整流桥	1 只	KBPC610

续表 8-1

序号	名 称	数量	型 号
6	电容	1只	0.1μF
7	电容	1只	1μF
8	电容	2只	10μF
9	电容	2只	100μF
10	电阻	1只	100Ω/0.25W
11	电阻	1只	510Ω/0.25W
12	电位器	1只	1kΩ
13	短接桥	若干	
14	9孔插件方板	1块	300mm×298mm
15	万用表	1只	
16	示波器	1台	

8.5.4 内容与步骤

扫一扫查看视频

(1) 由 LM317 组成的直流稳压电路。

1) 按图 8-39 接入调压器 Tr_1 和降压变压器 Tr_2，连接好整流滤波电路。

①调整调压器，使调压器 Tr_1 的次级绕组输出电压 V_2 的有效值为 10V (用万用表交流挡监测)。

②进行下列测试：

b1：将整流二极管 VD 短路，滤波电容 C 断路，用示波器观察负载电阻 R_L 两端的电压波形（R_L 取 510Ω），并用万用表直流挡测其电压数值；

扫一扫查看视频

b2：去掉二极管 VD 的短路，电容 C 仍断路，用示波器观测负载电阻 R_L 两端的电压波形，并用万用表直流挡测其电压数值；

b3：在上述任务基础上插上电容 C（100μF），观察电压输出波形，并测出其数值；

b4：固定电容 C（100μF），改换 R_L 为 100Ω，观测其电压波形及数值；

b5：固定 R_L（510Ω），改变电容 C 的数值（C 取 10μF），观测输出电压的波形及数值。

③固定 R_L 为 510Ω，电容 C 为 100μF，其余不变，以备使用。

2) 按照图 8-39 和图 8-40，连接两电路。

①调节 RP，观察输出电压 U_O 是否可以改变。输出电压可调时，分别测出 U_O 的最大值和最小值及对应稳压部分的输入电压 U_i 与输入端和输出端之间的压降。

②调节 RP，使 U_O 为 6V 并测出此时 a、b 两端的电压 U_I 值。

扫一扫查看视频

③调节调压器，使电网电压（220V）变换±10%时，测量出输出电压相应的变化值 ΔU_O 及输入电压相应的变化值 ΔU_i，求稳压系数：

$$S = \frac{\Delta U_O / U_O}{\Delta U_I / U_I} \tag{8-23}$$

④用示波器或真空管毫伏表测出输出电压中的纹波成分 U_{OW}。

输出电压中的纹波成分 U_{OW} 既可用交流毫伏表测出，也可用灵敏度较高的示波器测出。但是由于纹波电压已不再是正弦波电压，毫伏表的读数并不能代表纹波电压的有效值，因此，在实际测试中，最好用示波器直接测出纹波电压的峰值 ΔU_{OW}。

（2）由7812组成的直流稳压电路。

1）接线。按图8-41连接电路，电路接好后在 A 点处断开，测量并记录的 U_I 波形（即 U_A 的波形），然后接通 A 点后面的电路，观察 U_O 的波形。

2）观察纹波电压。用示波器观察稳压电路输入电压 U_I 的波形，并记录纹波电压的大小，再观察输出电压 U_O 的纹波，将两者进行比较。

8.6 小　结

（1）稳压电路的作用是当外端电压发生波动、负载和温度产生变化时，能维持直流输出电压的稳定。

（2）直流稳压电路由变压、整流、滤波、稳压四部分组成，稳压电路是以变应变来维持电路输出电压的稳定，直流稳压电路实质是电压负反馈。

（3）开关稳压电源主要由开关调整管、续流二极管、LC 滤波器、取样电路和控制电路组成，工作时调整管工作在开关状态。有串联和并联两种类型。串联型开关稳压电源的输出电压总是低于输入电压，而并联型开关稳压电源的输出电压总是高于输入电压。

主要优点：稳压效果好，范围宽，稳压管功耗小，电路效率高，缺点是输出纹波电压较大。

（4）三端集成稳压器是一种集成化的串联型稳压器，分为固定和可调两大类型，正负可选，电压可调，通常适合在小功率电子产品中应用。

（5）串联型开关稳压电源属于降压型，并联型开关稳压电源属于升压型，都只有一路输出。

（6）脉冲变压器型开关稳压电源采用了高频开关变压器，既解决了隔离问题，又可以有多路输出，输出电压可正可负、可大可小，被广泛应用在需要多路直流电压的电路中。

（7）集成PWM和PFM驱动器大大简化了开关稳压电源的设计，提高了电源性能。

练 习 题

8.1 填空题

（1）直流稳压电源的功能是____________。

（2）硅稳压二极管的稳压电路中，硅稳压二极管必须与负载电阻________。限流电阻不仅有________作用，也有________作用。

（3）开关型稳压电路的调整管工作在____________状态。

（4）直流稳压电源由____________、____________、____________和____________组成。

（5）电路如图8-42所示，已知直流电压表读数为9V，负载电阻 $R_L=750\Omega$。忽略二极管的正向压降，则直流电流表的读数为＿＿＿＿＿＿，交流电压表的读数为＿＿＿＿＿。

（6）在如图 8-43 所示的电路中，调整管为＿＿＿＿＿＿，取样电路由＿＿＿＿＿＿组成，基准电路由＿＿＿＿＿＿组成，比较放大电路由＿＿＿＿＿＿组成。

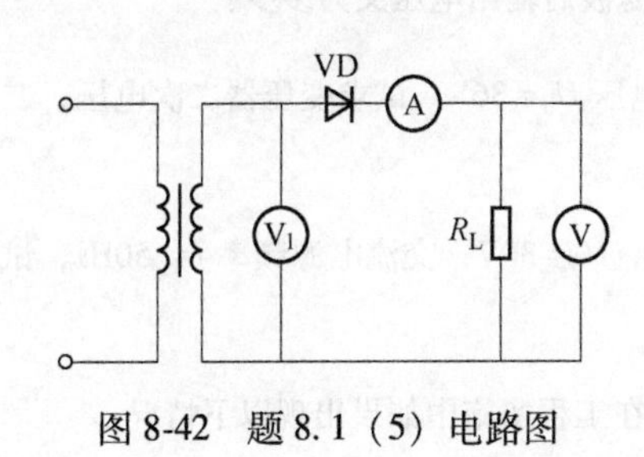

图 8-42 题 8.1（5）电路图

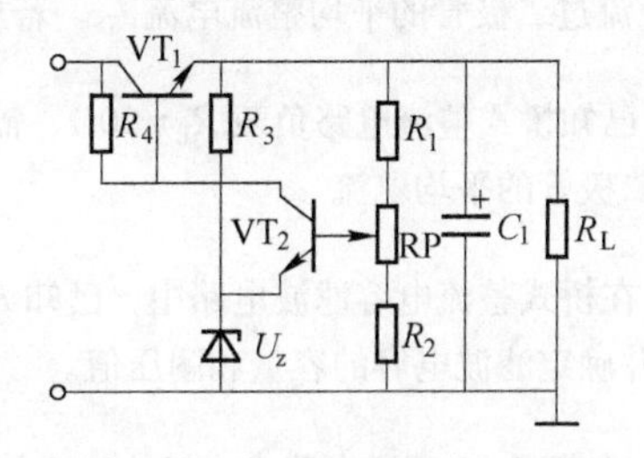

图 8-43 题 8.1（6）电路图

8.2 判断题

（1）单相桥式整流电感滤波电路中，负载电阻 R_L 上的直流平均电压等于 $1.2U_2$。（ ）

（2）整流输出电压经电容滤波后，电压波动性减小，故输出电压也下降。（ ）

（3）串联型晶体管稳压电路，被比较放大器放大的量是取样电压。（ ）

（4）当工作电流超过最大稳定电流 I_{max} 时，稳压二极管将不起稳压作用，但并不损坏。（ ）

（5）稳压二极管的动态电阻是指稳压管的稳定电压与额定工作电流之比。（ ）

（6）硅稳压二极管的动态电阻越大，说明其反向特性曲线越陡，稳压性能越好。（ ）

（7）三端集成稳压器的输出电压是不可调的。（ ）

（8）开关型稳压电源是通过调整脉冲的宽度来实现输出电压的稳定。（ ）

8.3 分别判断图 8-44 所示各电路能否实现桥式整流，简述理由。

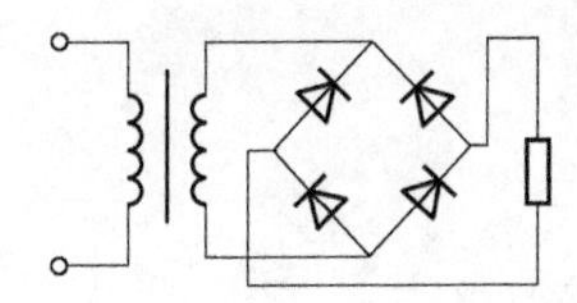
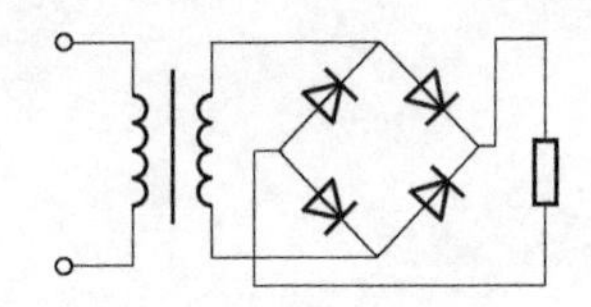
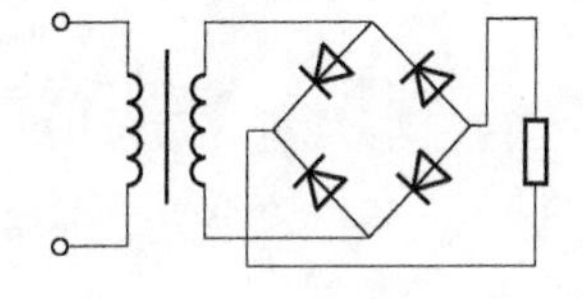

图 8-44 题 8.3 电路图

8.4 如图 8-45 所示，已知稳压管的稳定电压 $U_z=12V$，硅稳压管稳压电路输出电压为多少？

8.5 在图 8-46 所示电路中，已知变压器二次电压有效值 $U_2=20V$，问：（1）开关 S_1 闭合，S_2 断开时，电压表的读数；（2）开关 S_1，S_2 均闭合时电压表的读数。

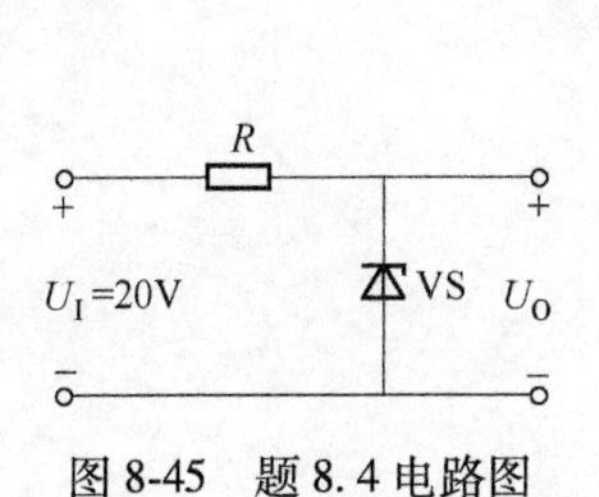

图 8-45 题 8.4 电路图

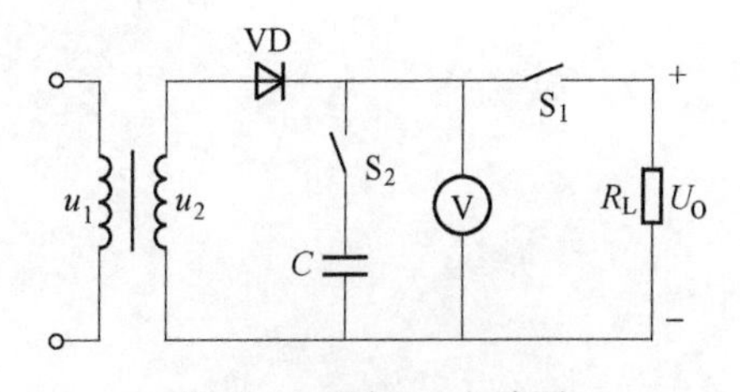

图 8-46 题 8.5 电路图

8.6　有一单相半波整流电路，已知负载电阻 $R_L=750\Omega$，变压器二次电压 $U_2=20V$，试求 U_o、I_o 及 U_{RM}，并选择合适的二极管。

8.7　单相桥式整流电路的变压器二次电压 $U_2=110V$，负载电阻 $R_L=0.9k\Omega$，试计算整流电路输出电压 U_o 及流过二极管的平均整流电流 I_D。若加上电容滤波后输出电压又为多少？

8.8　已知桥式整流电路负载 $R_L=20\Omega$，需要直流电压 $U_o=36V$。试求变压器二次电压、二次电流及流过整流二极管的平均电流。

8.9　在桥式整流电容滤波电路中，已知 $R_L=120\Omega$，$U_o=30V$，交流电源频率 $f=50Hz$，试选择整流二极管，并确定滤波电容的容量和耐压值。

8.10　如图 8-47 所示电路中，$U_2=20V$，$U_z=9V$。在工程实施中如果出现以下情况：

（1）用直流电压表分别测得 U_I 为 18V、9V、24V、28V 四种值，试说明产生的原因；

（2）VD_2和 VS 脱焊，画出输出电压波形并估算 U_O的值；

（3）电路正常工作时 U_O的值。

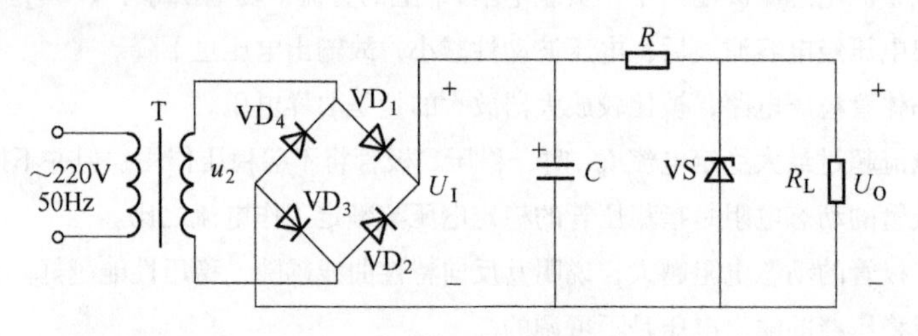

图 8-47　题 8.10 电路图

参 考 文 献

[1] 王继辉．模拟电子技术与应用项目教程［M］．北京：机械工业出版社，2014.
[2] 田培元，沈任元，吴勇．模拟电子技术基础［M］．北京：机械工业出版社，2015.
[3] 宁慧英．模拟电子技术［M］．北京：化学工业出版社，2010.
[4] 刘积学，朱勇．模拟电子线路实验与课程设计［M］．合肥：中国科学技术大学出版社，2016.
[5] 薛文．电子技术基础——模拟部分［M］．北京：高等教育出版社，2001.
[6] 童诗白，华成英．模拟电子技术基础［M］．北京：高等教育出版社，2006.
[7] 隆平，胡静．模拟电子技术［M］．北京：化学工业出版社，2015.